近岸海域垂直基准建设及测绘工程应用

张春宗　徐得贵　闭应机　钟昌海　主编

广西科学技术出版社

·南宁·

图书在版编目（CIP）数据

近岸海域垂直基准建设及测绘工程应用 / 张春宗等
主编. —南宁：广西科学技术出版社，2024.3
　　ISBN 978-7-5551-2170-1

　　Ⅰ.①近… Ⅱ.①张… Ⅲ.①近海—大地测量基准
②近海—工程测量 Ⅳ.①P22②TB22

中国国家版本馆CIP数据核字（2024）第 073977 号

JIN'AN HAIYU CHUIZHI JIZHUN JIANSHE JI CEHUI GONGCHENG YINGYONG

近 岸 海 域 垂 直 基 准 建 设 及 测 绘 工 程 应 用

张春宗　徐得贵　闭应机　钟昌海　主编

策　　　划：何杏华
责任编辑：罗绍松　陈诗英　　　　　　责任校对：苏深灿
责任印制：韦文印　　　　　　　　　　装帧设计：梁　良

出 版 人：梁　志
出版发行：广西科学技术出版社
社　　址：广西南宁市东葛路 66 号　　　邮政编码：530023
网　　址：http://www.gxkjs.com

印　　刷：广西民族印刷包装集团有限公司

开　　本：787 mm×1092 mm　1/16
字　　数：350 千字　　　　　　　　　印　　张：17.75
版　　次：2024 年 3 月第 1 版
印　　次：2024 年 3 月第 1 次印刷
书　　号：ISBN 978-7-5551-2170-1
定　　价：68.00 元

编委会

主　　编：张春宗　徐得贵　闭应机　钟昌海
副 主 编：黄　昕　张帅飞　林自乐　李　成
编　　委：（以姓氏笔画为序）
　　　　　卜陈浩　卢增春　刘显豪　李　丹
　　　　　李开富　李斌宁　易薇薇　周星余
　　　　　洪书森　唐小娟　梁冬冬

前　言

　　我国是海洋大国，海域总面积约 473 万 km²，大陆海岸线约 1.84 万 km，大小岛屿约 7600 个。党的二十大作出"发展海洋经济，保护海洋生态环境，加快建设海洋强国"的战略部署，将海洋强国建设作为推动中国式现代化的有机组成部分和重要任务。海洋测绘是一切海洋活动的先导和基础，在海洋强国建设过程中发挥着十分重要的作用。

　　在广阔的海洋中，与人类最为密切的区域是近岸海域。据了解，世界上约 60％的人口和 67％的大中城市集中分布在离海岸 100km 以内的沿海地带。人类现代文明的蓬勃发展，与近岸海域息息相关。在海洋经济开发上，诸如海岸防护、航道开辟和疏浚、港湾建设、围海造田、滩涂养殖、海洋能源开发、海洋捕捞、海水制盐、海底电缆和管道铺设等活动，是人类开发利用海洋的主要方式。近岸海域自然资源的开发和海岸、航道、港口的防护与建设等都离不开海洋测绘提供的各种精确的、不同比例尺的海底地形地貌图，而海洋测绘基准建设又是一切海洋测绘工作的基础，为海洋测绘活动提供了基本参考框架，具有非常重要的地位。

　　本书由广西壮族自治区自然资源调查监测院、自然资源部北部湾经济区自然资源监测评价工程技术创新中心组织编写。广西壮族自治区自然资源调查监测院是广西具有甲级海洋测绘资质的单位，从 1983 年的广西海岸带和海涂资源综合调查到 2023 年北部湾近岸海域水下地形测量，40 年来持续对北部湾近岸海域进行测绘，通过不断的技术沉淀和经验积累，在

近岸海域垂直基准建设及测绘工程应用方面取得了诸多研究成果，为广西加快发展海洋经济、建设海洋强区提供了丰富的数据资源和扎实的技术保障。近年来，广西壮族自治区自然资源调查监测院开展了一系列海洋测绘项目，如广西陆海统一的似大地水准面模型建立及其系统研发、广西北部湾高精度陆海一体垂直基准建立与转换工程、广西北部湾近岸海域水下地形测量等，又取得了不少成果。

本书系统阐述近岸海域垂直基准建设的理论和方法，以及船载单/多波束测深、机载激光雷达测深等不同模式下海底地形测量的原理、方法和技术流程，探讨陆海统一垂直基准模型及高精度转换支持的无验潮测深实现方法，介绍反映海底地形起伏变化的数字水深模型构建的理论和技术，并通过具体的工程案例详细介绍相关测绘项目的组织实施过程，最后展望海洋时空基准网的未来发展和应用。全书共分八章。

第一章简要介绍海洋测绘的基本概念、内容和特点，阐述海洋测绘基准建设的基本内容，分析海洋垂直基准建设的独特性和重要性。

第二章在概述海洋潮汐基本理论的基础上给出海域垂直基准面传递确定及海域无缝垂直基准构建的理论与技术，并结合具体实例分析近岸海域平面高模型、潮汐模型、深度基准面模型建立的方法和过程。

第三章详述陆海统一的似大地水准面模型构建的方法和流程，并根据海洋垂直基准面间的关系给出不同垂直基准之间的转换模型，通过项目实例分析高精度陆海一体垂直基准建立和统一转换的实现过程。

第四章论述单波束和多波束探测水下地形的两种基本技术模式，并对全球导航卫星系统支持下的无验潮测深模式优化进行探讨，最后介绍近岸海域水下地形测绘实施的基本流程和技术方法。

第五章介绍和分析基于机载平台的 LiDAR 水下地形测绘技术，为近海浅水区水深探测问题的解决提供全新的技术手段和思路。

第六章详细介绍数字水深模型的含义、建模方法及生产过程等基础知识，为海洋测量数据在航海和非航海两类不同服务下的表达和应用奠定基础。

第七章通过海道测量、海底地形测量、海岛礁测量、海岸线测量等几方面的典型工程案例，对上述有关技术方法在近岸海域测绘工程中的具体应用进行探讨与交流。

第八章介绍海洋时空基准网的技术发展与现状，并结合海洋环境监测网、海洋互联网对其未来应用进行展望。

编写本书的目的是系统总结上述项目研究成果，详细地阐述近岸海域垂直基准建设及其在测绘工程中的应用，以期进一步促进广西海洋测绘技术的发展。希望本书的出版能对从事海洋测绘工作的相关技术人员有所启迪和助益。

在本书编著过程中，我们参考了国内外相关学者的大量文献，并在书后一一列出。这些文献资料不仅可为书中的相关论点提供佐证，而且可为那些对本书感兴趣与希望进一步了解、研究近岸海域垂直基准建设及测绘工程的读者提供参考。

因作者水平有限，书中疏漏和不足之处在所难免，敬请专家和读者予以批评指正。

编者
2023 年 10 月

目　录

《 第一章 》

绪 论

21 世纪是人类开发和利用海洋的世纪。随着陆地资源的逐渐减少及人类对物质需求的日益增长，人类已将资源获取领域扩展到占整个地球面积的 71%、蕴含着丰富自然资源的海洋。党的二十大报告提出，"发展海洋经济，保护海洋生态环境，加快建设海洋强国"，全面吹响了我国建设海洋强国的奋进号角，海洋将成为我国生存与发展的新空间、国家经济和社会持续发展的重要保障、影响国家战略安全的重要因素。

海洋测绘作为人类认识海洋、了解海洋、开发海洋、经略海洋的重要手段，通过在海洋区域及海域近岸开展一系列的测量工作，获取多要素、高精度的海洋基础信息，并按照相关规范要求对所得数据进行质量控制与标准化处理，形成海洋测绘成果，为编制各类海图、编写航海资料等提供基础资料，为舰船航行、海洋工程建设、海洋科学研究及海岸带管理等提供支撑服务。

海洋测绘成果要客观真实地反映地理位置及相关的各种信息，测量数据就必须具有唯一性和可靠性。为此，所有测绘成果必须有统一的起算数据，即统一的测绘基准。因测绘信息几何表征和物理（重力场）表征的需要，测绘基准总体可分为平面基准、垂直基准和重力基准。高精度平面基准和重力基准是大地测量基准向海洋的拓展和延伸，属于自然的空域扩展。而垂直基准作为海洋测绘基准的分支体系，则表现出学科分支与行业的独特性，涉及与潮汐和重力等不同物理现象相联系的多重参考面，在现代海洋测绘基准建设中具有突出的地位。

第一节　海洋测绘

海洋测绘作为测绘科学与技术的一个分支，是研究海洋测量理论、技术与工程应用的一门综合性学科，随人类在社会实践中的需要应运而生，也随社会生产力的进步和科学技术能力的提升而发展。海洋测绘的产生和发展是一个从实践到认识再到实践的过程。

一、海洋测绘的发展历程

公元前 1 世纪，古希腊学者已经能够绘制表示海洋的地图。3 世纪，中国魏晋时期刘徽所著的《海岛算经》中已有关于海岛距离和高度测量方法的描述。1119 年，中国宋代朱彧所著的《萍洲可谈》中已有测天定位和嗅泥推测船位方法的记载。13 世纪，欧洲出现了波特兰航海图，图上绘制有以几个点为中心的罗经方位线。13 世纪末，意大利在热那亚、威尼斯和马略卡岛建立海道测量学校。15 世纪，中国航海家郑和远航非洲，并在沿途进行水深测量和底质探测，编制了著名的《郑和航海图》。1504 年，葡萄牙学者在编制海图时采用逐点注记的方法表示水深，这是现代航海图表示海底地形地貌基本方法的开端。1569 年，荷兰地图制图学家墨卡托创立了等角正圆柱投影，这种方法在世界海图编制中沿用至今。1681 年，英国海军开始对英国沿岸和港口进行测量，于 1693 年出版了沿岸航海图集。1725 年出现了以等深线表示海底地形地貌的海图。1775 年，英国海道测量人员默多克和他的侄子发明了三杆分度仪，加之广泛使用的六分仪和天文钟，为海上测量定位提供了技术保障。19 世纪，海洋测绘逐渐从沿岸海区向远海和大洋发展。1854 年，美国海军航道部的毛利绘制出《北大西洋水深图》，虽然只标识了 180 个大西洋深海处的水深值，但是已集当时海洋测量成果之大成。

早期测深采用人工器具，主要是测深杆和水砣等，由于原理简单、操作方便，这种测深方法沿用了几个世纪。15 世纪中期，尼古拉·库萨发明了通过测量球体上浮时间来测量水深的测深仪。16 世纪，佩勒尔对这种测深仪进行改进，利用水压变化来测量水深。19 世纪，继布鲁克型测深仪后，又先后出现了锡格斯比型测深仪、开尔文式测深仪和卢卡斯型测深仪。1807 年，法国科学家阿拉果提出了"回声测深"的构思。1907 年，费尔斯取得回声测深的专利。1914 年，美国费森登设计制造了电动式水声换能器。1917 年，法国物理学家郎之万发明了装有压电石英振荡器的超声波测距测深仪。1920 年，回声测深仪用于船舶航行中的连续测深，提高了工作效率。1921 年，国际海道测量局成立，开展了学术交流活动，修订了《大洋地势图》，并陆续出版国际海图。20 世纪 40 年代开始，海洋测绘中开始试验应用航空摄影技术。20 世纪 70 年代问世的多波束测深系统（multi-beam sounding system，MBSS）是精密水下地形测量的主要技术之一，其将传统的点、线测深方式扩展到面，实现了海底全覆盖测量。这一时期，定位手段由采用光学仪器发展到广泛应用电子定位仪，定位精度由几千米、几百米提高到几十米，甚至几米，测量数据的处理也开始采用电子计算机。20 世纪 70 年代末，随着机载激光雷达（airborne laser radar）测深技术、多光谱扫描和摄影技术的发展，海洋遥感测深逐步发展，特别是应用卫星测高技术对海洋大地水准面、重力异常、海洋环流、海洋潮汐等问题进行探测和研究。海洋测量已从测量水深要素为主，发展到测量各种专题要素的信息和建立海底地形模型所需的多种信息。为此建造的大型综合测量船可以同时获得水深、底质、重力、磁力、水文、气象等资料。综合性的自动化测量设备也有所发展。1978 年，美国研制的海底绘图系统能够采集高分辨率测深数据，可以探明沉船、坠落飞机等水下障碍物，并可同时进行水深测量、海底浅层剖面测量。在海图制图过程中，已广泛采用自动坐标仪定位、电子分色扫描、静电复印和计算机辅助制图等技术。除普通航海图的内容更加完善外，还编制出各种专用航海图、海洋专题图及海图集。20 世纪 90 年代以来，卫星导航定位技术不断成熟，全球导航卫星系统（global navigation satellite system，GNSS）以全天候、高精度、自动化、高效益等特点使得海洋测绘的精度不断提高，海洋测绘的范围不断扩大。基于载波相位观测值的实时动态（real‐time kinematic，RTK）、动态后处理差分（post‐processing kinematic，PPK）、精密单点定位（precise point positioning，PPP）技术改变了传统的水深测量模式，使高精度潮位观测和地形测量可快速实施，提高了海道测量作业的效率和精度。

21 世纪以来，随着 GNSS、遥感（remote sensing，RS）、地理信息系统（geographic information system，GIS）及大数据、云计算、移动互联、智能处理、模拟仿真等自动化和智能化技术的飞速发展，为海洋测绘定位控制、感知探测、数据分析、信息应用等理论技术研究带来了新动能，海洋测绘突破了传统海道测量的时空局限，步入以"GNSS＋RS＋GIS＋Acoustics（声学）＋Smart（智能）""5S"技术为典型代表的现代海洋测绘新阶段。基于天基、空基、岸基、海基、潜基"五位一体"的海洋调查测量平台的建设应用，增强了在深远海、极地乃至全球海域实施海洋测量的能力，信息采集开始向立体化、综合化、精细化方向发展。空间大地测量、物理大地测量、动力大地测量等研究内容融入海洋大地测量，以及海洋观测网、海洋无缝垂直基准的建立，为区域乃至全球变化研究和海洋灾害监测预警提供了关键理论和技术支撑。水上水下一体化移动测量系统、机载双频激光测量系统、多波束测深系统、海洋重力仪、海洋磁力仪、声学底质探测仪、声速剖面仪、北斗高精度海洋定位终端、水下综合定位系统等大批具有自主知识产权的海洋测绘装备的研制生产，加速了海洋测绘装备国产化进程。一系列海洋测绘数据分析处理软件的研发应用，提高了数据处理效率和成果质量精度，信息处理开始向标准化、并行化、智能化方向发展。建立由数据库驱动的一体化海图生产体系，具备数字海图、纸质海图、航海书表、航海通告等产品数字化生产能力。符合国际标准的电子海图系统研制工作取得重大进展，产品生产向增量化、定制化、国际化方向发展。信息表达由海图制图扩展为地理信息分析、管理和动态服务，数字海洋系统的建设及海洋地理信息共享平台的开发实现了海量、多源、异构海洋环境数据的集成与共享，信息应用开始向可视化、网络化、社会化方向发展。

纵观海洋测绘的发展历程，与陆地测绘一样，在技术方法上经历以模拟化、数字化为目标的初期阶段后，海洋测绘技术正呈现出立体、高精度、高分辨率及高效的信息获取、处理和应用的态势。

二、海洋测绘的定义

海洋测绘是研究海洋和内陆水域及其毗邻陆地区域与地理空间分布有关的各种自然要素、人工要素、人文要素及其随时间变化信息采集、处理、表达、管理、分析和应用理论与技术的综合性学科，是海洋测量、海图制图及海洋地理信息工程的总称，是一切海洋军事、海洋科学研究及开发和利用活动的基础。

海洋测绘的自然要素主要涉及海岸与海滩的水深，岸线地形，海面地形，海底地形与底质，海洋重磁场，海洋潮汐，海流，海冰，波浪，泥沙，海水温度、盐度、密度、透明度、颜色等。人工要素一般指人工建设、人为设置或改造形成的要素，如海岸的港口设施、海中的各种平台、航行标志、人为的各种碍航物、专门设置的各种界限。人文要素除通信、交通、运输、锚地、补给与社会情况外，还包括海洋政治、经济、人口、民族、民俗、宗教、历史等。海洋测绘一方面与大地测量、地图制图、摄影测量、工程测量等传统测量学有着千丝万缕的联系，另一方面又因其研究范围及研究对象受到海洋动态环境的影响及特殊区域的条件局限，导致其理论、技术与方法较其他常规测量具有更强的独特性、综合性和复杂性。随着现代科学技术的发展和海洋研究的逐步深入，海洋测绘在以侧重服务、保证航海安全为主要目的的基础上，向高度集成现代科技、广泛服务国民经济与国防建设需要的重要领域发展。

三、海洋测绘的内容

根据海洋测绘的定义，海洋测绘包括海洋测量、海图制图及海洋地理信息工程。海洋测量是对水体、水底及周围陆地进行测量的理论、技术和方法。根据测量要素，海洋测量的基本结构体系由基础要素测量和组合要素测量构成。基础要素测量主要包括海洋导航定位支持下的海洋水深测量、重力测量、磁力测量、底质探测、水文测量；组合要素测量则是包含两个或两个以上基础要素的测量。根据测量理论与方法的独立性及综合性，海洋测量的基本结构体系又可划分为基础海洋测量和综合海洋测量。基础海洋测量主要包括海洋大地测量、海洋地形地貌测量、海岸带测量、海洋遥感测量等；综合海洋测量包括海道测量、海洋工程测量、海籍测量与海洋划界测量。海图制图是综合呈现和表达测量信息的工作，是设计与制作海图的理论、方法和技术的总称。海洋地理信息工程是对海洋空间信息进行处理、管理、显示、分析和应用的技术和方法。

（一）海洋基础要素测量

1. 海洋定位。海洋定位是利用仪器设备将海洋目标定位在某一参考体系的过程。高精度的海洋测量定位是海洋测量工作的基础，具有实时性和动态性等特点。受海洋环境条件的影响,海洋测量定位精度通常低于陆地测量定位。海洋定位的方式有利用全站仪、经纬仪和六分仪等光学仪器的光学仪器定位,利用无线电设备的无线电定位、水声设备的水声定位、卫星导航定位系统的高精度动态卫星定位,以及综合利用上述多种定位技术的组合定位。

2. 海洋水深测量。水深测量是测定水面至水底垂直距离和对应位置的技术,是海道测量和海底地形测量的主要工作内容。其目的是为编制航海图、海底地形图等提供水深和航行障碍物等基础地理数据。水深测量可通过船载测量、机载测量、卫星遥感反演等多种方式实现,其工作流程包括水深数据采集、水深数据处理、水深成果质量检查、水深图输出等。

3. 海洋重力测量。海洋重力测量是测定海域重力加速度值的理论与技术,为研究地球形状和地球内部构造、探查海洋矿产资源、保障航天和战略武器发射等提供海洋重力场资料。海洋重力测量主要有海底重力测量、船载海洋重力测量、航空海洋重力测量与卫星海洋重力测量 4 种,其中船载海洋重力测量是目前主要采用的高精度重力测量方式。近年来,机载重力测量发展迅速,已初步具备实际生产能力。

4. 海洋磁力测量。海洋磁力测量是利用磁力仪测定海洋表面及其附近空间的磁场强度和方向的理论与技术。以海底岩石和沉积物的磁性差异为依据,通过观测研究海域磁场强度的空间分布和变化规律探明区域地质特征,为寻找海底铁磁性矿物、石油、天然气等矿产资源,探明水下沉船、海底管道电缆等目标特征,保障舰艇安全航行和正确使用水中武器提供地磁背景场信息。海洋磁力测量主要有海底磁力测量、船载海洋磁力测量、航空海洋磁力测量与卫星海洋磁力测量 4 种。目前海洋磁力测量仍以船基拖曳测量方式为主。

5. 海底底质探测。海底底质探测是获取海床表面及浅表层沉积物类型、分布等信息的技术,是海洋测量的内容之一。海底底质探测通常借助采样器取样或钻孔取芯,通过实验室分析获得数据,存在效率低、成本高等缺陷。声学底质测量借助声波回波特征与底质的相关性实现底质探测,具有效率高和分辨率高的特点,是传统底质取样探测的一种很好的补充方法。近年来,声学底质探测研究发展迅速,集中体现在底质声学测量和声学底质分类两个方面;底质声学测量是借助声学换能器测量来自海床表面或海底浅表层底质层界回波强度的工作;声学底质分类是借助海底底质的回波强度特征参数或统计特征参数进行海底底质划分。

6. 海洋水文测量。海洋水文测量是海洋测量的组成部分,是对海洋水文要素量值、分布和变化状况进行的测量或调查。其目的是了解海洋水文要素运动、变化或分布规律。以船舶、水面浮标、飞机、卫星为载体,按规定时间在选定的海区、测线或测点上布设或使用适当的仪器设备，进行海流等观测项目的数值测量或进行海冰等水文要素分布状况调查。主要要素有水位、流速、温度、盐度、水色、透明度、含沙量、浑浊度等。

（二）基础海洋测量

1. 海洋大地测量。海洋大地测量以构建海洋测量控制基准为目的，建立海洋测量平面和高程基准体系与维持框架，研究海底、海面空间形态及其时空变化规律与物理机制的理论与技术，是陆地大地测量在海区的扩展。主要内容包括海洋大地控制网建立、控制测量（建立海洋测量平面与高程控制、加密海控点）实施、海洋（海岸、水面、水下）高精度定位、平均海面、海面地形和海洋大地水准面测定等，为海洋测量定位、舰船精确导航、海洋划界、海洋工程设计与施工提供控制基础数据，并为研究地球物理和地球形状提供各种数据。

2. 海底地形测量。海底地形测量是利用声波或激光等探测信号，测定海底地形起伏变化的技术和方法，是海洋测量的重要组成部分，为航海图和各类专题海图的编制、海洋工程设计与施工、水下潜器导航定位等提供基础数据。目前主要采用单波束测深仪（single beam echo sounder，SBES）、MBSS 和机载 LiDAR 全覆盖测深等技术。

海底地形测量是用侧扫声呐（side - scan sonar，SSS）、MBSS、合成孔径声呐（synthetic aperture sonar，SAS）等侧扫技术对特定海域进行面状测量，获得海底地貌图像，以查明航行障碍物和获取海底纹理、底质等变化信息的工作。SSS 是常用的条带式海底成像设备，在走航过程中借助拖鱼上左、右舷换能器阵列发射的宽扫幅波束对海底进行线扫描，进而形成可反映水体、海底目标分布和地貌特征的条带图像。MBSS 具有测深功能，还具有接收海底和水体回波，形成海底回波图像和水体图像的能力。MBSS 的回波图像有三类，即由平均波束强度、波束序列片段强度和伪侧扫回波强度形成的声呐图像。SAS 是一种利用合成孔径技术的侧扫式主动成像声呐。

3. 海岸带测量。海岸带测量是对海陆交界区域开展的水深、地形测量。主要内容包括浅海水深测量、海岸线测量、干出滩测量、近海陆地测量和岛礁地形测量。主要成果是海岸带地形图（地形图、海图之外的一个新图种），其平面坐标采用国家统一规定的大地坐标系，投影采用高斯-克吕格投影，以海岸线作为高程（深度）基准的分界线。海岸线以上陆地的高程采用 1985 国家高程基准，海岸线以下干出滩和浅海水深采用理论最低潮面作为深度基准面。海岸带测量范围为沿海岸线的狭长地带。干出滩和干出礁受潮汐的影响，涨潮时被海水淹没，退潮时显现。对影响近海航行和登陆作战的目标，如对海岸、助航标志、干出滩等的测量精度和标示的详细程度要求较高。测量海岸带地形时，通常以半潮线为界分为陆部测量和海部测量。陆部测量可采用陆地地形测量方法，主要包括常规测量方法和遥感地形测量方法。海部测量通常采用水深测量方法，浅海水深探测方法主要有声学测深、机载 LiDAR 测深和遥感测深。

4. 海洋遥感测量。海洋遥感测量是远距离感知与测量海洋（与海岸）目标物质形状、大小、位置、性质及相互关系的理论与技术。通过声、光、电、磁等探测仪器，获取海岸、水体、海底等目标对电磁波、声波的辐射或反射信号，处理并转换为可识别的数据、图形或图像，从而揭示所探测对象的性质及变化规律，主要用于地形（海岸地形、海面地形、海底地形）、海面和水下物体目标等要素探测。根据遥感搭载平台的不同可分为航天遥感、航空遥感、海岸（地面）遥感、海面遥感与水下遥感等；根据技术性质可分为可见光遥感、多光谱遥感、高光谱遥感、红外遥感、微波遥感、海洋声波遥感与激光遥感等。

（三）综合海洋测量

1. 海道测量。海道测量是以测定地球水体、水底及其邻近陆地的几何与物理场信息为目的的测量与调查技术，主要服务于船舶航行安全和海上军事活动，同时为国家经济发展、国防建设和科学研究等提供水域、部分陆域的地理和物理基础信息。

海道测量按照测量区域分为港湾测量、沿岸测量、近海测量、远海测量、内陆水域测量和港口航道测量。主要内容包括水位观测、海岸地形测量、海底地形测量、海底底质探测、助航标志测定、航行障碍物探测（扫海测量）、海洋水文观测、海洋声速测量、海区资料调查等。

2. 海洋工程测量。海洋工程测量是海洋工程建设勘察设计、施工建造和运行管理阶段的测量理论与技术，为海洋工程建设提供精确的数据和地形图，以保障工程选址正确和按设计要求施工，并进行有效的管理和维护。主要包括勘察测量、施工测量、变形观测等。按区域可分为海岸工程测量、近岸工程测量和深海工程测量等；按类型可分为海港工程测量、海底构筑物测量、海底施工测量、海洋场址测量、海底路由测量、海底管线测量、水下目标探测、疏浚工程测量、吹填工程测量、施工定位测量、水下基槽施工测量、水利工程变形测量、跨海桥梁测量与泥沙测量等。

海洋工程测量内容几乎包括所有海洋测绘内容，既有单一属性要素测量的特点，又有围绕工程服务的特殊性。实际测量中可根据工程需要组合测量，也可为满足测量要求对现有的测量方法进行改进，并通过多源测量信息融合，最终实现对测量对象信息的全方位获取。

3. 海籍测量。海籍测量是对宗海界址点位置、界线和面积等开展的测量工作，为海域使用规划、海洋经济活动、海洋环境保护等管理决策提供基础资料。测量内容包括：平面控制测量，建立高精度的海籍测量平面控制网，满足常规测量仪器对沿岸项目用海测量的需要；宗海界址测量，一般采用 GNSS 定位法、全站仪极坐标法、信标差分法、GNSS 广域差分法、GNSS RTK 等方法获取界址点坐标；面积计算，基于测量海域界线拐点的坐标值，利用坐标解析法或采用计算机专用软件计算海域面积；编制或修订海籍图，反映所辖海域内的宗海分布情况；绘制宗海图，宗海图是海籍测量的最终成果之一，也是海域使用权证书和宗海档案的主要附图，包括宗海位置图和宗海界址图。

4. 海洋划界测量。海洋划界测量是海岸相邻或相向国家之间为划分领海、专属经济区或大陆架边界开展的海底地形测量。测定拟划界海域海底地形地貌形态、主要航道位置、大陆架边界等地理信息，为海洋划界提供依据。

（四）海图制图

海图是以海洋及其毗邻的陆地为描绘对象的地图，其描绘对象的主体是海洋。海图的主要要素为海岸、海底地貌、航行障碍物、助航标志、水文及各种界线。海图还包括为各种不同要素绘制的专题海图。海图是海洋区域的空间模型、海洋信息的载体和传输工具，是海洋地理环境特点的分析依据，在海洋开发利用和海洋科学研究等各个领域都有着重要的使用价值。

海图是通过海图编制完成的。利用海洋测量成果、海图资料和其他地理资料，按照制图规范和图示要求，编制成可以显示、阅读、标识和计算的海图出版原图，以满足不同用户需求。作业过程通常分为编辑设计、原图编绘作业、出版准备。随着制图技术的进步，原图编绘作业和出版准备工作已淘汰手工作业模式，出现了海图数字制图及遥感海图制图等新技术手段。

海图数字制图是以数字海图制图学和计算机科学理论为基础，在一定软硬件环境支持下，采用数据库技术和数字图形处理方法，研究实现海图数据获取、转换、传输、识别、存储、处理、管理和输出并生成海图产品的技术。基本任务是采用数字化技术进行海图生产和制作，建立海图数据库，为海洋地理信息系统（marine geographic information system，MGIS）及相关应用提供基础地理信息。主要研究内容包括海图制图资料分析与评估，海图数据获取与输入，海图数据编辑与处理，海图自动制图综合，海图数据库建立、维护与管理，数字（电子）海图制作与更新，纸质海图制作与更新，数字海图制图一体化（如海图编制出版一体化、多种成果生产工艺一体化、生产管理工程一体化、基于网络协同的海图生产管理一体化等），以及贯穿全过程的质量管理与控制等。

遥感海图制图是利用各类遥感影像资料或 LiDAR 点云资料编制和更新海图的过程。遥感影像资料主要包括航空摄影拍摄的各类遥感相片（航片）和卫星遥感影像（卫片）两大类；LiDAR 点云数据包括星载、机载、船载、车载、人载等多平台激光扫描数据。影像制图研究内容包括辐射校正、影像增强、影像分类、海图要素识别与提取等。点云制图研究内容包括波形处理、点云分类、海图要素识别与提取等。产品主要有数字线划图（digital line graph，DLG）、数字高程模型（digital elevation model，DEM）、数字正射影像图（digital orthophoto map，DOM）、数字表面模型（digital surface model，DSM）等。

（五）海洋地理信息工程

海洋地理信息工程包括实现海洋地理时空数据获取、清洗、组织、挖掘、分析、查询、仿真等功能，建立各种数字模型和专题数据库，研制 MGIS 及虚拟地理环境等产品，开展海洋地理信息标准化、可视化、网络化、智能化服务等。MGIS 的应用和发展是海洋科学的有机组成部分和高科技应用于海洋研究的重要进展，是"数字地球"之"数字海洋"建设必不可少的组成部分。

MGIS 是指以海底、水体、海表面、大气及海岸带人类活动为研究对象，通过开发利用 GIS 的空间海洋数据处理、GIS 和制图系统集成、三维数据结构、海洋数据模拟和动态显示等功能，为各种来源的数据提供协调坐标、存储和集成信息等工具。其在海洋科学上的使用可大大提高海洋数据的使用效率和工作效率，并改善海洋数据的管理方式。不同于一般 GIS 处理分析的对象大多是空间状态或有限时刻的空间状态的比较，MGIS 主要强调对时空过程的分析和处理。

四、海洋测绘的特点

海洋测绘具有测绘学科各分支技术的综合性特点，与陆地测绘相比，海洋测绘在测量作业环境、理论技术、测绘内容、方法手段等方面具有独特性。概括起来，海洋测绘的主要特点如下。

（一）海底地貌的非通视性

通常人眼无法通视海底，难以应用光学摄影等手段探测海底信息。常用的声波等探测手段，在显示海底地貌、探清海区的航行障碍物和探测海底底质等方面的系统性、完整性还难以与陆地测量相比。

（二）作业环境的动态性与海洋测量的复杂性

海洋测量作业环境一般在起伏不平的海上，受海风、海流、海浪、海洋潮汐等环境因素影响，大多为动态测量，难以重复观测。海洋精密测量施测难度较大，无法达到陆地测量的精度水平。为了提高海洋测量的精度，往往需要辅以船舶姿态测量、海水声速测量等加以改正，同时也对各要素观测的同步性提出了更高的要求。此外，动态海洋环境、动态测量也增加了海洋测量的复杂性。

（三）测量方法的独特性与技术手段的多样性

一方面，受海水中介质传播距离的影响，海洋测量方法具有独特性。陆地上常采用的光学、电磁学测量技术和方法在海洋测量中受到限制，而声波以其优良的海水穿透性能在海洋测量中得到广泛使用。目前，90％以上的海洋测量工作借助声学测量来完成。另一方面，采用的技术手段更加先进和多样，主要表现为可利用天基（卫星等）、空基（飞机、飞艇等）、岸基（测量车、单兵与固定站等）、海基（舰船、舰艇等）、潜基（潜艇、潜器、潜标与海底等）等立体化海洋测量探测平台技术探测多元海洋地理信息。

（四）测量内容的综合性与测量对象的扩展性

海洋测量涵盖多种观测要素，如水深、地形、地貌、底质、碍航物、重力、磁力、水文等，需要多种仪器设备配合施测。与陆地测量相比，海洋测量更具综合性，且随着与其他学科的交叉融合和海洋活动的需求而增加，海洋测量的对象和内容得到进一步的扩展。海洋测量对象的内容和覆盖范围逐步由近海浅水区域向大洋深海区域发展；测量精度与可靠性比以往要求更高；成果应用从服务航行安全要求为主，发展到获取多种专题信息并建立各类海洋信息模型，由二维静态向多维动态转变。

（五）成果表达的专业性与海图产品的现势性

海图在投影、表示方式、综合原则、比例尺、分幅编号、图廓整饰等方面与陆图存在明显差异，海图不仅要突出海部要素的表示，同时还要表示与航行安全相关的陆部和水文等要素。为保证舰船安全航行，需要定期对海图进行航海通告改正，并配套出版航路指南等图书及编制航标表格等，与海图配合使用。

第二节　海洋测绘基准建设的基本内容

测绘基准的建立和维持是测绘领域的基础性工作，是所有测量工作实施和空间信息产品开发与生产的基础，基准一旦建立，就具有相应的法律效力。建立海洋测绘基准是海洋测绘工作的一项基本任务。

一、测绘基准

测绘基准主要包括大地基准、高程基准、重力基准和深度基准，是进行各种测量工作的起算数据和起算面，是确定地理空间信息几何特征与物理特征及时空分布的基础，是在数学空间里表示地理要素在真实世界的空间位置的参考基准，以保证地理空间信息在时间域和空间域上的整体性，在国民经济建设、社会发展、国家安全及信息化建设等方面具有重要作用。本节介绍传统测绘基准（大地基准、高程基准、重力基准）建设和现代测绘基准体系基础设施建设的内容。

（一）传统测绘基准建设

1. 大地基准。我国传统大地基准为 1954 北京坐标系和 1980 西安坐标系，是以传统天文测量和边角测量技术建立的天文大地网为基础，通过联合平差处理形成参心坐标系统。天文大地网主要以三角点、天文点、导线点等组成，点与点之间相互通视，可以实现角度测量和基线测量，形成基本的三角网型，并在全国相互关联形成三角锁。我国在 20 世纪 50—70 年代，借助于苏联 1942 年普尔科沃坐标系，在平面基准方面完成了全国天文大地网实测和局部平差，建立了 1954 北京坐标系。改革开放以后，我国开始筹建更符合我国版图范围的大地基准。1978 年 4 月，国家测绘总局（1982 年 9 月更名为国家测绘局，2011 年 5 月更名为国家测绘地理信息局，2018 年 3 月将国家测绘地理信息局的职责进行整合，组建中华人民共和国自然资源部，不再保留国家测绘地理信息局）与中国人民解放军总参谋部测绘局（以下简称"总参测绘局"），并对 1952—1958 年完成的国家天文大地网观测数据进行联合整体平差，重新对参考椭球进行定位。在 1978 年国际大地测量学协会（International Association of Geodesy，IAG）推荐的参考椭球体的基础上，我国建立了 1980 国家大地坐标系，因其大地原点在西安市泾阳县永乐镇，又称 1980 西安坐标系。自 20 世纪 50 年代起，全国共建设一等、二等各类观测点 48000 多个。

随着空间定位技术的发展和广泛应用，测量手段产生了质的飞跃。为构建全国空间定位基准，国家测绘局在 1991—1998 年布设了包含 818 个点的国家高精度全球定位系统（global positioning system，GPS）A 级、B 级网，以及 GPS 连续运行基准站。其中，A 级网点采用新建的方式，而 B 级网的主要基础设施来源于传统的三角点、导线点、水准点等，设施条件基础（点位、周边基础和自身现状等）较差，对于长期维持存在较大困难。20 世纪 80 年代末，GPS 连续运行基准站成为平面基准的一种新型基础设施，并在以后的发展中逐步成为国家、地区乃至全球的坐标框架基础。到 1998 年，国家测绘局通过国际合作及自筹方式在北京、西藏、新疆、陕西、黑龙江、青海、湖北和海南建立了 8 个基准站，后与中国地震局等六部委合作，在全国陆续建立了 260 个 GNSS 连续运行基准站，服务于我国地心坐标框架维护。2003 年，国家测绘局、总参测绘局和中国地震局通过整合全国范围 2518 个 GPS 控制点和 30 个连续运行基准站，形成 2000 国家大地控制网。在此基础上，对国家天文大地网进行了联合平差处理，最终建立了 2000 国家大地坐标系（China Geodetic Coordinate System 2000，CGCS2000），并于 2008 年 7 月发布，至今仍在使用。

2. 高程基准。高程基准由特定的验潮站平均海面确定的测量高程的起算面及依据该面所确定的水准原点高程决定。高程基准定义了陆地上高程测量的算点。我国高程基准目前采用 1985 国家高程基准，主要是以青岛大港验潮站 1952—1979 年潮汐观测资料确定的黄海平均海水面作为高程起算面，同时采用精密水准重新测量我国水准原点，其正常高为 72.260m。我国在启用 1985 国家高程基准之前，曾采用 1956 年的黄海高程基准，其是以青岛验潮站 1950—1956 年验潮资料确定的黄海平均海水面作为高程起算面，正常高为 72.289m。一般情况下，我们在使用新、旧高程控制点成果时，必须注意其高程起算面和对应的水准原点，需将其换算到统一的高程系统下才可以使用。高程系统是相对于不同性质的起算面来定义的，一般采用的高程基准面主要有大地水准面、似大地水准面和参考椭球面三种，分别对应了正高系统、正常高系统和大地高系统。我国高程系统采用正常高系统，正常高的起算面是似大地水准面。地面一点沿该点的正常重力线到似大地水准面的距离就是该点的正常高。

高程框架由高程系统来实现。我国水准高程框架由国家高等级水准控制网实现，以青岛水准原点为起算基准，以正常高系统为水准高差传递方式。框架点的正常高采用逐级控制方式，其现势性通过一等、二等水准控制网的定期复测来维持。高程控制网分别在 1976—1984 年、1981—1988 年、1991—1998 年进行了 3 次国家一等、二等水准网建设与观测，其中一等水准 100 个环 9.3 万 km，二等水准 13.6 万 km。国家级水准路线主要由一等、二等水准点组成，按照规范要求，每 4～8km 选择建设一个点。高程框架的另一种形式是通过似大地水准面精化来实现的。

3. 重力基准。重力测量测定的是空间一点的重力加速度。按照测量仪器和方法的不同，重力测量分为绝对重力测量和相对重力测量。绝对重力测量是利用仪器直接测出地面点的绝对重力值。绝对重力测量可以采用动力法进行测量，是相对重力测量的控制基础。相对重力测量是用仪器测出地面上两点间的重力差值，然后由其中一个已知重力点推算未知点的重力值。相对重力测量必须在同一个重力系统下进行，已知重力值的起始点所属的重力系统即为该次相对重力测量的重力系统。如果这些已知点的重力值是通过绝对重力测量求定的，那这样的点就称为重力基准点，其重力值就是重力基准值，通常简称为"重力基准"。重力基准是标定一个国家或地区的绝对重力值的标准。

自中华人民共和国成立以来，我国先后建立了 1957 国家重力基准网、1985 国家重力基准网、2000 国家重力基准网。1957 国家重力基准网指的是 1955—1957 年国家测绘总局重力测量队和苏联航空重力测量队在全国范围内建立的第一个国家重力基准网，由 27 个重力基本点和 80 个一等重力点组成。1985 国家重力基准网是 1983—1984 年国家测绘局、中国科学院、中国地震局、总参测绘局共同在全国范围内建立的更高精度的国家重力基准网，由 6 个重力基准点、46 个重力基本点和 5 个重力基本点引点组成，重力精度提高了 2 个数量级。2000 国家重力基准网由国家测绘局、总参测绘局和中国地震局于 1998—2002 年共同施测，主要是对 1985 国家重力基准网增测、复测国家重力基本点，全网由 21 个重力基准点、126 个重力基本点和 112 个重力基本点引点组成。2000 国家重力基准网是我国现行的重力基准，精度优于 $\pm10\times10^{-8}\,\mathrm{ms}^{-2}$，其测量成果广泛应用于大地水准面精化、地震预报研究、资源勘探、防震减灾及经济建设等领域。

（二）现代测绘基准体系基础设施建设

国家现代测绘基准体系基础设施建设工程于 2012 年启动，2017 年 5 月通过验收，建成全国范围基准站网、大地控制网、高程控制网三网深度融合的现代测绘基准设施，形成高精度、三维、动态及几何和物理基准融合统一的现代测绘基准体系，具有规模大、精度高、设计新、难度大、能力强等特点。

国家现代测绘基准体系基础设施建设工程利用现代测绘空间信息技术，建设了一套地基稳定、分布合理、利于长期保存的全新测绘基准基础设施，更新了原有测绘基准成果，形成一系列技术标准和规范，并陆续在国家、省级基准服务及行业领域得到广泛应用。相对传统测绘基准，现代测绘基准实现了国家大地坐标系统地心化，满足了卫星导航坐标系与我国地图坐标系的一致性；实现了坐标系统的动态更新，具备更加精确和客观描述地球自转运动科学规律的能力；统一了空间几何属性与物理属性，建立了基准之间相互依存的联系；具备了测绘基准大规模数据科学运算、处理分析、存储备份的能力，初步形成全国范围实时米级/分米级精度的广域差分定位能力。建设工程具体完成以下 5 个方面的内容：

1. 国家 GNSS 连续运行基准站网。完成 210 座国家卫星导航定位基准站建设（其中新建 150 座，改造 60 座），与已有 150 座基准站构成全国 360 座规模的卫星导航定位基准站网，形成国家大地基准框架的主体，可获得高精度、稳定、连续的观测数据，维持国家三维地心坐标框架，同时具备提供站点的精确三维坐标变化信息、实时定位和导航信息及高精度连续视频信号等的能力。

2. 国家 GNSS 大地控制网。建设完成 2503 座 GNSS 大地控制点，利用 2000 座（总规模 4503 座）作为国家 GNSS 卫星导航定位基准站的加密与补充，形成全国统一、高精度、分布合理、密度相对均匀的大地控制网，用于维持我国大地基准和大地坐标系统。

3. 国家高程控制网。建设完成 26327 点规模的国家一等水准网（新埋设 7227 点），全网路线长度 $12.56\times10^{4}\,\mathrm{km}$。全网包含 148 个环 246 个结点 431 条水准路线。建立了全国统一、高精度、分布合理、密度相对均匀的国家高程控制网，改善了局部薄弱地区的高程基准稳定性，并获取了高精度水准观测数据，全面升级和完善了我国高程基准基础设施，更新了我国高程基准成果。

4. 国家重力基准点。在国家已有绝对重力点分布的基础上，选择 50 座新建卫星导航定位基准站进行绝对重力属性测定，属性测定结果优于设计指标。实现每 300km 有一个绝对重力基准点，改善国家重力基准的图形结构和控制精度，形成分布合理、利于长期保存的国家重力基准基础设施。

5. 国家现代测绘基准管理服务系统。建设了由数据管理、数据处理分析、共享服务及全国卫星导航定位服务 4 个业务子系统组成的国家现代测绘基准数据中心，具备先进的现代测绘基准数据管理、处理分析和共享服务功能，有效提升和拓展了现代测绘基准成果应用服务的能力和范围。

国家现代测绘基准体系基础设施建设工程所取得的成果形成了我国现代测绘基准体系的基本形态，初步实现了现代测绘基准维持和服务能力，为我国现代测绘基准体系建设与全球地理信息资源开发打下了坚实基础，满足了现阶段国家经济建设的需要。该工程全面升级和完善了我国大地、高程和重力基准基础设施，为国家地心坐标框架和区域坐标框架的建立和维持提供了新一代、统一的测绘基准成果。

近五年来，我国现代测绘基准体系逐步完善，CGCS 2000 得到全面应用，测绘基准基础设施、技术全面升级。自然资源系统卫星导航定位基准站网实现全国覆盖并提供厘米级定位服务，系统内基准站北斗三号升级改造逐步完成，构建了国家新一代重力基准网。部分省份似大地水准面精度达 3cm，部分城市达毫米级。

二、海洋测绘基准

海洋测绘基准是大地测量基准在海洋及其他水域的扩展，是大地测量基准的重要组成部分，分为空间信息的平面基准和垂直基准，以及地球物理测量信息的重力基准。上述各类基准共同构成现代海洋测绘建设的基础设施。在高精度空间技术快速发展的背景下，海洋测绘基准的建设、维持与精化日益成为重点攻关课题。

海洋测绘基准发展的主要任务包括：建立高精度、连续、动态海洋大地（包括海底）、垂直、重力等测绘基准；建立与维持陆海统一的海洋（含海岸、海岛礁与海底）大地控制网；构建海域重力异常模型，精化海洋大地水准面，建立海面地形、平均海面和深度基准面模型，并建立海陆无缝垂直基准。海洋重力基准与陆地重力基准一致，都采用 1985 国家重力基准。本书重点介绍海洋空间信息表达所依托的位置基准（包括传统的平面基准以及现代技术下的三维坐标基准）和垂直基准。

（一）海洋位置基准

海洋测绘信息的最终表达原则上均采用统一的大地坐标系。经典的技术方法是以国家天文大地网为基础，以三角测量或导线测量等方式开展海洋测绘的控制测量。海道测量控制点（称为海控点）主要分为海控一级点和海控二级点，甚至为精度等级更低的海控补充点。这些控制点连同国家大地控制网的等级点构成海洋测绘的控制基础，为海岸带区域的地形测图提供图根控制，更重要的是作为光学定位或无线电定位设备的架设站点或作为海上后方交会定位的照准标志，为海上测量载体的位置确定提供基准，也正是从这个意义上体现了海控点对海上定位的控制作用。

限于经典的海洋定位技术，传统海控点支持下的海上定位精度自米级到数百米级不等，且依赖于观测技术的发展和基准点的控制距离，而海控点与相邻点的相对精度指标仅处于分米级水平。限于技术条件，在远海海岛周边水域的有关测量中曾采用独立坐标系，定位所参照的基准点通过天文大地测量方式测定，或由陆基无线电定位系统实施远海海岛坐标传递。

全球卫星定位技术推动了海洋测绘定位基准建立方法及海上定位手段的革命性变革。美国国防部曾先后建立世界大地坐标系（world geodetic system，WGS）WGS‐30、WGS‐33 和 WGS‐72，经过多年的修正和完善，于 1984 年建立起更为精确的地心坐标系 WGS‐84。GPS 卫星定位系统初期采用伪距单点定位模式，实现了近、远海水面测量载体 10m 级的定位精度，达到甚至超过此前主要应用的地面无线电定位系统。在此定位模式下，导航卫星星座发挥海上定位的基准作用。当然，本质上的基准是特定卫星所采用的大地坐标系及其维持框架，而鉴于当时的海上测量导航定位精度要求较低，这种基准维持作用在海洋测绘应用中是隐含的和可忽略的。由于直接单点定位成果从属于 WGS‐84 地心坐标系，需通过坐标转换纳入所采用的参心坐标系。事实上，从 20 世纪 90 年代开始，海洋测绘领域已逐步使用地心坐标系，以满足航海用户应用同一定位系统开展海上导航定位的需要。

为了提高沿岸和近海的测绘定位精度，动态差分定位模式成为海洋测绘定位的主流方式，差分定位基准站则发挥着实践中的位置基准作用。基于无线电指向标的差分全球定位系统（radio beacon‐differential global position system，RBN‐DGPS）扮演了中国沿岸、近海海域海洋测绘一体化位置服务基准的角色，成为真正意义上的海控基准，有效发挥了米级精度的海洋测绘定位服务功能。随着技术的进步，传统的海控点逐渐失去海洋定位的基准控制作用，而主要作为海岸带地形测图的图根控制点。此后基于地基增强定位技术，连续运行（卫星定位服务）参考站网（continuously operating reference stations，CORS）支持下的动态定位技术不断提升海上定位的精度，海洋测绘定位服务精度达到分米级乃至厘米级。与此相应的大地测量基准基础设施直接用作海洋测绘的位置基准。

在全球卫星定位技术出现之前，为了满足远海精确定位的需求，国际社会于20世纪60年代提出建立海底大地控制网的构想，建议以无线电定位系统测定的海面船只位置为中继，以水声测量为核心手段开展海洋大地控制点（网）定位，这便是海洋大地测量概念自1804年提出后逐渐形成理论和技术体系的开端。但直到20世纪80年代以后，海洋大地控制网才在国外真正得以体系化建设，特别是在全球卫星定位技术的支持下，在统一的大地坐标系内开展高精度的海洋大地控制网观测，甚至应用于海底运动板块运动监测等地球动力学研究和地震监测服务。在我国，海洋大地控制网的布设和观测也成为海洋观测的一个研究重点。

海洋大地控制网是陆上大地控制网向海域的扩展，主要由海底控制点、海面控制点（如固定浮标）及海岸或岛屿上的大地控制点相连而成。

1. 海面大地控制网。海面大地控制网主要包括以固定浮标为控制点的控制网、海岸控制网、岛屿控制网及岛屿-陆地控制网。布设时采用的几何图形与陆上大地控制网几何图形基本相同，根据海区沿岸和岛屿的分布状况及测量目的，通常采用三角形网、四边形网、中点多边形网等布设。海面大地控制网也采用逐级控制的方法。与陆上大地控制网直接联结的海洋大地控制点称为基本点，距离从100～1000km不等，基本点的定位误差为±0.5m。在基本点的基础上进一步加密设置的海洋大地控制点称为加密点，相互间距离2～30km，其定位误差为±（1～2）m。目前，海面测量控制网一般采用GNSS测量，测量和数据处理方式与陆地测量控制网基本相同。

2. 海底大地控制网。海底大地控制网是进行水下定位不可或缺的控制基础，其照准标志、布设原则和坐标测定方法与海面大地控制网在很多方面都不一样。同陆地上控制点一样，海底控制点位置必须由自身稳定、易识别且能长期保存的中心标石作为标志。但由于它深固海底，作为观测标志的照准标志只能采用水声照准标志，观测手段也只能采用水声测距和定位技术。海底控制点的布设通常采用等边三角形网或正方形网。

（二）海洋垂直基准

在海洋测绘的垂直基准方面，传统海洋测绘重点关注深度基准。陆地上的高程基准由水准原点的高程来定义，而海洋测绘中水深测量所获得的深度是从测量时的瞬时海面起算。由于潮汐、海浪、海流等海洋特殊环境的影响，瞬时海面的位置随时间变化而变化，同一测深点在不同时间测得的瞬时深度值不同，因此必须规定一个固定的起算面作为深度的参考面，把不同时间测得的深度都归算到这一参考面上，而这个参考面就是深度基准面。

深度基准面一般选为特定的低潮面，即潮汐基准面的一种。这是因为海洋测绘的主要产品为航海图，为了保证水面舰船航行安全，使得依深度基准归算的水深为足够保守的可航水层厚度。本质上，深度基准面可以有多种选择，归算的水深相应地具有不同的含义。所谓狭义深度基准特指海图深度基准，且其已成为全球海洋测绘领域遵循的通用原则，通过监测在此起算面上的水位变化，将瞬时测深值修正为保守的非时变水深。

深度基准面的计算主要限于验潮站，其空间分布形态决定海区潮汐作用的强弱，以及多个频率的潮波在传播过程中的变形和叠加效应。深度基准的这种确定方式，与高程基准由水准原点单点标定，以水准网形式向全国范围推进而保持基准的统一性相比，存在基本思想方法上的差异。因此深度基准的构建往往局限于一定的海域范围，构成以离散验潮站基准值表示的局部基准体系。深度基准与国家高程基准之间通过验潮站的水准联测建立联系。

目前，世界上沿海国家的深度基准面选择方式有近 30 种，甚至同一国家在不同沿海区域确定深度基准面的方式也不同。深度基准面具体定义的不一致主要体现在选取的特征潮面不同。从总体而言，特征潮面存在潮位（水位）数据统计和依潮汐调和常数计算两类根本的确定方法。中国自 1957 年开始，采用理论最低潮面作为深度基准面，实现定义上的统一，即在理论最低潮面这一特定潮汐特征面物理和几何含义上的统一。在国际海道测量组织（international hydrographic organization，IHO）成立之前的 1919 年，针对深度基准统一低潮面的选择问题，世界主要沿海国家开展了政府间协调，但未能达成一致。1926 年，IHO 第一届潮汐委员会会议提出深度基准面确定的基本原则，规定实际观测的低潮可以偶然地落在所选择的基准面以下。20 世纪 90 年代开始，IHO 推荐其会员国采用最低天文潮面（lowest astronomical tide，LAT）作为深度基准面，并得到越来越多国家的响应，推动了深度基准特征潮面类型的统一。

理论最低潮面的本源算法是依据 8 个主要半日分潮和全日分潮的预报潮高耦合叠加来确定最低潮高值，再根据 3 个浅水分潮的最大贡献量是否超过规定的阈值决定是否施加浅水分潮贡献的订正，并据 2 个长周期分潮参数或海面季节变化信息采取不同的长周期分潮改正策略。因此，实践中验潮站深度基准面可能是不同分潮数确定的最低潮面。进入 20 世纪 90 年代后，算法才统一为上述 13 个主要分潮潮高组合的最低潮高值。

由于我国海道测量采用平均大潮高潮面（mean high water springs，MHWS）为参考面对灯塔等助航信息进行高度确定，同时海岸线的测定又关联大潮的平均作用，因此在实践中平均大潮高潮面也是一种特定类型的垂直基准面。在对潮汐进行研究和计算中，所有特征潮面从根本上均相对平均海面（mean sea level，MSL）计量，平均海面构成海洋测绘最基本的垂直参考面，其与大地水准面的差异表现在海面地形上。组合深度基准面和海面地形信息即得到海域特定垂直基准与国家高程基准的转换量。另外，随着 GNSS 精密三维定位和海洋测深组合的海底地形信息采集模式不断引起重视并得到推广应用，需要将海底的大地高转换为航海图水深或与陆地高程基准一致的海底高程。因此，多重垂直基准面转换与统一技术正成为海洋垂直基准的研究主题，支持陆海空间信息集成与统一正成为海洋空间信息管理和多样化服务的新趋势。

位置基准作为海洋测绘基准的重要组成部分，主要依赖现代卫星定位理论和技术的发展，表现为测绘科学与技术的通用性。垂直基准在海洋空间信息获取和应用服务等方面具有显著的独特性，近年来海洋测绘基准的技术进展也更多集中在垂直基准研究领域。在后面的章节中，笔者将对近岸海域垂直基准的建设及其在测绘工程中的应用进行更为详细的介绍。

第三节　海洋垂直基准建设的意义与作用

为保证成果的科学性、准确性、通用性等，海洋测绘与陆地上的测绘一样采用了统一的起算数据、起算面等时空位置及相关参量。但在海洋测绘的垂直基准建设方面，不同国家采用的深度基准体系仍呈现较为混乱的局面，主要体现为相对于海平面定义的海图深度基准面算法的不同。我国也曾采用多种算法定义海图深度基准面，直到 1956 年才统一采用弗拉基米尔斯基算法，从而建立了理论深度基准面水位控制基准体系，但海洋上平均海面不等位的特性及深度基准体系或框架的复杂性，导致深度基准统一也仅局限于算法的一致。目前，我国近岸海域的陆地地形测量和水深测量分别采用不同的垂直基准面，即陆地地形图高程基准为 1985 国家高程基准面，水深图采用理论深度基准面，甚至在不同图幅之间的水深也存在基准面的不统一，导致一直存在数据转换和图件拼接的问题，测量成果必须通过一定的转换才能达到基准上的统一。通过研究海域连续无缝垂直基准面的构建及陆海垂直基准的统一与转换，实现陆地地形图和水深图的无缝拼接，是海洋测绘的一个热点，也是一个难点。

作为自然资源的载体，陆地和海洋是不可分割的生命共同体。要推进陆海统筹一体化发展，提高海洋垂直基准建设在海洋开发活动、维护国家主权、军事部署、经济建设等方面的应用效能，现代化的海洋无缝垂直基准体系结构的确定和发展成为陆海协调发展、国家整体建设的内在需求和必然趋势。

一是在高精度卫星定位技术的支持下，测量过程中获得的位置数据已不局限用于平面定位，而是在大地测量坐标系中实现对瞬时海面乃至海底的精确垂直定位，催生了无验潮模式的水深测量技术。正像大地水准面精化在测量工程中日益发挥高程基准支持作用一样，新模式的水深测量需要高精度且成体系的深度基准面模型作为基准支持。在这种模式下，水深数据可以在深度基准面大地高模型和实测的海底大地高之间截取，同时可减少测量载体动态升沉变化的有关误差。因此，连续无缝深度基准面的构建是实施无验潮水深测量的先决条件。

二是海洋测绘信息处理和管理已跨入数字化时代，在数据库管理技术下，对不同历史时期、不同技术条件下获得的水深数据进行统一处理或管理不仅是必要的，而且是必需的。在历史数据整合过程中，对数据基准的统一则是首要的基础工作。同时，对水深数据进行数字化处理与管理，可以使水深测量摆脱面向航海图编制这一单一目标所采用的传统基准利用形式，首先关心和保证测量成果的质量指标，采用更灵活的基准表示形式。

三是水深数据的应用已不限于单一的航海图产品制作。通过构建科学合理的海域垂直基准体系，以及实现不同垂直基准的变换，不断推进多用途海洋空间信息产品的研发和分发。

第二章

近岸海域无缝垂直基准的建立

海洋潮汐现象的存在使得海面随时间呈现规律性的升降变化，因此直接测得的水深都是与时间相关的瞬时海面至海底的深度，不同时刻测得的深度不同。从水深成果的表示角度而言，水深的表示应基于某种稳定的基准面，使得同一点不同时间的观测成果对应统一意义的稳定水深。海域垂直基准面的定义和确定一般都与潮汐相关。本章在简述海洋潮汐基本理论的基础上，给出海域垂直基准面传递确定及海域无缝垂直基准构建的相关理论和技术方法。

第一节　海洋潮汐基本理论概述

一、潮汐现象

潮汐是由地球上的海水受到月球和太阳的引力作用而产生的一种规律性的升降运动。多数情况下，潮汐运动的平均周期为半天左右，每昼夜有两次涨落运动。我国古代把白天上涨的海面称为潮，晚上上涨的海面称为汐，合称潮汐。在我国沿海大部分地区，可观测到海面在每昼夜有两次涨落（图 2 - 1）。

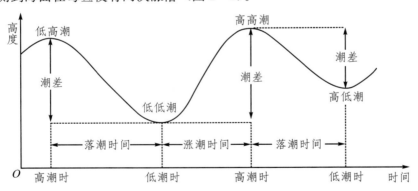

图 2 - 1　潮汐的日变化示意图

当海面上涨至局部最高时，称为高潮；海面下降至局部最低时，称为低潮。相邻的高潮和低潮之间的海面高度差，称为潮差（range of tide）。潮差的大小因地因时而异，潮差的平均值称为平均潮差。两个相邻高潮或两个相邻低潮之间的时间间隔称为周期。潮汐的变化十分复杂，既存在着短期的无规则变化，也存在着长期的规律性，比如不同海区、不同时间高（低）潮时刻、潮差、周期等都不同，潮汐运动的周期为半天或一天，每昼夜有两次涨落运动，同时还具有半月、月、年及 18.613 年等长周期变化。

如前所述，在我国沿海大部分地区，每昼夜出现两次高潮和两次低潮，通常两次高潮的高度不相等，区分为高高潮和低高潮；两次低潮的高度也不相等，区分为高低潮和低低潮。这种一天两次高潮（低潮）高度不等现象，称为日潮不等。这种现象与月球赤纬有关。

依据高低潮的变化情况不同，一般将潮汐分为正规半日潮、不正规半日潮混合潮、不正规日潮混合潮、正规全日潮等。如果一个太阴日（月球连续两次上中天的平均时间间隔，长于太阳日）内有两次高潮和两次低潮，从高潮到低潮和从低潮到高潮的潮差几乎相等，且涨退历时相近的潮汐称为正规半日潮。如果在一个太阴日内有两次高潮和两次低潮，但相邻的高潮或低潮的高度不等，涨潮历时和落潮历时也不相等，则称为不正规半日潮混合潮。如果一个月内有些日子出现两次高潮和两次低潮，有些日子却只有一次高潮和一次低潮，潮高和涨落潮时间都有明显的不等现象，则叫作不正规日潮混合潮。在一个太阴日内出现一次高潮和一次低潮的潮汐现象称为正规全日潮。

二、引潮力（引潮势）

人类很早就了解到海潮和农历、月亮、太阳有关，但第一个给出科学解释的是英国物理学家牛顿。他发现了万有引力定律，并用这个定律成功解释地球的潮汐现象，奠定了潮汐学科的科学基础。

引潮力是天体间引力和公转离心力的合力。对于单个天体 X，地球上任一点 P 都受到该天体的引力，记为 $\boldsymbol{F}_g$。同时，地球与天体 X 构成平衡系统，地球绕平衡系统的公共质心做平动性质的公转运动，地球上任一点所受公转离心力完全相同，记为 $\boldsymbol{F}_c$。将天体 X 在 P 点处产生的引潮力定义为引力与公转离心力的合力。引潮力的示意图如图 2-2 所示，图中 O 与 O_X 分别为地球与天体 X 的中心，$\boldsymbol{L}$ 为 P 点至 O_X 的距离矢量，$\boldsymbol{r}$ 为 O 至 O_X 的距离矢量。

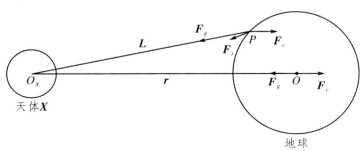

图 2-2　引潮力的示意图

P 点处取单位质量，即力和加速度在数值上相等。根据万有引力定律与离心力公式，P 点处引潮力 $\boldsymbol{F}_t$ 的表达式为

$$\boldsymbol{F}_t(P)=\boldsymbol{F}_g(P)+\boldsymbol{F}_c=\frac{GM_X}{L^2}\frac{\boldsymbol{L}}{L}-\omega_0^2 r\frac{\boldsymbol{r}}{r} \qquad (\text{公式 } 2-1)$$

式中，G 为万有引力常数；M_X 为天体 X 的质量；L 为 $\boldsymbol{L}$ 的量值；ω_0 为地球绕地球与天体 X 公共质心做公转运动的角速度；r 为 $\boldsymbol{r}$ 的量值。

引潮力 $\boldsymbol{F}_t$ 与 P 点在地球上的位置相关，而为了维持地球与天体 X 的系统平衡，引力 $\boldsymbol{F}_g$ 与公转离心力 $\boldsymbol{F}_c$ 必须在地心处相平衡，即两者大小相等、方向相反，因此地心处的引潮力 $\boldsymbol{F}_t$ 为零。地球上任意地点所受的公转离心力 $\boldsymbol{F}_c$ 都相同。于是，P 点处由天体 X 引起的引潮力又可定义为该点和地心所受天体 X 引力的矢量差，即

$$\boldsymbol{F}_t(P)=\boldsymbol{F}_g(P)-\boldsymbol{F}_g(O) \qquad (\text{公式 } 2-2)$$

引力为保守力，引潮力作为两个引力的矢量差也为保守力，相应地存在势函数，称为引潮势、引潮力势或引潮力位。对引潮力的研究也可通过对引潮势的研究来实现，这与物理大地测量学的思路一致。

上述是对某个单一天体引潮力的研究，为了方便论述，各参数符号中省略了天体 X 的标注。理论上，所有天体都能对地球产生引潮力，但考虑到各天体质量及其与地球的距离，只有月球（在潮汐学中通常也称为太阴）和太阳能够对地球上的海洋产生可观测到的海面变化，并且月球引潮力大于太阳引潮力，约是太阳引潮力的 2.17 倍。月球引潮力和太阳引潮力产生的潮汐分别称为太阴潮和太阳潮，而观测到的是总的潮汐效果，是月球引潮力与太阳引潮力的合力作用效果。

三、平衡潮理论

平衡潮理论是 17 世纪后半叶牛顿利用万有引力定律解释潮汐现象时提出的，称为潮汐静力学理论。其假定地球整个表面都被等深的海水覆盖，且不考虑海水的惯性、黏性和海底摩擦，忽略地球自转偏向力。在这种假定情况下，任一瞬间海面都与引潮力和重力的合力相垂直，海面随时保持平衡状态。这显然是一种动态平衡，随着月球、太阳与地球的周期性相对运动，新的平衡不断取代旧的平衡，在新旧平衡的转换过程中使得海水产生流动（潮流）和某地海水的聚散（潮汐）。

平衡潮理论能够解释某些潮汐变化的原因，而且通过平衡潮的频率展开，确实可以反映海洋潮汐的频谱结构。但是平衡潮的假设与海洋实际情况不符，包括海水黏性问题，海底、海岸和海面的摩擦，陆地分割问题等，使得海水不能立即响应并达到平衡状态；很多潮汐现象也不能解释，如实际观测的潮高变化与平衡潮理论潮高变化有很大差别。

四、引潮力的展开与分潮的概念

月球与太阳产生的引潮力是海洋潮汐的原动力，引潮力随着地球自转、地月日相对距离与位置等的变化而变化。这些天体运动呈现的周期性，决定了潮汐现象的周期性。观测到的潮汐现象基本与天体运动的周期相符合。在平衡潮理论假定的理想状态下，引潮力使海面升降从而促使海面在任意时刻都保持平衡状态，因此海面升降中更细致的频谱结构可通过对引潮力的周期性分析而获得。

根据物理学有关原理可知，任何一种周期性运动都可以由许多简谐振动组成。潮汐变化是一种非常近似的周期性运动，因而可视作众多频率振动的叠加。若每个固定频率振动以余弦（正弦可转化为余弦形式）$H\cos\sigma t$ 形式表示，引潮力统一以 Θ 表示，则目标是将 Θ 展开为公式 2-3 的形式。

$$\Theta = \sum_{i=1}^{n} H_i \cos\sigma_i t \qquad\qquad （公式 2-3）$$

式中，n 表示振动数；H 为振幅；σ 为振动的角速度；t 为时间变量。

每个固定频率的振动项称为调和项或分潮，而这样的展开称为调和展开。目前通用的是杜德逊依照布朗月理（月球轨道有关参数的纯调和展开式）于 1921 年首次给出的纯调和展开式，变量采用 6 个基本天文参数（表 2-1）。

表 2-1　6 个基本天文参数

参数	意义	角速度/（°/h）	周期
τ	平月球地方时	14.49205211	平太阴日
s	月球平经度	0.54901650	回归月
h	太阳平经度	0.04106863	回归年
p	月球近地点平经度	0.00464188	8.847 年
$N'(N'=-N)$	月球升交点平经度	0.00220641	18.613 年
$p'(p_x)$	太阳近地点平经度	0.00000196	20940 年

表 2-1 中，N 为月球升交点平经度，月球升交点是指月球从黄道的南面向北面穿过黄道时的交点。月球升交点在 18.613 年内向西运动一周，称为月球升交点西退，因此 N 的量值是随时间减小的。而杜德逊用 $N'=-N$ 来替换 N，使得这 6 个基本天文参数都随时间而增大。18.613 年通常也被认为是潮汐完整变化的周期，在海洋潮汐学中具有重要的意义。

杜德逊将引潮力展开为 300 多个调和项（分潮），各分潮的系数（振幅）对某一固定点为常数，而每个分潮的相角 V 随时间匀速变化，为 6 个基本天文参数的线性组合。

分潮的角速度 σ 是相角 V 对时间的导数。

分潮的周期（角速度）分布十分不均匀，呈现出一丛一丛局部聚集分布的特点，通常按族、群和亚群对分潮进行划分。周期是回归月、回归年等的倍数的分潮称为长周期分潮，周期约为 1 天的称为全日分潮，周期约为半天的称为半日分潮，周期约为 1/3 天的称为 1/3 日分潮。

在展开获得的数百或数千个分潮中，大部分分潮的振幅都很小，振幅明显较大的少部分分潮称为主要分潮。达尔文对一些主要分潮进行了命名，基本规则是用下标来表示分潮周期的大体长度：a、sa、m、f 分别代表周期约为 1 年、半年、1 个月和半月；1、2、3 分别代表周期约为 1 天、半天和 1/3 天。该命名规则一直沿用至今。

五、实际分潮与调和常数

平衡潮能解释潮汐的主要现象，包括地球绝大部分地点一天出现两次高潮的现象、大潮和小潮现象、日潮不等现象等。但实际海洋潮汐呈现更加复杂的变化，特别是沿海浅水区，在分潮振动幅度与相位、潮汐类型、潮差等方面具有非常复杂的空间变化。

（一）调和常数的概念

通过对引潮力的展开，获得引潮力的频谱结构。引潮力作为海洋潮汐的动力源，海洋潮汐的频谱特征应与引潮力一致。因此，海洋潮汐也分解为许多余弦振动之和，每个振动项即一个分潮，分潮的角速度（周期）与引潮力的展开项一致。如引潮力展开项中存在某频率为 $f = \sigma/(2\pi)$ 的振动，海洋将响应引潮力中这一频率的动力作用，进而在水位变化中体现，即实际潮汐中存在该频率的分潮。与引潮力展开项类似，该分潮在水位变化中的贡献可写作 $H\cos\alpha$，其中 H 为振幅，代表了该分潮振动的幅度；α 为相位，随时间以角速度 σ 均匀增加。实际潮汐远比平衡潮复杂：一方面，实际振幅通常都比理论上的平衡潮振幅大得多；另一方面，海洋对引潮力存在着响应延迟。对于分潮而言，表现为实际分潮的相位 α 与引潮力理论计算相角 V 之间存在相位差，若该相位差记为 k，则

$$k = V - \alpha \qquad \text{（公式 2 - 4）}$$

式中，若 k 为正，则当引潮力分潮达最大，即 $V = 0$ 时，$\alpha = -k$，需要再经过相同一段时间 α 才能达到 0°，此时实际潮汐分潮才能达到最大。因此，k 反映了实际分潮相对于引潮力分潮的相位落后。据此，相位差 k 也称为迟角。

迟角 k 是由当地实际潮汐分潮的相位和当地引潮力分潮的相角比较而得出的，采用的是与经度相关的地方时系统，在实际工作中常常感到不便。因此，通常区时系统的迟角称为区时迟角，记为 g；相应地，若采用世界时系统，则称为世界时迟角，记为 G。假设位于东经 L 的某地采用东 N 时区的时间，则该地的地方平太阳时 t_M、世界时 t_U 与

区时 t_Z 的关系为

$$t_M = t_U + \frac{L}{15°} = t_Z - N + \frac{L}{15°} \qquad \text{（公式 2 - 5）}$$

对于西经 L 或西 N 时区，式 2 - 5 中的 L 和 N 都取负值。

按照同一时刻、不同时间系统计算的分潮实际相角一致，可推导出地方迟角 k、世界时迟角 G 与区时迟角 g 的关系为

$$\begin{cases} g = G + N\sigma \\ k = G + \dfrac{L}{15°}\sigma \end{cases} \qquad \text{（公式 2 - 6）}$$

各地的时间系统一般都采用所属国家或地区的区时系统，因此在不注明的情况下，迟角通常指区时迟角，在我国是指北京时（东八区）的迟角。

分潮的振幅 H 与迟角 g 反映了海洋对引潮力中相同频率周期项的响应，虽与平衡潮相差很大，但这种响应对于一般海区而言是十分稳定的，也就是说某一地点的分潮振幅 H 与迟角 g 可看作常数，两者合称为调和常数。

（二）气象分潮与浅水分潮

除天体引潮力外，气压、风等气候及气象作用也能引起水位变化。如高气压能使水位降低，而低气压则会使水位升高；迎岸风可以引起水位上升，离岸风可以引起水位下降。我国近海冬季多北风且气压较高，夏天则多南风且气压较低，这会造成水位冬低夏高的季节变化。为了反映水位的这种季节变化，我们引入气象分潮，主要包括周期为一个回归年和半个回归年的两个分潮，分别称为年周期分潮 S_a、半年周期分潮 S_{sa}。

除气象影响外，水深较浅海域的海底对海水运动的摩擦作用将产生一些高频振动，用浅水分潮来表示。浅水分潮的角速度是天文分潮角速度的和或差，最常用的浅水分潮为两个周期 $1/4$ 日的 M_4 与 MS_4，以及一个周期 $1/6$ 日的 M_6。

为了与气象分潮、浅水分潮相区分，月球与太阳引潮力引起的分潮称为天文分潮。

六、潮汐模型与潮汐动力学理论

主要分潮调和常数的格网化数据集，称为潮汐模型。在潮汐变化平缓、验潮站分布密集的较小区域，可采用空间内插的方式构建潮汐模型，即每个格网点处的分潮调和常数由验潮站处的调和常数按克里格、多面函数等方法内插得到。此类方法称为经验法，构建的潮汐模型归类于经验模型。目前，潮汐模型的构建一般不采用经验法，而是普遍采用基于潮汐动力学理论的数值模拟方法。

由于平衡潮理论把原本为动力学的问题当作静力学问题处理，因此存在许多缺点。

1775 年，拉普拉斯根据流体动力学方程，指出潮汐是海水质点在水平引潮力作用下的长波运动。此后，有部分专家学者从海水运动观点出发，相继研究了潮波运动及在引潮力作用下潮汐的形成问题，发展并建立了潮汐动力学理论。

潮汐动力学理论是从动力学观点出发来研究海水在引潮力作用下产生潮汐的过程。此理论认为，对于运动的海水来说，引起海洋潮汐的原动力是水平引潮力，而垂直引潮力和重力相比作用非常小。海洋潮汐实际上是海水在月球和太阳水平引潮力作用下的长波运动，即水平方向的周期运动和海面起伏的传播。海洋潮波在传播过程中，除受引潮力作用外，还受到陆海分布与海岸形状、海底地形、地转效应及摩擦力等因素的影响。通过建立各种海区的潮波运动方程，进行相应的潮波数值解，可以达到解释潮汐现象的目的。

在计算潮波数值或数值模拟时，需将海域以一定分辨率的点进行格网化，用方程组模拟潮波的动力，即从各格网点处海水随时间的运动分析出各格网点处的潮汐信息（主要分潮的调和常数），以此构建潮汐模型。因此，从流体动力学观点研究潮波运动是认识海洋潮汐的一个更全面的方式。在不同形态的海区，潮流、潮汐的变化规律往往有较大的差异，即使在相近的海区，潮差及潮时都可能不一样，而潮汐动力学理论对这些现象给出了很好的解释。单纯利用潮波动力学方程构建潮汐模型的方法称为纯动力学法，构建的潮汐模型归类于纯动力学模型。

1992 年发射升空的 TOPEX/POSEIDON（T/P）卫星，因其定轨和测高的高精度及利于潮汐信息提取的轨道周期设计，极大地促进了海洋潮汐数值模拟的研究。T/P 系列卫星（T/P、Jason-1、Jason-2 等）以 9.9156 天的周期重复观测海域上沿迹各点的海面高变化。对于沿迹上的一点，可根据卫星多年观测的水位数据，利用潮汐分析方法获得精确的潮汐参数。这与处理验潮站数据并无本质区别。卫星测高提供了海域上十分丰富的潮汐参数成果，通过同化技术可改善潮波数值模拟的精度。同化技术使得观测数据与动力学方程相互融合，发挥数据对方程的拉动作用。目前得到广泛应用的全球潮汐模型或局部潮汐模型基本都是同化模型。

第二节 水位观测与潮汐分析

实际潮汐运动远比平衡潮理论复杂，在岸形、海底地形、惯性及各种气象条件等因素的综合影响下，海面升降规律与平衡潮相差甚大，特别是近岸较浅海域。因此，人们需要在不同地点测量记录海面随时间的升降变化情况。当观测记录的水位数据达到一定时间长度时，可通过潮汐分析获得主要分潮的调和常数。

一、水位观测

为测量当地海水潮汐变化规律、了解当地潮汐性质，在海边适合的地点放置水尺或验潮设备，以记录水位随时间变化的情况，称为水位观测、潮汐观测或验潮。这类设施称为验潮站、潮位站或水位站。需注意的是，水位观测测量的是海面的整体升降，需滤除或减弱波浪的影响。与水位相比，波浪是高频运动，周期为 $0.1\sim30s$，而分潮的周期都在 2h 以上。

（一）验潮站站址选择

验潮站站址选择条件如下。

1. 验潮站的潮汐情况在本海区应具有代表性，这是验潮站选址的主要条件。

2. 选择风浪较小、来往船只较少的地方，这样有利于提高观测的准确度，也能避免水尺被风浪刮倒或被船只撞倒，给工作带来不便。

3. 应尽量利用现有码头、防波堤、栈桥等建筑物作为观测点，而且应避开冲刷、淤积、崩坍等容易使海岸变形的因素。

（二）验潮站的分类

根据对水位观测精度的要求和观测时间的长短，验潮站可分为长期验潮站、短期验潮站、临时验潮站和定点验潮站。

1. 长期验潮站又称基本验潮站。观测资料主要用来计算和确定多年平均海面、深度基准面，以及研究海港的潮汐变化规律等，也可服务于水下地形测量。一般应有 2 年以上连续观测的水位资料。

2. 短期验潮站是海道测量工作中补充的验潮站。一般要求连续观测 30 天以上，用来计算该地近似多年平均海面和深度基准面，也可服务于水下地形测量。

3. 临时验潮站多是为了水深测量、疏浚施工、勘察性验潮，以及转测平均海面和深度基准面等的需要而建立的，要求至少与邻近的长期验潮站或短期验潮站同步观测 3 天。

4. 定点验潮站是指离岸较远的海上验潮站。通常在锚泊的船上用回声测深仪进行一次或三次 24 小时的水位观测，参照长期验潮站或短期验潮站推算平均海面、深度基准面，计算主要分潮的调和常数和短期潮汐预报。

（三）水位观测设备

水位观测方法与手段主要取决于采用的仪器设备。下面介绍在近岸水深测量中布设验潮站时常用的几种水位观测仪器。

1. 水尺。水尺的外形与水准标尺相似，标有一定的刻度，一般最小刻度为厘米，是最古老的水位观测仪器。一般长 $3\sim5m$，固定在岩壁上或岸边。现在一般由长 1m 的不锈钢、高分子、铝板、搪瓷铁皮等多种材料的水尺拼接而成。水尺使用简便、机动性强、造价低、技术含量低、读数直接，但是观测方式受人工观测条件所限，一般无法得到完整的水位观测记录。因此，水尺通常用于易于设立与读数的码头等地点，实施短时间的验潮。

2. 压力验潮仪。通过测量海水的压强变化推算出海面的升降变化，有机械式和电子式两种。在水深测量中，电子式压力验潮仪是验潮站布设的最常用的验潮设备，通过压力传感器获取水压变化，并用数字电子技术将压力变化转换成水位变化。压力验潮仪安装方便、精度高，可以实现观测数据的全自动记录和处理。

3. 声学水位计。由固定在海面上的探头向海面发射声波，测量海面与探头间的距离变化，即海面的升降变化。因声速与温度、湿度等相关，故声学水位计需进行声速改正。

4. 雷达水位计。由固定在海面上的探头向海面发射电磁波，测量海面与探头间的距离变化，即海面的升降变化。相比于声学水位计，雷达水位计的测距精度更高，且受气压、温度和湿度的影响更小。

二、水位组成

验潮站利用水尺或验潮仪观测海面的垂直变化。水尺与验潮仪都有其自身的零点，测量记录水位在该零点上的高度即水位零点，习惯上也称水尺零点。观测数据最终都可转换为观测时刻和该时刻在水位零点上高度的形式。若以 $h(t)$ 表示时刻 t 的水位观测值，则按激发机制可分解为以下四个部分。

1. 平均海面在水位零点上的高度 MSL，平均海面可看作各种波动和振动的平衡面。

2. 引潮力的激发及在海底地形和海岸形状等因素制约下的海面升降，通常称为天文潮位或潮位。以平均海面作为各分潮波动的起算面，天文潮位表示为 $T(t)_{MSL}$。

3. 气压、风等气象作用引起的水位变化，其中周期性部分以气象分潮（如年周期分潮 S_a 与半年周期分潮 S_{sa}）形式归入天文潮位，而剩余的短期非周期性部分称为余水位（residual water level，sea level residuals），其激励机制主要是短期气象变化，以 $R(t)$ 表示余水位。

4. 水尺或验潮仪的测量误差表示为 $\Delta(t)$。

综上，水位 $h(t)$ 可表达为

$$h(t)=\mathrm{MSL}+T(t)_{\mathrm{MSL}}+R(t)+\Delta(t) \qquad \text{（公式 2-7）}$$

以平均海面作为平衡面，水位随时间的升降变化与天文潮位的变化基本一致，或者说水位变化的主体是天文潮位。在正常天气下，余水位的量值在 $\pm 40\mathrm{cm}$ 以内，而在台风等特殊天气情况下，余水位的量值能达到米级。经必要的水位数据预处理，测量误差可认为呈偶然性。

（一）天文潮位

天文潮位是水位变化的主体，可认为是由多个分潮相互叠加而成的综合潮位。通过潮汐分析可以将实际潮位分解为很多分潮并获取各分潮模型，求解各分潮调和常数，即振幅和迟角。

平均海面可看作天文潮位的平衡位置，则时刻 t 从平均海面起算的天文潮位 $T(t)_{MSL}$ 可表示为

$$T(t)_{MSL} = \sum_{i=1}^{m} H_i \cos[V_i(t) - g_i] \qquad \text{（公式 2-8）}$$

式中，m 为分潮的个数；H、g 为分潮的调和常数；$V(t)$ 为分潮在时刻 t 的天文相角。

理论上，公式 2-8 应包含所有分潮的贡献，如杜德逊展开的 386 个分潮。但因分潮振幅间差异很大，只有部分振幅较大的分潮才有实际意义，称为主要分潮。其中常用的主要分潮有 13 个：2 个长周期分潮、4 个全日分潮、4 个半日分潮和 3 个浅水分潮。具体见表 2-2。

表 2-2 常用的 13 个主要分潮的基本信息

类型	分潮	名称	杜德逊编码	μ_0	角速度/（°/h）	周期/h
长周期分潮	S_a	年周期气象分潮	056.555	0	0.041068	8765.949
	S_{sa}	半年周期气象分潮	057.555	0	0.082137	4382.921
全日分潮	Q_1	太阴椭率主要全日分潮	135.655	−1	13.398661	26.868
	O_1	太阴主要全日分潮	145.555	−1	13.943036	25.819
	P_1	太阳主要全日分潮	163.555	−1	14.958931	24.066
	K_1	太阴太阳赤纬全日分潮	165.555	1	15.041069	23.934
半日分潮	N_2	太阴椭率主要半日分潮	245.655	0	28.439730	12.658
	M_2	太阴主要半日分潮	255.555	0	28.984104	12.421
	S_2	太阳主要半日分潮	273.555	0	30.000000	12.000
	K_2	太阴太阳赤纬半日分潮	275.555	0	30.082137	11.967
浅水分潮	M_4	太阴浅水 1/4 日分潮	455.555	0	57.968208	6.210
	MS_4	太阴太阳浅水 1/4 日分潮	473.555	0	58.984104	6.103
	M_6	太阴浅水 1/6 日分潮	655.555	0	86.952313	4.140

通常可认为表 2-2 中的 13 个主要分潮已构成天文潮位的主体，基本可代表天文潮位。13 个主要分潮的振幅具有如下的规律。

1. 在 2 个长周期分潮中，S_a 在我国近海从南至北逐渐增大，振幅 10～30cm；S_{sa} 较小，振幅在 5cm 以内。

2. 在 4 个全日分潮中，K_1 最大，O_1 略大于 K_1 的 2/3，P_1 略小于 K_1 的 1/3，Q_1 约为 K_1 的 2/15。

3. 在 4 个半日分潮中，M_2 最大，S_2 小于 M_2 的 1/2，N_2 略小于 M_2 的 1/5，K_2 略大于 M_2 的 1/10。

4. 浅水分潮的振幅只有在沿岸浅水区与河口才能达到有实际意义的量值。

分潮的调和常数与地点有关，一般通过长时间水位观测，由潮汐分析获取其精确量值。当调和常数已知时，由公式 2-8 可计算任意时刻的天文潮位，即潮汐预报。

（二）余水位

余水位也称为异常水位或增减水，是指气压、风等气象作用引起的短期非周期性水位变化的部分。对长期验潮站数据进行调和分析后可以得到潮汐模型，借助潮汐模型，可以预报未来一段时间内的潮位变化。实际潮位与预报潮位的偏差，也可以看作是余水位。

由公式 2-7，余水位 $R(t)$ 计算公式为

$$R(t) = h(t) - \mathrm{MSL} - T(t)_{\mathrm{MSL}} - \Delta(t) \qquad （公式 2-9）$$

在公式 2-9 中，测量误差难以确定，考虑到目前的验潮仪器与观测手段，并对水位数据实施必要的处理后，测量误差可认为呈偶然性，且量值相对于余水位可忽略不计。因此，余水位取为水位变化与天文潮位变化的差异部分，即

$$R(t) = h(t) - \mathrm{MSL} - T(t)_{\mathrm{MSL}} \qquad （公式 2-10）$$

天文潮位通常仅由主要分潮计算，未包含所有分潮。综合而言，计算获得的余水位由三部分组成：一是气象作用引起的短期非周期性水位变化；二是预报天文潮位时未顾及小分潮作用，或者称为天文潮位推算误差；三是测量误差。

因此，由公式 2-10 计算的余水位严格意义上是粗略余水位，优势在于求解方便，直接由实测水位减去预报的天文潮位即可得到。

三、潮汐调和分析的基本原理

通过潮汐分析，可由一定时长的水位数据求解出主要分潮的调和常数。潮汐分析按原理可分为调和分析法与响应分析法两大类，国内常用的是调和分析法。采用调和分析法的潮汐分析也可直接称为潮汐调和分析，或简称为调和分析。目前最常用的是基于最

小二乘原理的调和分析法，或者称为调和分析最小二乘法。

（一）调和分析最小二乘法的基本原理

将公式 2-8 代入公式 2-7 得

$$h(t)=\text{MSL}+\sum_{i=1}^{m}H_i\cos[V_i(t)-g_i]+R(t)+\Delta(t) \qquad （公式 2-11）$$

调和分析的目标是由公式 2-11 计算平均海面在水位零点上的高度 MSL 与各分潮的调和常数 H_i、g_i。公式 2-11 中的余水位 $R(t)$ 和测量误差 $\Delta(t)$ 对于调和分析而言被视为扰动噪声。因此，调和分析的观测方程为

$$h(t)=\text{MSL}+\sum_{i=1}^{m}H_i\cos[V_i(t)-g_i] \qquad （公式 2-12）$$

公式 2-12 称为调和分析的潮高模型，是非线性方程，需实施线性化。将公式 2-12 中的余弦部分展开，得

$$h(t)=\text{MSL}+\sum_{i=1}^{m}\left[\cos V_i(t)\cdot H_i\cos g_i+\sin V_i(t)\cdot H_i\sin g_i\right] \qquad （公式 2-13）$$

令

$$\begin{cases}H_i^C=H_i\cos g_i \\ H_i^S=H_i\sin g_i\end{cases} \qquad （公式 2-14）$$

公式 2-14 中的 H_i^C、H_i^S 分别称为分潮的余弦分量和正弦分量。将公式 2-14 代入公式 2-13，得

$$h(t)=\text{MSL}+\sum_{i=1}^{m}\left[\cos V_i(t)\cdot H_i^C+\sin V_i(t)\cdot H_i^S\right] \qquad （公式 2-15）$$

公式 2-15 是 H_i^C、H_i^S 的线性方程。每个观测时刻水位都可按公式 2-15 构建观测方程，进而按最小二乘原理中的间接平差法求解出 MSL 与各分潮的 H_i^C、H_i^S，最后按公式 2-16 将 H_i^C、H_i^S 转换为调和常数 H_i、g_i：

$$\begin{cases}H_i=\sqrt{(H_i^C)^2+(H_i^S)^2} \\ g_i=\arctan\dfrac{H_i^S}{H_i^C}\end{cases} \qquad （公式 2-16）$$

以上是调和分析最小二乘法的基本原理。最小二乘法是在实测数据与潮高模型之间直接进行最小二乘拟合逼近，从估计的角度求得调和常数。最小二乘法适用于非等间隔观测、短时缺测等情况，已成为现代潮汐调和分析的标准方法。

（二）瑞利（Rayleigh）准则与汇合周期

对于每个观测水位，按公式 2-15 构建观测方程，组成观测方程组，用最小二乘原理中的间接平差法求解出平均海面与各分潮的调和常数。从方程与未知参数的数目来看，未知参数的个数为（2m+1），似乎意味着不少于（2m+1）个观测水位就可以求解

出各未知参数，但实际上（2m+1）个观测水位远不能求解出可靠的未知参数。公式 2-15 中可选取的分潮与水位观测的时间间隔、时间长度等有关，海洋潮汐理论是从滤波观点给出其中的关系：将水位变化视为信号，潮汐分析计算分潮调和常数的过程可视为从信号中提取出对应频率的振动。

观测时间长度决定是否能可靠地求解出分潮的调和常数，从信号滤波的角度而言，决定是否能可靠地分离出该频率信号。首先，最基本的要求是达到或接近分潮的周期，如数天或数十天的时长不能可靠计算出年周期分潮 S_a 的调和常数。其次，分离两个分潮所需的时间长度由瑞利准则决定：设某两个分潮的角速度分别为 σ_1 与 σ_2，则两个分潮的相位之差达到 $360°$ 的时间长度定义为这两个分潮的汇合周期 T_R，即

$$T_R = \frac{360°}{|\sigma_1 - \sigma_2|} \qquad (公式 2-17)$$

汇合周期也称为瑞利周期，观测时间长度要大于其中任何两个分潮的汇合周期或略小于最长的汇合周期（如 0.8 倍），如此才能准确可靠地估计所选分潮的调和常数。由公式 2-17 可知，两个分潮的角速度越接近，汇合周期越长。

根据 13 个主要分潮的角速度，可计算出任两个分潮的汇合周期（表 2-3），单位为平太阳日。13 个主要分潮分属于长周期分潮族（S_a、S_{sa}）、日周期分潮族（Q_1、O_1、P_1、K_1）、半日周期分潮族（N_2、M_2、S_2、K_2）、1/4 日分潮（M_4、MS_4）与 1/6 日分潮（M_6），由表 2-3 可以看出：

表 2-3　主要分潮间的汇合周期

分潮	S_{sa}	Q_1	O_1	P_1	K_1	N_2	M_2	S_2	K_2	M_4	MS_4	M_6
S_a	365.2	1.1	1.1	1.0	1.0	0.5	0.5	0.5	0.5	0.3	0.3	0.2
S_{sa}		1.1	1.1	1.0	1.0	0.5	0.5	0.5	0.5	0.3	0.3	0.2
Q_1			27.6	9.6	9.1	1.0	1.0	0.9	0.9	0.3	0.3	0.2
O_1				14.8	13.7	1.0	1.0	0.9	0.9	0.3	0.3	0.2
P_1					182.6	1.1	1.1	1.0	1.0	0.3	0.3	0.2
K_1						1.1	1.1	1.0	1.0	0.3	0.3	0.2
N_2							27.6	9.6	6.1	0.5	0.5	0.3
M_2								14.8	13.7	0.5	0.5	0.3
S_2									182.6	0.5	0.5	0.3
K_2										0.5	0.5	0.3
M_4											14.8	0.5
MS_4												0.5

1. 不同潮族分潮间因周期相差较大而汇合周期较短，最长约 1.1 天。

2. 年周期分潮 S_a 与半年周期分潮 S_{sa} 的汇合周期为 365.2 天，与 S_a 的周期相近，因提取分潮调和常数的基本要求是观测时长达到其周期，故当时长达到 S_a 分潮周期时相应也达到了 S_a 与 S_{sa} 间的汇合周期。

3. 全日分潮之间或半日分潮之间的汇合周期均为 14.8 天、27.6 天和 182.6 天，意味着需约半年的观测水位数据才能可靠分离各分潮。

需要注意的是，若观测时间长度明显短于所选分潮中某两个分潮的汇合周期，则不能可靠地求出这两个分潮的调和常数，即使只选择其中一个分潮，该分潮也不能可靠地估计。以汇合周期为 182.6 天的 P_1 与 K_1 为例，当观测时长为 30 天时，若在调和分析的潮高模型中只选取 K_1 分潮而未选取 P_1 分潮，则潮汐分析得到的 K_1 分潮的调和常数是不准确的，是无法分离 K_1 与 P_1 的综合结果的。在海洋潮汐理论上，只有当水位数据时长达到 18.613 年才可直接按前述调和分析最小二乘原理求解各分潮的调和常数。对于常见的数十天至数年的水位数据，需在其基础上针对分潮的可分离情况进行改进。

四、长期调和分析

连续观测 18.613 年时长的验潮站相对较少，通常也难以获得如此长的实测水位数据。在实践中，1 年时长达到了 S_a 分潮的周期，也达到了 13 个主要分潮间的汇合周期，已能可靠地求解出 13 个主要分潮的调和常数。因此，1 年以上水位数据被认为是长期观测资料，相应采用的调和分析方法被称为长期调和分析。

对于所选择的主要分潮而言，1 年时长可以将它们相互分离。对于未选择的较小分潮，虽无须求取这些分潮的调和常数，但当较小分潮与主要分潮的汇合周期长于 1 年时，会对主要分潮调和常数的求解产生扰动作用。在海洋潮汐理论上，由 1 天、1 个月、1 年的水位数据分别可以相应地分辨不同族、不同群、不同亚群的分潮。1 年时长不足以分辨同一亚群内的分潮，或者说不能分离主要分潮和与其同一亚群内的小分潮。1 年时长求解的主要分潮实际是该主要分潮所在亚群内所有分潮的综合结果。于是，为了尽量准确地分析出所需的主要分潮，将同一亚群内的分潮进行合并，以亚群内最大分潮（即主要分潮）的潮位表达为基础，分别在振幅和迟角上附加乘系数和改正量，以体现同一亚群内小分潮的贡献及其对最大分潮的扰动作用。振幅上的乘系数称为交点因子，记为 f；迟角上的改正量称为交点订正角，记为 u。此时，调和分析的潮高模型式（公式2-12）相应修改为

$$h(t)=\mathrm{MSL}+\sum_{i=1}^{m}f_iH_i\cos[V_i(t)+u_i-g_i] \qquad (公式\ 2-18)$$

式中，f、u 分别为各主要分潮的交点因子和交点订正角，代表了主要分潮所在亚

群中小分潮的扰动作用，或者说将亚群内所有分潮的作用通过 f、u 合并至主要分潮上。f、u 随时间缓慢变化，f 在 1 上下变化，u 在 $0°$ 上下变化。

以交点因子和交点订正角体现与表达同亚群小分潮扰动作用的订正方式称为交点订正。长期调和分析采用公式 2-18 为潮高模型估计分潮调和常数，在前述调和分析最小二乘法基本原理上增加 f、u 的计算。交点因子和交点订正角可依据《海道测量规范》（GB 12327—2022）进行计算。

五、中期调和分析

在海道测量工程实践中，布设的验潮站一般只验潮数天至数月。其中，1 个月及以上的水位数据才能较可靠地获得主要分潮的调和常数。由于不同群之间的汇合周期最长为 1 个月，因此通常把 1 个月及以上但不足 1 年的水位数据称为中期观测资料，对应采用的是中期潮汐分析方法。

当观测时间长度远小于 1 年时，同群而不同亚群，甚至同族而不同群的分潮之间将不可分辨，需进一步合并，但因频率差的增大，不能按 f、u 订正方法实现。在此情况下，按最小二乘法处理时，通常附加参数间的限制条件，以采用约束平差法实现参数估计。基本做法是对难以分辨的分潮间再次选取主分潮和随从分潮，假设主分潮和随从分潮间存在确定的振幅比和迟角差，称为差比关系。通常将差比关系作为已知的关系引入平差求解过程中，因此称为引入差比关系的中期调和分析。

差比关系的依据与交点订正相似：实际海洋对同一群分潮的响应可认为是一致的，分潮与相应的平衡潮分潮之间有着相同的振幅比和迟角差。主分潮和随从分潮之间的差比关系应由海区的实际参数给出，通常借用邻近长期验潮站的信息进行计算。

六、潮汐类型与潮汐类型数

月球赤纬引起的日潮不等与地理纬度有关，并依据一个太阴日（24h 50min）内高、低潮次数及一个月内高、低潮变化特征，将潮汐变化定性划分为半日潮、混合潮、日潮三大类型。划分的基本标准是每太阴日内出现高潮和低潮的次数。潮汐变化是众多振动频率的组合，此时潮汐类型本质上是由潮汐变化中日周期振动与半日周期振动的相对大小而决定的：半日周期振动的振幅明显大于日周期振动时，每日将出现两次高潮和低潮；反之，每日将出现一次高潮和低潮。为了方便和统一，在实际应用中一般以日分潮和半日分潮的振幅比为量化指标来划分潮汐类型。各国选取的分潮与标准并不一致，我国是以 K_1 和 O_1 两个日分潮的振幅之和相对半日分潮 M_2 振幅的比值大小作为量化指标，称为潮汐类型数，若记为 F，则

$$F = \frac{H_{K_1} + H_{O_1}}{H_{M_2}}$$
（公式 2 - 19）

按潮汐类型数 F 的量值范围，具体定量划分标准：

1. $F < 0.5$，规则半日潮类型。在每太阴日中有两次高潮和低潮，且两相邻高潮或低潮的时间间隔为 12h 25min。

2. $0.5 \leqslant F < 2.0$，不规则半日潮类型。在一太阴日中有两次高潮和低潮，但两相邻的高潮或低潮的高度不相等，即两相邻潮差不相等，而且涨潮时间与落潮时间也不相等；与规则半日潮类型相比，日潮不等现象更明显。

3. $2.0 \leqslant F \leqslant 4.0$，不规则日潮类型。一回归月的大多数日子内每个太阴日有两次高潮和低潮，但在回归潮前后数天会出现一太阴日只有一次高潮和低潮的日潮现象；F 值越大，日潮天数越多。

4. $F > 4.0$，规则日潮类型。一回归月的大多数日子内出现一太阴日只有一次高潮和低潮的日潮现象，只在分点潮前后出现一太阴日有两次高潮和低潮的日潮现象；F 值越大，日潮天数越多。

第三节　海域垂直基准体系与框架

海域垂直基准是描述海洋区域及毗邻陆地空间地理信息垂向坐标的参考基准系列，表现为参考椭球面、1985 国家高程基准、深度基准面和净空高度参考面及平均海面等多种类型。

一、垂直基准的类型

海域垂直基准分为大地测量类型的高程基准和海洋测绘专用基准两类，每一类型又有多种实现方式。

（一）大地测量类型的垂直基准

属于大地测量类型的垂直基准包括与大地坐标系相联系的大地高系统，与地球重力场信息相关的正高、正常高和力高系统。当然，在海洋区域，由于大地水准面与似大地水准面重合，正常高系统基准也叫正高系统基准。

过去由于受技术条件的限制，人类不能勘测整个地球椭球的大小，只能用个别国家和局部地区的大地测量资料推求椭球体的相关元素（长轴半径、扁率等），所得到的为椭球形，即称为参考椭球。其中，WGS-84 椭球随着 GPS 技术的广泛应用而成为目前最常用的参考椭球。WGS-84 坐标系的几何定义是原点在地球质心，Z 轴指向国际时间局（Bureau International de I'Heure，BIH）1984.0 定义的协议地球极（Conventional Terrestrial Pole，CTP）方向，X 轴指向 BIH1984.0 的协议零子午面和 CTP 赤道的交点，Y 轴与 X 轴、Z 轴构成右手坐标系。对应于 WGS-84 大地坐标系的参考椭球，其常数采用国际大地测量和地球物理学联合会（International Union of Geodesy and Geophysics，IUGG）第 17 届大会大地测量常数的推荐值。CGCS2000 大地坐标系是我国新一代大地坐标系，是一个以地球质量中心为原点的地心大地坐标系。其几何定义：原点是地球的质量中心，Z 轴指向国际地球自转服务（International Earth Rotation Service，IERS）参考极方向，X 轴为 IERS 参考子午面与通过原点且同 Z 轴正交的赤道面的交线，Y 轴与 X 轴、Z 轴构成右手地心地固直角坐标系。CGCS2000 参考椭球是一个等位旋转椭球，几何中心与坐标系的原点重合，旋转轴与坐标系的 Z 轴一致。该参考椭球既是几何应用的参考面，又是地球表面上及空间正常重力场的参考面。大地高系统是以参考椭球面为基准面的高程系统。大地高也称为椭球高，是一个纯几何量，不具有物理意义。卫星定位测量得到的待定点的高度就属于大地高。

在大地水准面的经典定义中，一般认为海水是自由运动的匀质物质，只受重力作用，没有时间变化。当理想化的海洋面达到平衡状态时，设想某一个水准面与平均海水面完全重合，不受潮汐、风浪及大气压变化影响，并延伸到大陆下面处与铅垂线相垂直，该水准面即大地水准面。但是地球质量分布是不均匀的，使得大地水准面形状是不规则的，难以用数学公式表达。各个国家和地区往往选择一个或几个验潮站所得的平均海平面来代替大地水准面，并定义为国家或地区的统一高程基准面，称为似大地水准面。从全球来看，通常认为海洋区域的大地水准面与全球似大地水准面重合，但是各国定义的似大地水准面具有区域性质，因此与大地水准面存在一个差值。

（二）海洋测绘专用垂直基准

海洋测绘专用垂直基准为潮汐基准，重要的基准包括平均海面、海图深度基准面和某种意义的高潮面。

海图深度基准通常简称为深度基准，它是一个较大的概念。国际上，深度基准面的通行确定原则是考虑航行保证率和航道利用率两个方面，要求海面（特别是低潮面）很少落入该面之下。深度基准面可以与高程基准面做相应的类比，像不同国家或地区分别采用正高系统和正常高系统一样，深度基准面也具有不同的确定方式，世界各国选用的深度基准面类型有 20 多种。

自 1956 年起，我国将深度基准面统一于理论最低潮面，采用弗拉基米尔斯基算法。在近几十年过程中，该算法的具体实现方式经过多次修改。第一阶段只采用 Q_1、O_1、

P_1、K_1、N_2、M_2、S_2、K_2 8 个分潮叠加计算可能出现的最低水位；第二阶段在长周期分潮或浅水分潮达到一定量值时附加长周期分潮 S_a、S_{sa} 订正和浅水分潮 M_4、MS_4、M_6 订正；第三阶段同时利用上述 13 个分潮叠加计算可能出现的最低水位。

我国规定的深度基准面一经确定且应用于正规水深测量后，一般不得变动。因此，我国各长期验潮站的现行深度基准面 L 值的确定存在以下差异：利用的水位数据资料从短于 1 个月至数十年的都有；弗拉基米尔斯基算法的具体实现方式不一致，体现在分潮数不一致、浅水分潮与长周期分潮处理不一致；有相当数量的长期验潮站现行的海图深度基准面值是通过同步改正计算得出而非独立确定出的。这些差异使得现行深度基准面虽名义上都是理论最低潮面，其 L 值都采用弗拉基米尔斯基算法，但实际上其最低潮面意义并不完全一致，不同验潮站或不同海区的深度基准面存在不同的最低潮面含义。

除深度基准之外，在海洋测绘中还存在净空基准（特征地物、障碍物的净空高度基准），即表示灯塔光心高度、海上道桥与悬空线缆净空高度的基准，同时用作海岸线的标定基准。该基准也通常选定为某种潮汐基准面，存在不同的定义或选择方式，如美国选用平均高潮面，我国则规定为平均大潮高潮面。

与陆域垂直基准相比较，海域垂直基准具有以下特点：

1. 平均海面、深度基准面和平均大潮高潮面是海域常用的垂直基准面，都是潮汐基准面，需根据潮汐资料计算，垂直关系由验潮站来维持。

2. 深度基准面、似大地水准面和平均大潮高潮面在垂直方向上的位置是相对于平均海面来度量的，因此平均海面是更高一级的垂直基准。这与陆域对基准面的表达不同，大地测量中通常是指基准面在某坐标框架中的大地高，如平均海面或大地水准面在参考椭球面上的大地高。

二、潮汐基准面的维持体系与框架

潮汐基准面，特别是深度基准面和净空基准面是根据海区潮汐强弱确定的，即采用逐点定义的方式，通常是相对于当地多年平均海面计算。因此，这类潮汐基准面可以表征在平均海面（尽管该面也是一种潮汐基准面，但其具有潮汐振动平衡面的特性，便于用作表示其他潮汐基准的参考面）体系中。在现代技术条件下，由于卫星测高技术为确定平均海面高模型和海面地形模型提供了可能，也就便于经由平均海面这一过渡面，将海洋测绘专用垂直基准面表征在大地坐标系和高程基准等大地测量类型的垂直基准体系中。因此，平均海面、参考椭球面和大地水准面（国家高程基准）均可构成潮汐类海域垂直基准面的表达基准。关键是通过对潮汐模型的精确构建或精化，全面掌握海域潮汐规律，从而根据潮汐信息，按统一的公式（规定的系统）逐点计算深度基准面，正像用高精度高分辨率大地水准面作为国家高程基准的表达形式一样，以高分辨率数值形式建立起这类应用基准面的数值表征体系和模型。

无论潮汐模型如何构建和精化，验潮站的潮汐数据必将对模型起最基本的控制作用。事实上，国际上关于构建连续无缝深度基准面的技术指南，将验潮站深度基准面的内插或拟合作为一种基本的实现方式。

适当密度的验潮站不仅可直接提供一系列站点的潮汐基准数据，而且由长时间水位观测分析获得的潮汐参数也是控制和精化潮汐模型的基础数据。

一般而言，为支撑海洋测绘信息处理服务，国际上将验潮站分为基本站（一类站）、二类站和三类站三种类型。其中，基本站应具有 19 年以上的水位观测数据，用以精确确定潮汐参数，并按规定的潮汐理论和基准历元提供最高精度的潮汐数据和基准数据；二类站应有 1 年以上的连续水位观测；三类站要求连续的水位观测必须满 1 个月以上。二类站和三类站必须通过与邻近一类站同步观测数据的差分处理，精化其潮汐参数，并由传递法确定其深度基准面。因此，验潮站网构成了潮汐参数和垂直基准的维持框架。我国海道测量所应用的验潮站，不仅是长期站、短期站和临时站的时间要求与国际通行做法的规定时间要求对应的低一个数量级，而且验潮站对潮汐基准的框架维持作用也不明显。

三、垂直基准面的相对关系

我国海岸带地形测量垂直基准通常采用 1985 国家高程基准，远离大陆的岛、礁可选取当地平均海面作为高程基准，而水深测量垂直基准则采用理论深度基准面。根据《国家大地测量基本技术规定》，国家高程系统采用正常高系统，1985 国家高程基准定义的黄海平均海面作为全国统一的高程起算面，国家高程基准由高程控制网和似大地水准面具体体现。由此可见，似大地水准面、平均海面、理论深度基准面、参考椭球面等基准面是我国海洋垂直基准体系的主要组成部分，各垂直基准面及相对关系如图 2 - 3 所示。

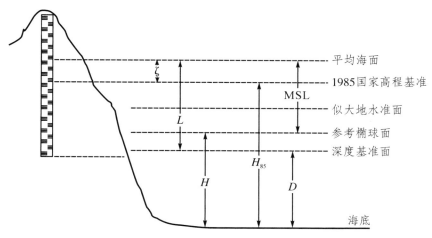

图 2 - 3　海洋垂直基准面的空间关系

图 2 - 3 中，H_{85} 表示水深点在 1985 国家高程基准下的高程，1985 国家高程基准零点向下为负值；ζ 表示海面地形，由海面地形模型内插，平均海面向下为正值；L 表示深度基准面 L 值，由深度基准面模型内插，为正值；D 表示从深度基准面起算的水深值，基准面向下为正值；H 表示大地高成果，基准面向上为正值；MSL 表示平均海面的大地高，基准面向上为正值。

第四节　海域垂直基准面的传递确定

水尺与验潮仪观测记录的水位数据是从水尺与验潮仪的零点起算的瞬时海面高度。水尺与验潮仪的零点，合称为水位零点（水尺零点）。布设水尺与验潮仪时，在满足水位零点在低潮下一定距离的条件下，水位零点的位置是可任意设置的，布设后应保持固定、在垂直方向上不移动。将观测记录的水位数据应用于水位改正前，起算面需从任意选定的水位零点转换至深度基准面。转换过程中涉及两种基准面的确定：一是平均海面，计算其在水位零点上的垂直高度；二是深度基准面，计算其在平均海面下的垂直距离。

一、平均海面的定义与稳定性

验潮站处平均海面的位置由相对于水位零点的垂直距离进行标定。因此，平均海面的确定在狭义上是指确定其在水位零点上的垂直距离。受潮汐、气压等影响，海面随时间变化而变化，通过水尺或者验潮仪等设备按照 5min、10min 或 1h 的等间隔对水位变化进行长期持续记录，就可以得到相对于水位零点的高度变化序列。对某一个时段的序

列取算术平均值，就可以计算该时段的平均海面 MSL，即

$$\text{MSL} = \frac{1}{n}\sum_{i=1}^{n}h(t_i) \qquad (公式\ 2-20)$$

式中，n 为水位观测个数，$h(t)$ 为水位数据。此外，也可以对一个时段的序列实施潮汐分析获得平均海面。事实上，水位数据观测记录的时段越长、越多，潮汐分析结果与算术平均值间的差异越小。

通常将一天（24 小时）整点潮高的算术平均值称为日平均海面；30 天日平均海面的算术平均值称为月平均海面；12 个月平均海面的算术平均值称为年平均海面。该平均海面代表了验潮站及周边一定范围内海域的平均海面。平均海面可认为是滤除各种随机振动和短期、长期波动后的一种理想海面。研究表明，一个完整的潮汐变化周期为 18.613 年（通常取整为 19 年），以此计算的平均海面才能消除各种振动和波动，在一定时间和空间内处于相对稳定状态。因此，可以把平均海面作为国家或区域的高程基准，如我国 1985 国家高程基准采用的就是 1952—1979 年共 28 年的水位数据，以连续 19 年为一组计算滑动平均值，得到的平均海面即为高程基准面。

随着水位观测时长的增加，振动与波动逐渐被消除，平均海面的稳定性增强。国内专家学者对我国沿海不同时间尺度平均海面的变化幅度的研究综合如下：日平均海面的最大互差为 50～200cm；月平均海面的最大互差为 20～63cm；年平均海面的最大互差为 15～23cm；2 年平均海面的最大互差为 13～18cm；10 年平均海面的最大互差为 3～6cm；19 年平均海面的最大互差为 1～2cm。从滤波的角度看，日平均海面不能消除长周期分潮的影响，且残留着短周期分潮的影响；月平均海面基本消除了短周期分潮的影响，但仍残留着长周期分潮的影响；年平均海面基本消除了年周期以内各分潮的影响。因此，不同时间尺度平均海面呈现相对应的剩余潮汐成分的周期性。日平均海面、月平均海面、年平均海面相对长期平均海面的差异，分别称为日距平、月距平与年距平。距平代表相应时间尺度平均海面的变化：日距平的变化幅度大，变化复杂；月距平呈现明显的年周期性；年距平的变化幅度小，周期性不明显。

二、平均海面的传递技术

对于短期验潮站而言，按定义直接计算短期平均海面存在较大量值的不稳定性，其精度通常不能满足要求。此时，解决方法就是基于平均海面传递技术，将邻近长期验潮站的长期平均海面传递至短期验潮站，使得短期验潮站平均海面具有相当于长期平均海面的精度。常用的传递方法有水准联测法、同步改正法与回归分析法，下面简述这三种方法的数学模型与假设条件。在表述中，统一将长期验潮站（基准站）记为 A 站，短期

验潮站（待传递站）记为 B 站，上标 L 与 S 分别表示长期平均海面与同步期的短期平均海面。

（一）水准联测法

水准联测法也称几何水准法，基本原理是假定两站的长期平均海面位于同一等位面上，即两站长期平均海面的高程相等，或者说假定两站的海面地形数值相同。图 2-4 为水准联测法的示意图，图中水尺代表验潮设备，水准点的高程为 H_A，水准点相对于水位零点的高差为 h_{OA}，长期平均海面在水位零点上的垂直距离为 MSL_A^L。

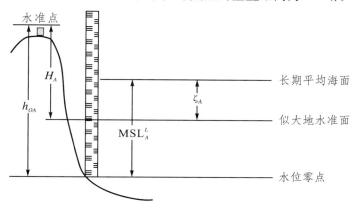

图 2-4　水准联测法示意图

参考图 2-4，可推导 A 站的长期平均海面的高程，即图中的海面地形 ζ_A 为

$$\zeta_A = H_A - h_{OA} + MSL_A^L \qquad (公式 2-21)$$

类似地，可得 B 站的海面地形 ζ_B 为

$$\zeta_B = H_B - h_{OB} + MSL_B^L \qquad (公式 2-22)$$

假设两站的海面地形相等，得

$$H_A - h_{OA} + MSL_A^L = H_B - h_{OB} + MSL_B^L \qquad (公式 2-23)$$

整理上式，B 站的长期平均海面在其水位零点上的高度 MSL_B^L 为

$$MSL_B^L = MSL_A^L + h_{OB} - h_{OA} - (H_B - H_A) \qquad (公式 2-24)$$

该方法的适用条件是两站的水准点均连接在国家水准网中（H_A 与 H_B 已知），或两站水准点间实施了水准联测（即 h_{AB} 已知），同时两站距离较近，以满足两站海面地形数值相等的假定。传递精度主要取决于 h_{AB}、h_{OA}、h_{OB} 的确定精度及海面地形相等的符合程度。

（二）同步改正法

同步改正法也称同步季节改正法、海面水准法，基本原理是假定同一时间内两站的短期平均海面与多年平均海面的差异（短期距平）相等。

令两站的短期平均海面、多年平均海面与短期距平分别为 MSL_A^S、MSL_B^S、MSL_A^L、MSL_B^L、$\Delta\mathrm{MSL}_A$、$\Delta\mathrm{MSL}_B$，则

$$\begin{cases} \Delta\mathrm{MSL}_A = \mathrm{MSL}_A^S - \mathrm{MSL}_A^L \\ \Delta\mathrm{MSL}_B = \mathrm{MSL}_B^S - \mathrm{MSL}_B^L \end{cases} \qquad (公式\ 2-25)$$

式中左端 $\Delta\mathrm{MSL}_B$ 未知。假设两站的短期距平相等，即

$$\Delta\mathrm{MSL}_A = \Delta\mathrm{MSL}_B \qquad (公式\ 2-26)$$

此时，求得 B 站的长期平均海面的高度为

$$\mathrm{MSL}_B^L = \mathrm{MSL}_B^S - \mathrm{MSL}_A^S + \mathrm{MSL}_A^L \qquad (公式\ 2-27)$$

由公式 2-27 知，传递确定的 B 站长期平均海面需已知两站同步期间的短期平均海面。公式 2-26 的假设是同步改正法传递平均海面的主要误差源，其随着两站同步时段的增长而趋于 0。

（三）回归分析法

回归分析法也称线性关系最小二乘拟合法，基本原理是假定两站的短期距平具有比例关系。设比例为 k，则

$$\Delta\mathrm{MSL}_B = k \cdot \Delta\mathrm{MSL}_A \qquad (公式\ 2-28)$$

将公式 2-25 代入公式 2-28，整理得

$$\mathrm{MSL}_B^L = \mathrm{MSL}_B^S - k \cdot \mathrm{MSL}_A^S + k \cdot \mathrm{MSL}_A^L \qquad (公式\ 2-29)$$

公式 2-29 中 k 未知，需进一步假设两站的长期平均海面之间为线性比例关系，比例系数仍为 k，则有

$$\mathrm{MSL}_B^L = k \cdot \mathrm{MSL}_A^L + C \qquad (公式\ 2-30)$$

公式 2-30 中 C 为未知常数项。将公式 2-30 代入公式 2-29，整理得短期平均海面之间的关系如下：

$$\mathrm{MSL}_B^S = k \cdot \mathrm{MSL}_A^S + C \qquad (公式\ 2-31)$$

对比可知，两站的长期平均海面与短期平均海面具有相同的线性关系。为了由公式 2-30 求得 MSL_B^L，需由公式 2-31 计算出 k。将同步期按天分解，计算日平均海面序列，构建如公式 2-31 的方程组。设存在 n 天的日平均海面序列，当 $n \geqslant 2$ 时，基于间接平差原理可求解出 k 与 C，代入公式 2-30 可得 B 站的多年平均海面。

三、深度基准面的定义与稳定性

深度基准面是海洋测量中最重要的一个基准面。水深测量所获得的深度，是从测量时的瞬时海面起算。由于海面的位置随时在变化，使得同一测深点在不同时间测得的深度不一样。为此需要有一个固定的面作为深度起算的标准，把不同时间测得的深度都归

算到这个标准水面，该面称为深度基准面。

一般来说，深度基准面是相对于当地平均海面的垂直距离进行标定的。狭义上的深度基准面是指在平均海面下的垂直距离，该垂直距离的量值称为深度基准面 L 值，以向下为正。深度基准面是一种潮汐基准面，深度基准面 L 值与潮汐的强弱即潮差的大小有着密切的关系。深度基准面一般也是潮汐表中的潮高起算面，也称潮高基准面。就应用而言，海图深度基准面应确保按该面归算的海图所载稳态水深有足够高的安全可信度和航道利用率。我国以高于深度基准的低潮次数与低潮总次数之比大于 95% 为标准，来保证在正常天气情况下实际水位都高于深度基准面。

在不同国家，深度基准面有不同的定义。1995 年，国际海道测量组织推荐会员国采用最低天文潮面作为海图深度基准面，其定义：在平均气象条件下和在结合任何天文条件下，可以预报出的最低潮位值。其计算原理：由至少 1 年的实际观测数据调和分析出潮汐调和常数，再通过这些调和常数将 19 年或更长时间内调和预报出的最低潮位值作为最终所求的最低天文潮面值。我国自 1956 年起，将深度基准面统一于理论最低潮面，也称理论上可能最低潮面，采用弗拉基米尔斯基算法，由 S_a、S_{sa}、Q_1、O_1、P_1、K_1、N_2、M_2、S_2、K_2、M_4、MS_4、M_6 13 个主要分潮叠加计算理论上可能的最低潮面。

由 26 个变量的非线性函数，难以严密地推导出最小值。弗拉基米尔斯基算法采用理论化简的方法，其基本原理是依据分潮间的平衡潮理论关系引入近似假设，将多变量函数简化为 K_1 分潮相角 φ_{K_1} 的单自变量函数，最后以适当间隔对 φ_{K_1} 进行离散化，获得一组函数值并取最小值（符号为负），则该值的绝对值即相对于平均海面的理论上可能最低潮面。13 个主要分潮在理论上可能的最低潮面表示为

$$L = L_8 + L_{shallow} + L_{long} \tag{公式 2-32}$$

式中，L_8、$L_{shallow}$、L_{long} 分别为 8 个天文分潮、3 个浅水分潮、2 个长周期分潮的贡献，具体计算如下：

$$
\begin{aligned}
L_8 = {} & R_{K_1}\cos\varphi_{K_1} + R_{K_2}\cos(2\varphi_{K_1} + 2g_{K_1} - 180° - g_{K_2}) \\
& - \sqrt{(R_{M_2})^2 + (R_{O_1})^2 + 2R_{M_2}R_{O_1}\cos(\varphi_{K_1} + \alpha_1)} \\
& - \sqrt{(R_{S_2})^2 + (R_{P_1})^2 + 2R_{S_2}R_{P_1}\cos(\varphi_{K_1} + \alpha_2)} \\
& - \sqrt{(R_{N_2})^2 + (R_{Q_1})^2 + 2R_{N_2}R_{Q_1}\cos(\varphi_{K_1} + \alpha_3)}
\end{aligned}
\tag{公式 2-33}
$$

$$L_{shallow} = R_{M_4}\cos\varphi_{M_4} + R_{MS_4}\cos\varphi_{MS_4} + R_{M_6}\cos\varphi_{M_6} \tag{公式 2-34}$$

$$L_{long} = -R_{S_a}|\cos\varphi_{S_a}| + R_{S_{sa}}\cos\varphi_{S_{sa}} \tag{公式 2-35}$$

公式 2-33 至 2-35 中，$R = fH$，H、g 和 f 是下标所对应分潮的调和常数和交点因子，φ_{K_1} 为 K_1 分潮的相角。其他变量由分潮的调和常数按下列等式计算：

$$\alpha_1 = g_{K_1} + g_{O_1} - g_{M_2} \qquad\qquad \text{(公式 2-36)}$$

$$\alpha_2 = g_{K_1} + g_{P_1} - g_{S_2} \qquad\qquad \text{(公式 2-37)}$$

$$\alpha_3 = g_{K_1} + g_{Q_1} - g_{N_2} \qquad\qquad \text{(公式 2-38)}$$

$$\varphi_{M_4} = 2\varphi_{M_2} + 2g_{M_2} - g_{M_4} \qquad\qquad \text{(公式 2-39)}$$

$$\varphi_{MS_4} = \varphi_{M_2} + \varphi_{S_2} + g_{M_2} + g_{S_2} - g_{MS_4} \qquad\qquad \text{(公式 2-40)}$$

$$\varphi_{M_6} = 3\varphi_{M_2} + 3g_{M_2} - g_{M_6} \qquad\qquad \text{(公式 2-41)}$$

φ_{M_2} 的计算分为以下两种情况：

1. 当 $R_{M_2} \geqslant R_{O_1}$ 时，

$$\varphi_{M_2} = \tan^{-1}\left[\frac{R_{O_1}\sin(\varphi_{K_1}+\alpha_1)}{R_{M_2}+R_{O_1}\cos(\varphi_{K_1}+\alpha_1)}\right] + 180° \qquad \text{(公式 2-42)}$$

2. 当 $R_{M_2} < R_{O_1}$ 时，

$$\varphi_{M_2} = \varphi_{K_1} + \alpha_1 - \tan^{-1}\left[\frac{R_{M_2}\sin(\varphi_{K_1}+\alpha_1)}{R_{O_1}+R_{M_2}\cos(\varphi_{K_1}+\alpha_1)}\right] + 180° \qquad \text{(公式 2-43)}$$

φ_{S_2} 的计算分为以下两种情况：

1. 当 $R_{S_2} \geqslant R_{P_1}$ 时，

$$\varphi_{S_2} = \tan^{-1}\left[\frac{R_{P_1}\sin(\varphi_{K_1}+\alpha_2)}{R_{S_2}+R_{P_1}\cos(\varphi_{K_1}+\alpha_2)}\right] + 180° \qquad \text{(公式 2-44)}$$

2. 当 $R_{S_2} < R_{P_1}$ 时，

$$\varphi_{S_2} = \varphi_{K_1} + \alpha_2 - \tan^{-1}\left[\frac{R_{S_2}\sin(\varphi_{K_1}+\alpha_2)}{R_{P_1}+R_{S_2}\cos(\varphi_{K_1}+\alpha_2)}\right] + 180° \qquad \text{(公式 2-45)}$$

$$\varphi_{Sa} = \varphi_{K_1} - \frac{1}{2}\varepsilon_2 + g_{K_1} - \frac{1}{2}g_{S_2} - 180° - g_{Sa} \qquad \text{(公式 2-46)}$$

$$\varphi_{Ssa} = 2\varphi_{K_1} - \varepsilon_2 + 2g_{K_1} - g_{S_2} - g_{Ssa} \qquad \text{(公式 2-47)}$$

$$\varepsilon_2 = \varphi_{S_2} - 180° \qquad\qquad \text{(公式 2-48)}$$

由 13 个主要分潮的调和常数及公式 2-33 至公式 2-48，将公式 2-32 简化为 K_1 分潮相角 φ_{K_1} 的单自变量函数。φ_{K_1} 从 0°~360°变化以适当间隔离散取值，可求得 L 的最小值，其绝对值即深度基准面 L 值。

上述公式中交点因子 f 也是变量，依月球的升交点经度 N 而定，变化周期为 18.613 年。在计算 L 极值时，必须选择起作用相对大的 f 值，可由表 2-4 查出。

表 2-4　交点因子 f 数值表

分潮	月球升交点经度 N	
	0°	180°
S_a	1.000	1.000
S_{sa}	1.000	1.000
Q_1	1.183	0.807
O_1	1.183	0.806
P_1	1.000	1.000
K_1	1.113	0.882
N_2	0.963	1.038
M_2	0.963	1.038
S_2	1.000	1.000
K_2	1.317	0.748
M_4	0.928	1.077
MS_4	0.963	1.038
M_6	0.894	1.118

依据潮汐类型由表 2-4 选取交点因子：

1. 规则日朝类型，交点因子选取 $N=0°$时的值；

2. 规则半日潮类型，交点因子选取 $N=180°$时的值；

3. 混合潮类型（不规则日潮与不规则半日潮类型），交点因子分别选取 $N=0°$与 $N=180°$时的值，计算出两组结果，选取绝对值大者。

在海道工程测量实践中，深度基准面的稳定性是指同一地点使用不同时间段或时间长度各异的观测资料，计算所得的深度基准面 L 值的变化程度。专家学者对我国沿海深度基准面的稳定性研究综合如下：月深度基准面的最大互差为 86.3cm，中误差为 15.2cm；年深度基准面的最大互差为 29.6cm，中误差为 7.5cm；2 年深度基准面的最大互差为 24.6cm，中误差为 6.3cm；10 年深度基准面的最大互差为 13.7cm，中误差为 4.4cm；19 年深度基准面的最大互差为 5.3cm，中误差为 1.7cm。

水位资料时间长度增大，理论最低潮面的稳定性也相应增强。通过短期水位数据独立计算理论最低潮面的精度在海道工程测量实践中不可接受，因此短期验潮站的深度基准面应在传递技术下由邻近长期验潮站传递确定。

四、深度基准面的传递技术

短期验潮站的 L 值不应按定义独立计算，而应采用深度基准面传递技术由邻近长期验潮站传递。常用的传递方法主要有距离倒数加权内插法、略最低低潮面比值法、潮差比法与最小二乘拟合法。在论述中，统一将长期验潮站（基准站）记为 A 站，短期验潮站（待传递站）记为 B 站。

（一）距离倒数加权内插法

距离倒数加权内插法的基本原理是以距离倒数为权，直接由邻近多站的 L 值进行空间插值。设传递时应用邻近 n 个长期站，各长期站 L 值为 L_i，短期站至各长期站的距离为 S_i，则内插 L 值由公式 2-49 计算：

$$L = \frac{\sum_{i=1}^{n} \frac{L_i}{S_i}}{\sum_{i=1}^{n} \frac{1}{S_i}}$$

（公式 2-49）

当 $n=2$ 时，距离取短期站在两长期站连线上的垂足至长期站的距离；当 $n \geqslant 3$ 时，取短期站至各长期站的距离。该方法没有利用水位数据与潮汐信息，只是单纯地进行空间内插，需保证短期站处于长期站网的内部，避免外推。

（二）略最低低潮面比值法

略最低低潮面（印度大潮低潮面）为四个最大主要分潮 M_2、S_2、K_1 与 O_1 的振幅和。其基本原理是假设略最低低潮面值与深度基准面值成线性比例关系，数学模型为

$$L_B = \frac{(H_{M_2} + H_{S_2} + H_{K_1} + H_{O_1})_B}{(H_{M_2} + H_{S_2} + H_{K_1} + H_{O_1})_A} L_A$$

（公式 2-50）

略最低低潮面比值法为《海道测量规范》（GB 12327—2022）规定的深度基准面传递方法之一，称为主要分潮振幅和比值传递法。

（三）潮差比法

由于理论最低潮面是理论上可能的最低潮面，故潮差越大，L 值应越大。潮差比法假设这种关系呈线性比例关系，数学模型为

$$L_B = \frac{R_B}{R_A} L_A$$

（公式 2-51）

公式 2-51 中，R_A、R_B 分别为两站的潮差。因此，该方法需要两站同步水位资料，通过统计比较高低潮位来确定潮差比。

（四）最小二乘拟合法

最小二乘拟合法的假设条件与潮差比法相同，都是假设两站 L 值的比例关系等于潮差比，但最小二乘拟合法中的潮差比是由两站水位数据按最小二乘拟合模型进行求解。假设最小二乘拟合法求解的潮差比为 γ，则

$$L_B = \gamma \cdot L_A$$

（公式 2-52）

第五节　海域无缝垂直基准的构建

海域无缝垂直基准是指以连续曲面形态表示的海域垂直基准，通常以具有一定空间分辨率的格网化海域垂直基准系列模型作为实际表现形式。海域无缝垂直基准的构建相应地是指海域垂直基准面系列模型的构建。

一、海域垂直基准面缝隙存在的形式

（一）不同类型垂直基准面之间的垂向缝隙

海域垂直基准面包括潮汐基准面和高程基准面，尽管高程基准面在海域地理信息获取和表示方面基本不被采用，但在海岸带区域，由于陆图和海图采用的垂直基准不同，垂直基准与垂直属性数据均存在与潮汐基准在国家高程基准中的表达存在同一量级的差异，即垂向缝隙。因此，存在地形测量和水深测量数据的校核问题。这种缝隙主要表现在深度基准、净空基准与国家高程基准之间的差异，而这些基准面的相互表达关系正是海域垂直基准转换的核心内容。

（二）深度基准面间的横向缝隙

传统海域垂直基准面的缝隙主要指深度基准面的不连续性。深度基准面不连续性产生的原因主要包括以下几个方面。

1. 深度基准面的离散表示形式。因潮汐状态的复杂性，深度基准面采用逐点定义和实现方式，故深度基准面相对平均海面而言本应为连续曲面。然而，深度基准的具体数值仅在离散的验潮站点获得，即便每点的深度基准面都按完全相同的定义和算法确定，基准面也仅以离散点列为表达形式，类似于大地测量中用一系列水准点表示高程基准。

2. 深度基准面的低潮含义缺乏一致性。尽管都采用理论最低潮面系统，但由于各验潮站深度基准面采用的具体算法或方式不同，因此各验潮站点深度基准面的低潮含义不同，导致不同站点间的深度基准面并不相互匹配。算法的不同表现在：由于相关规范具体规定的变迁，深度基准面的计算曾分别采用由 8 个分潮、11 个分潮和 13 个分潮调和常数计算的不同形式，其中 3 个浅水分潮和 2 个长周期分潮所起的作用曾经是根据相应的判定条件，对由 8 个半日分潮和全日分潮计算的理论最低潮面施加必要的改正方式得以体现，而现行的《海道测量规范》则将方法统一为直接确定 13 个分潮组合可能获得的最小值。各验潮站深度基准面的确定方式还存在直接计算法和传递法的差异。传递法主要用于短期，特别是临时验潮站深度基准面的确定，其中又存在潮差比法、略最低低潮面比值法及简单地依据周边验潮站深度基准值的距离倒数加权内插（外推）法。不同的传递方法得到的结果往往具有不同的含义，使得短期和临时验潮站的深度基准面确定的可靠性受到影响，难以与周边长期验潮站深度基准面的理论最低潮含义合理匹配。

3. 不同水位改正技术造成水深点深度基准阶梯性跃变。水位改正是在验潮站深度基准和水位观测数据控制下实现的，而单站以点代面的改正方法和双站分带及多站分区方法都会在测区的边缘，或分带与分区的边缘产生深度基准的阶梯性跃变。近年来，与国际连续分带法相类似，国内采用的时差法或最小二乘拟合法实现的测区水位连续建模技术，克服了深度基准面的阶跃性、不连续现象。而在不同历史时期对水深测量数据处理和整合时，水位改正法导致的深度基准不连续问题仍然是必须关注和亟待解决的。

二、海域无缝垂直基准构建的技术问题

（一）无缝垂直基准面的选择与相互转换

无缝垂直基准面意指表征垂直信息参考面的连续性和光滑性，同时也在一定的几何意义或物理意义方面反映垂向空间信息表达的一致性。一是该基准面应为固定参考面，不随时间变化而变化；二是还应具有连续光滑的特征，并易于实现与其他现有垂直基准的相互转换。因此，在选择某种垂直基准面来建立无缝垂直基准面时，不仅要考虑其所包含的物理意义，同时其还要具备无缝垂直基准面的基本特征。表2-5归纳总结了四种垂直基准面用来建立海洋无缝垂直基准面的优缺点。

表2-5　四种垂直基准面的优缺点比较

垂直基准面类型	优点	缺点
深度基准面	符合海图使用习惯，沿用历史已久，除可用作海洋、江河水域中深度的起算基准外，对当地潮汐性质的分析研究也可以提供帮助	离散、非连续，不利于同其他垂直基准进行准确无缝转换
参考椭球面	连续封闭、稳定、数学模型简单，是作为陆海统一垂直基准的理想模型	基于参考椭球面的大地高在海洋、江河、湖泊水域内物理意义不明显，无法为船舶安全航行提供保障，不符合海图使用习惯

续表

垂直基准面类型	优点	缺点
大地水准面	连续封闭，与陆地高程基准一致，方便陆海垂直基准的统一	在海洋区域，精度较低，且不稳定，基于该面的正高在海洋、江河、湖泊水域内物理意义不明显，无法为船舶安全航行提供保障，不符合海图使用习惯
长期平均海面	计算方便简单，与陆地高程基准接近	不稳定，不符合海图使用习惯，无法为船舶安全航行提供保障

关于海域无缝垂直基准面，国际和国内的一个典型观点是将该面选择为参考椭球面。该基准面优良的几何性质和连续平滑特性毋庸置疑，而且可以与卫星导航定位所用的大地坐标系完全相容。因此用作基础数据的组织和管理是适合的，但需要顾及数据获取采用的技术手段，以及由传统测量技术获得的数据向这类基准面转换的质量控制问题。

从应用的角度看，海域无缝垂直基准面应按多个种类和多种层级选择，既包括参考椭球面和大地水准面等大地类型的垂直基准，又有深度基准面和净空基准面等不同应用目标的专用基准。研究工作的重点是确定不同垂直基准面的相互关系。

在现代大地测量技术支持下，以参考椭球面为最底层的连续无缝垂直基准面，能够实现多种类型基准面相对该基准的近连续形式（高分辨率格网）表达。具体实现方案：利用大地水准面精化技术构建海域大地水准面模型，利用卫星测高数据构建平均海面高模型，得到以上两种模型的差异分布即获得海面地形模型。而深度基准面和净空基准面又是相对当地多年平均海面确定的，因此潮汐类型的垂直基准面可以通过平均海面高模型表示在大地高系统中，或通过海面地形模型表示在国家高程基准中，实现潮汐类型垂直基准面与大地类型垂直基准面的相互转换，即实现基于地球参考椭球的基础数据库数据和海图目标数据的变换，以及海图数据与地形数据的转换。

在各层级无缝垂直基准面的具体构建工程中，布设适当数量的实测检核点是必要的。具体包括 GNSS 水准点用以控制和修正大地水准面模型，验潮站的精密三维定位数据（连同本站的平均海面高数据和水准观测数据）用于控制平均海面高模型。另外，由潮汐数据构建的深度基准面模型和净空基准面模型也需由长期验潮站的相应计算值控制。

需要注意的是，无论采用何种垂直基准面都要先解决海图深度基准面不连续、离散的问题，这样才能保证海洋中不同垂直基准面在相互转换时实现准确无缝转换。

（二）基准面的高分辨率格网形式表示

由离散的基准表现形式发展为连续形式，有多种技术实现方案，如国际和国内部分研究者所采用的利用验潮站基准数据的拟合技术。但由潮汐因素决定的垂直基准面应顾及海域潮波变化的物理机制，即以潮汐模型为基础，构建高分辨率格网形式的基准面模型。该方案同样可类比于基于重力数据的大地水准面精化技术，只不过在物理大地测量学中大地水准面的确定和精化顾及的是重力场的物理结构，而在潮汐基准构建中必须遵从潮波运动满足的物理规律。考虑到潮波的长波特性，以分辨率达到1～5分的格网形式表示深度基准面和净空基准面不仅是必要的，而且是可行的。

（三）潮汐基准面精度指标与确定原则

用于水深数据获取、处理、管理和应用的无缝垂直基准面，关键作用是实施基准的转换，因此其精度指标的确定应以不损失不同基准下地理信息数据的转换精度指标为原则。在浅海区域，水深的精度一般限定在20～30cm，故深度基准面的确定应明显高于该精度指标。按误差传播规律，规定深度基准面确定精度为水深精度的1/3是适合的，但对无缝垂直基准面构建而言，这样的精度指标实质上是比较苛刻的。据英美国家的无缝海域垂直基准面构建的经验，目前也仅达到20～30cm误差量级的精度水平。因此，根据我国现有潮汐模型构建的成果水平及近岸验潮站的分布情况，对于限定开阔海域精度达到10cm、海峡和海湾等特殊区域精度达到15cm的目标，仍然需要做长足的工作。

构建连续无缝的海域潮汐类型垂直基准面，必须充分考虑不同海域的潮汐特点和可用数据分布情况。一般而言，潮汐模型对开阔海域的潮汐分布能够做到比较精准地刻画，而在沿岸、内海和其他的半封闭海域，其精度会明显降低。上述这种类型的海域及所有浅于200m的大陆架水域，正是海洋测绘工程的重点区域。因此，必须根据这类区域的特点，设计科学合理的无缝垂直基准面构建方案。基本思路应该是充分利用沿岸的长期验潮站及海道测量工程实施中布设的短期和临时验潮站潮汐参数信息、基准信息，控制和约束无缝潮汐基准面的构建成果。具体措施是由长期验潮站的调和常数参与潮汐模型同化，保证潮汐类无缝垂直基准面基础数据的精度。同时，将各类验潮站构成基准控制网，在对长期验潮站潮汐基准进行历元确定和对基准按统一计算公式进行更新的基础上，将其用作短期和临时验潮站基准面确定的控制条件，由传递法确定短期和临时验潮站的基准，并做出可行的质量评价。最终，由所有验潮站的基准确定数据，对根据潮汐模型确定的深度基准和净空基准进行修正与改进。

（四）海洋垂直基准的维持与维护

海域垂直基准维护技术实际是指长期验潮站的多种数据观测与处理，通过验潮站的长期连续验潮资料、定期以高等级水准点联测或 GNSS 并置连续观测，进而精确确定基准面间的关系及监测其他动态变化。海底地形测量或水深测量的海洋测量成果，通常是根据长期验潮站垂直基准关系，进行基于深度基准面或基于 1985 国家高程基准的成果基准转换。目前，国内长期验潮站的作用主要体现在水位与水文数据的采集，在垂直基准维护方面的作用相对弱化，对各个海洋垂直基准面转换关系通常没有及时更新，并且没有连续运行 GNSS 并置点，不能精确确定平均海面的绝对变化。

三、海域无缝垂直基准面模型构建

如前所述，海域垂直基准有多种形式，每种都有其特点和适用性。建立海域无缝垂直基准体系，是为了满足海岸带与岛礁区域测量及信息精确表达等需要，主要表现在三个方面：

1. 支持海岸带与岛礁区域周边水域地形地貌的连续化精确测定和无缝自然表达，服务于海岸带与岛礁区域地形图的编绘；

2. 在大地测量垂直坐标框架体系下，通过基准变换使海岸带与岛礁区域基础测绘产品能够应用于航海图生产；

3. 为无验潮水深测量模式的推广提供高精度垂直基准信息保障。

据此，可按以下思路建立海洋测绘无缝垂直基准体系：一是对无缝垂直基准面的定义和构建原则进行理论研究；二是利用精密潮汐模型，构建逐点变化的深度基准面模型；三是以高分辨率格网模型作为连续无缝垂直基准面的具体实现，并将该无缝垂直基准面通过连续的、相对于参考椭球面表达的平均海面高模型和陆海似大地水准面模型纳入大地测量垂直基准体系，形成深度基准面偏差模型。

因此，海域无缝垂直基准体系的构建相应地涉及海域垂直基准面系列模型的构建。海域垂直基准面模型是描述平均海面、深度基准面、似大地水准面与参考椭球面等之间关系的系列模型，通常包括似大地水准面模型、平均海面高模型、海面地形模型与深度基准面模型。这里仅给出各模型的概念及构建方法，海域平均海面高模型与深度基准面模型具体构建过程及实例参见本章第六节，陆海统一的似大地水准面模型建立过程及实例参见第三章有关内容。

（一）似大地水准面模型

似大地水准面模型通常是指以 CGCS2000 椭球面为参考面，通过 1985 国家高程基准零点的似大地水准面分布模型，即似大地水准面的大地高模型。在地面重力、船测重力、航空重力、卫星测高、卫星重力、GNSS 水准、水深等数据的支持下，利用重力理论构建通过 1985 国家高程基准零点的等位面。

（二）平均海面高模型

平均海面高模型通常是指以 CGCS2000 椭球面为参考面的平均海面分布模型，即平均海面的大地高模型。通过联合多种卫星测高任务采集的数十年累积的海面高数据，经共线平均、强制改正等处理而构建成平均海面高模型。

（三）海面地形模型

在各种海洋动力作用下，平均海面不是一个等位面，与似大地水准面并不重合。平均海面在似大地水准面上的垂直差距，称为海面地形。海面地形模型通常是指以 1985 国家高程基准零点的似大地水准面为参考面的平均海面分布模型，即平均海面从 1985 国家高程基准起算的高程模型。海面地形模型可用海洋动力学方法，或者以几何法由似大地水准面模型与平均海面高模型构建。海面地形在青岛大港验潮站附近为零，向北为负值，向南为正值，这表明相对于似大地水准面，我国沿海的平均海面呈现南高北低的分布规律。

（四）深度基准面模型

深度基准面模型是指以平均海面为参考面的理论最低潮面分布模型，即深度基准面 L 值模型。潮汐模型格网点处的 13 个主要分潮调和常数按理论最低潮面的定义算法计算 L 值，进而由验潮站处的 L 值进行区域订正，构建生成深度基准面模型。

第六节　广西北部湾海域平均海面高模型与深度基准面模型建立实例

一、模型构建区域

模型构建范围为广西北部湾海域及大陆海岸线约 1.5 万 km² 区域。北部湾（Beibu Gulf）位于我国南海的西北部，是一个美丽的海湾，也是我国西南最便捷的出海港湾，东临雷州半岛和海南岛，北临广西壮族自治区，西临越南，与琼州海峡和我国南海相连，被中越两国陆地与我国海南岛所环抱。海域总面积约 12.8 万 km²，是南海西北部一个美丽富饶的海湾。由于北部湾地理位置的特殊性，临岸的南宁市、北海市、钦州市、防城港市、玉林市、崇左市组成了广西北部湾经济区。

北部湾地处热带和亚热带，冬季受大陆冷空气的影响，多东北风，海面气温约 20℃；夏季，风从热带海洋上来，多西南风，海面气温高达 30℃，一般每年约有 5 次台风经过这里。北部湾三面为陆地环抱，水深在 10～60m，海底结构比较简单，从湾顶向湾口逐渐下降，海底较平坦，河流从陆地带来的泥沙沉积在上面。北部湾属于新生代大型沉积盆地，沉积层厚达数千米，蕴藏着丰富的石油和天然气资源。沿岸浅海和滩涂广阔，是发展海水养殖的优良场所，贝类有牡蛎、珍珠贝、日月贝、泥蚶、文蛤等，驰名中外的合浦珍珠（又称南珠）就产自这里。涠洲岛、莺歌海等海底石油、天然气资源也很可观。沿岸河口地区有许多红树林。

北部湾是我国大西南地区重要的出海口，其中防城港素以天然深水良港著称，是我国大陆通往东南亚、非洲、欧洲和大洋洲航程最短的港口，是我国大西南和华南地区货物的出海通道，是全国 20 个沿海主要枢纽港之一，现已与世界 100 多个国家和地区通航。加快推进北部湾经济区开放开发，既关系到广西自身的发展，也关系到国家的整体发展，具有重要的战略意义。加快推进北部湾经济区开放开发，有利于推动广西经济社会全面进步，从整体上提升发展水平，振兴民族经济，巩固民族团结，保障边疆稳定；有利于深入实施西部大开发战略，增强西南出海大通道功能，促进西南地区对外开放和经济发展，形成带动和支撑西部大开发的战略高地；有利于完善我国沿海沿边经济布局，使东中西部发展更加协调，联系更加紧密，为国家经济社会发展注入新的强大动力；有利于加快建设中国-东盟自由贸易区，深化中国与东盟面向繁荣与和平的战略伙伴关系。

二、北部湾海域平均海面高模型建立

联合多种卫星测高数据解算平均海面高模型。首先对卫星数据进行各种必要的精细处理，包括剔除其中的无用数据（陆地、冰盖、湖泊）和含有粗差的数据，并对剩余数据进行海潮改正、固体潮改正、干湿对流层改正等各项物理改正，得到观测点上较高精度的海面高观测值；其次对重复周期的测高数据进行共线平差，得到观测时间内的沿轨平均海面高；再次联合大地测量任务的数据进行全组合交叉点平差；最后格网化得到平均海面高模型。其中共线平差可以削弱重复周期数据的海面时变影响，而交叉点平差可以削弱径向轨道误差影响，因此处理后的海面高精度能够获得很大的提高。

为消除测高卫星各种与时间无关的系统偏差的影响，可先从沿轨测高海面高中减去某一模型平均海面高，然后计算沿轨平均剩余海面高，最后在沿轨平均剩余海面高中加上模型平均海面高，即可求得沿轨平均海面高。

联合多种测高数据对交叉点进行平差，削弱径向轨道误差。T/P-J 卫星的测高数据比其他卫星测高数据的观测精度要高，因此一般固定用 T/P-J 卫星平均数据作为联合交叉点平差的参考基准，通过联合交叉点平差，对其他卫星的海面高观测值中所包含的各种残余误差进行改正，提高其观测值精度。

由于上升弧段和下降弧段海面高的不一致并不是完全由轨道误差造成的，因此交叉点平差只能部分地减小卫星径向轨道误差。径向轨道误差通常由两部分组成，一部分与卫星轨道的升降弧段有关，另一部分与卫星轨道的升降弧段无关。交叉点平差只能消除前者，而后者将残留在计算结果中。其中对于海面高短波变化及时变的影响，需要通过动力海面地形模型来削弱。

经过以上步骤得到的平均海面高是由测高数据所跨时间段内的测高海面高按某种平均方法求得的平均海面相对于参考椭球面的大地高。由于不同位置测高海面高数据质量差异，数据编辑后参与平均的测高海面高采样率不同，因此数据处理方法的差异也会影响测高平均海面高的历元。参考历元与观测时段是测高平均海面高的两个基本时间要素。

对平滑处理后的海面高再进行格网化处理，然后计算格网点的平均海面高，就能够确定具有一定分辨率的平均海面高模型。对离散点的平均格网化，需考虑格网间距的选取问题及用于格网化的数据图形结构问题。格网化的算法很多，如最小二乘配置法、加权法、多面函数法、Shepard 方法等。

多代多卫星测高数据联合处理通常只是在通过积累数据提高海面测高的分辨率、通过平差消除轨道误差和测高数据资料不稳定带来的误差等方面有效，而对提高测高仪本身的距离测量精度无能为力。

（一）数据选取

现有卫星雷达测高海洋观测数据已累积 20 多年，可分为重复周期轨道观测数据和大地测量漂移轨道观测数据。主要卫星包括美国的 T/P、Jason-1、Jason-2 系列卫星和欧洲的 ERS-1、ERS-2、Envisat 系列卫星，以及美国海军发射的 Geosat、GFO 系列卫星，其中 T/P、Jason-1、Jason-2 系列卫星被公认为具有较高的海面高测量精度。所有重复周期轨道观测数据可通过其轨道重复的共线平差方法来提高平均海面高观测精度，但只有大地测量漂移轨道观测数据能够提高海面高观测的分辨率。

为获得高精度、高分辨率的全球平均海面高模型，针对现有的多源卫星测高观测数据，考虑各卫星的精度水平和模型分辨率的要求，具体处理为：对于重复观测数据，为尽可能地消除季节性海平面变化信号的影响，所有重复轨迹数据都选取近似整周年观测，包括 T/P、Jason-1、Jason-2 系列卫星原始轨道从 1993 年至 2012 年共 20 年的组合观测数据（作为模型建立的参考基准），3 年的 T/P 卫星和 Jason-1 卫星轨道变换后的观测数据，8 年的 ERS-2 卫星观测数据，8 年的 Envisat 卫星原始轨道观测数据，以及 7 年的 GFO 卫星观测数据。对于大地测量任务观测数据或非精密重复轨道观测数据，为了提高模型建立的空间分辨率，采用 2017 年以前的 ERS-1/168 卫星、Jason-1/C 卫星和 Cryosat-2/LRM 卫星的观测数据。

对于重复周期观测数据，Geosat/ERM 卫星、Topex 卫星、Topex/TDM 卫星、ERS-2 卫星、Jason-1 卫星、Jason-2 卫星、Jason-3 卫星和 Envisat-1 卫星在赤道

处的轨道间距分别约为 164km、316km、316km、80km、316km、316km、316km 和 80km，其中 Topex/TDM 卫星轨道处于 T/P 卫星原轨道的中间，其地面覆盖率增加 100%。而对于大地测量任务观测数据，Geosat/GM 卫星和 ERS－1/168 卫星在赤道处的轨道间距分别约为 6km 和 8km，两者均经历了两个观测时期，第二个观测时期的轨道经过调整后处于第一个观测时期轨道的中间，其地面覆盖率也增加 100%。由此可知，模型构建所选单星测高数据在赤道处的最小间距可达 3km，各种数据组合之后，可填充单星测高数据地面轨迹覆盖空白，大大地提高了数据的空间采样率。因此，可保证平均海面高模型的 $2' \times 2'$ 空间分辨率，生成格网数值模型。

（二）数据处理

1. 共线平差。对于建立分辨率优于 $2' \times 2'$ 格网平均海面高模型，可认为重复周期相同地面轨迹同纬度观测值对格网点值的贡献大致相等。故对原有的共线平差法进行简化，避免正常点计算，选取参与共线的重复周期观测数据中稳定、观测状况好、数据多的轨迹作为参考，将其他重复周期观测数据内插到参考轨迹上，由此进行整体共线平差以获得长时间平均海面高。下面论述具体计算方案。

在测高卫星轨道倾角小于 $90°$ 时，以一条上升弧 j 为例，对于参考弧段 Ref_j 上任一点 $O(\varphi_0, \lambda_0)$，在另外的某一个观测周期 i 内的相同弧段 C_{ij} 上内插出与 O 点等纬度的观测值 $O'(\varphi_0, \lambda')$，然后对其取平均值，获得两条轨迹在 O 点的平均海面高（图 2－5）。

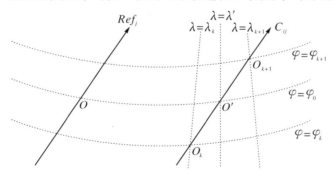

图 2－5 上升弧共线轨迹点位内插

内插过程：

（1）给定搜索条件，在弧段 C_{ij} 上搜索出在纬度 φ_0 附近的两个有效观测点 $O_k(\varphi_k, \lambda_k)$ 和 $O_{k+1}(\varphi_{k+1}, \lambda_{k+1})$；

（2）在两个有效观测点距离较近的时候，因沿轨海平面变化较平缓，通过线性内插即可得到 O' 的海面高。由相似三角形对应线段成比例可得

$$\frac{(\lambda_{k+1} - \lambda')\cos\varphi_0}{(\lambda_{k+1} - \lambda_k)\cos\varphi_k} = \frac{\varphi_{k+1} - \varphi_0}{\varphi_{k+1} - \varphi_k} \qquad (公式 2-53)$$

变换后得到

$$\lambda' = \lambda_{k+1} - \frac{(\lambda_{k+1} - \lambda_k)\cos\varphi_k}{(\varphi_{k+1} - \varphi_k)\cos\varphi_0}(\varphi_{k+1} - \varphi_0)$$ （公式 2 - 54）

确定 O' 位置后，同理可得到 O' 点的海面高：

$$\frac{h_{k+1} - h'}{h_{k+1} - h_k} = \frac{d_{O'O_{k+1}}}{d_{O_kO_{k+1}}} = \frac{\varphi_{k+1} - \varphi_0}{\varphi_{k+1} - \varphi_k}$$ （公式 2 - 55）

$$h' = h_{k+1} - \frac{\varphi_{k+1} - \varphi_0}{\varphi_{k+1} - \varphi_k}(h_{k+1} - h_k)$$ （公式 2 - 56）

式中，$d_{O'O_{k+1}}$ 和 $d_{O_kO_{k+1}}$ 分别为 O_{k+1} 到 O' 和 O_k 的距离。

共线法利用重复轨迹上同纬度点的平均海面高，可有效消除周期短于所用共线轨迹时间跨度的时变海面高影响和具有随机特性的时变量，共线平均海面至少是在观测时间跨度内的稳态平均海面。T/P 卫星和其后续卫星被认为具有最高轨道精度和测量精度，在 T/P 卫星轨道改变之前，两者有相同的地面轨迹，连续观测时间已超过 20 年，在如此长时间内获得的共线平均海面高与真实平均海面高理应最接近，故将 T/P 卫星系列数据一起进行共线平差，其结果将作为以下交叉点平差中的参考基准。

2. 多源卫星全组合交叉点平差。通过共线平差可以削弱重复周期观测数据的长波海面高变化，但残余径向轨道误差、海面时变短波信号和地球物理改正残差仍是平均海面高确定的主要影响。对长时间平均的海面高而言，所有测高卫星地面轨迹在交叉点处的平均海面高应该一致，据此可利用交叉点上轨道精度高的测高卫星观测数据改进轨道精度低的测高卫星观测值。交叉点平差就是将高精度卫星轨道作为基准，控制与其交叉的低精度卫星轨道，进一步消除上述残余误差，实现对后者观测值的改进。目前存在的多源卫星测高数据对原有交叉点平差算法进行了扩展，使其能够同时整体平差 18 种测高数据。

交叉点平差中选择固定的高精度观测弧段数据解决秩亏问题。在采用的数据中，T/P 系列测高卫星具有很高的观测精度，其 20 年连续观测数据共线平差后交叉点不符值可优于 2cm，因此被选择作为交叉点平差中的固定观测值。

在一定区域内，卫星径向轨道误差可通过下列模型模拟：

$$\Delta r = x_0 + x_1\sin u + x_2\cos u$$ （公式 2 - 57）

$$\Delta r = x_0 + x_1 u$$ （公式 2 - 58）

$$\Delta r = x_0$$ （公式 2 - 59）

其中，x_0、x_1 和 x_2 为与轨道长半径、偏心率和平近点角的摄动有关的参数，在区域范围内假定是常数，是交叉点平差的待估参数；u 为相对于参考时间的关于平近点角的时间变量，由观测时间确定。上述三个模型分别适用于长弧段、中长弧段和短弧段。

　　轨道误差的高阶拟合多项式用于较小平差区域时可得到较高的平差精度，但为避免轨道误差的过度拟合，一般选择一阶多项式拟合大于 100s 的弧段，小于 100s 的弧段用常数偏差拟合，在此原则下，根据平差预估精度的选取大小合适的平差区域。考虑到大地测量任务测高数据存在的海面时变信号，可以认为较小的平差区域不仅能够削弱径向轨道误差，而且还能减小海面时变信号的影响。经比较并顾及计算效率，选取合适的区域平差范围，同时顾及各平差区域之间的协调性和连续性，确定相邻纬度带平差区域应保持 5°重叠，相邻经度方向平差区域保持 45°重叠。

　　3. 格网化方法比较。在平均海面高模型建立过程中，优先选择 Shepard 方法、连续曲率张力样条拟合内插法和最小二乘配置法进行三种格网化。

　　（1）Shepard 方法。Shepard 方法是一种以格网点到观测点之间距离的某种函数为权函数的加权平均。在球面坐标系中，已知一组离散点 (φ_i, λ_i)，其中 $i=1, 2, \cdots, n$，对应函数值为 $f(\varphi_i, \lambda_i)$，对某一格网点 $P(\varphi_p, \lambda_p)$，其函数值可由公式 2-60 得到：

$$f(\varphi_p, \lambda_p) = \begin{cases} \dfrac{\sum\limits_{i=1}^{n} f(\varphi_i, \lambda_i)[p(r_i)]^u}{\sum\limits_{i=1}^{n} [p(r_i)]^u} & r_i \neq 0 \\ f(\varphi_i, \lambda_i) & r_i = 0 \end{cases} \qquad （公式 2-60）$$

　　公式 2-60 中，u 为拟合因子，r_i 为 P 点到第 i 个观测点之间的距离，$p(r_i)$ 为该点对应的权函数，其计算公式为

$$p(r) = \begin{cases} \dfrac{1}{r} & 0 < r \leqslant \dfrac{r}{S} \\ \dfrac{27}{4S}\left(\dfrac{r}{S} - 1\right)^2 & \dfrac{r}{S} < r \leqslant S \\ 0 & r > S \end{cases} \qquad （公式 2-61）$$

　　公式 2-61 中，S 为拟合半径，球面上 r 的计算公式为

$$r = 2R \sin\left(\dfrac{\psi}{2}\right) \qquad （公式 2-62）$$

　　公式 2-62 中，R 为地球平均半径，ψ 为格网点 P 到观测点 i 之间的球面角距，可由球面三角公式得到

$$\sin^2\dfrac{\psi}{2} = \sin^2\dfrac{\varphi_P - \varphi_i}{2} + \sin^2\dfrac{\lambda_P - \lambda_i}{2}\cos\varphi_P\cos\varphi_i \qquad （公式 2-63）$$

　　基于上述公式进行 Shepard 方法格网化时，将所有观测值看作是精度相等。然而，在平均海面高模型建立中，由于采用多种不同的测高数据，且各种数据的精度不等，因此在格网化过程中应综合考虑数据精度，将其交叉点平差后的交叉点不符值作为先验

权，联合 Shepard 的权函数作为格网化过程的权。

（2）连续曲率张力样条拟合内插法。在一维情况下，三次自然样条插值能够准确拟合观测数据并且使全局曲率达到最小，但该方法所拟合曲线在控制数据点之间存在较大波动，在无控制数据点区域的波动还会导致无关变形点。张力样条插值方法引入张力参数以放宽全局曲率最小化的要求，可有效消除存在的较大波动和无关变形点。在二维情况下，最小曲率法又称为双三次自然样条，会出现与一维情况下相同的问题，Smith 和 Wessel 将一维张力样条方法推广到二维曲面，在最小曲率法的弹性薄板弯曲方程和边界条件中引入张力参数，形成连续曲率张力样条拟合内插法。

对垂直位移量 z，其所在的薄板曲率满足微分方程：

$$(1-T_i)\nabla^2(\nabla^2 z)-T_i\,\nabla^2 z=\sum_i f_i\delta(x-x_i,y-y_i) \qquad （公式 2-64）$$

其中，T_i 为拟合区域内部的张力参数；∇^2 为拉普拉斯算子，$\nabla^2=\partial^2/\partial^2 x+\partial^2/\partial^2 y$。$f_i\delta(x-x_i,y-y_i)$ 是参与拟合控制点 (x_i,y_i,z_i) 点位垂直负荷，$z=z_i(x_i,y_i)$。$\delta(x-x_i,y-y_i)$ 为一给定的 Green 响应函数，f_i 为格网化确定拟合函数的待定量。

数学上，满足上述微分方程的拟合曲面具有连续的二阶导数，即有连续的曲率，其解算的边界条件为

$$(1-T_B)\frac{\partial^2 z}{\partial n^2}+T_B\,\frac{\partial z}{\partial n}=0 \qquad （公式 2-65）$$

其中，T_B 为边界张力参数，n 为曲面法线方向的单位向量，$\partial/\partial n$ 表示对边界线取法向导数。

张力参数 T_i 和 T_B 在 $[0,1)$ 区间内取值，当 T_i 取 0 时，连续曲率张力样条退化为最小曲率法。T_i 的选择决定了内插点周围局部数据点的权，增大张力 T_i，将局部增大内插点附近观测值的权，使内插点值更具有局部特性，适合随距离变化较迅速的数据分布内插，可最大限度地保留数据的短波信息。

连续曲率张力样条拟合内插法无法利用数据的先验信息，而交叉点平差后某些卫星的交叉点不符值仍较大，如大地测量任务数据的精度相对重复周期数据仍较低，如果在样条格网化中采用相等的权，那么在交叉点不符值较大的附近格网点，格网结果会产生较大的波动。理论上，由真实海面高观测值形成的交叉点不符值应为零，因此将交叉点平差之后的交叉点残差按卫星进行分配，使交叉点不符值为零，然后利用 Akima 样条插值内插出相同轨道上其他观测点的改正值。改正后的各卫星海面高观测值作为连续曲率张力样条格网化的输入数据。

在某一个由轨迹 i 和轨迹 j 形成的交叉点上，其海面高差值为

$$\Delta h_{ij}=h_i(t_m)-h_j(t_n) \qquad （公式 2-66）$$

其中，$h_i(t_m)$ 为轨迹 i 上 t_m 时刻交叉点平差后的海面高，$h_j(t_n)$ 为轨迹 j 上 t_n 时刻交叉点平差后的海面高。将差值加权分配给这两个观测值，即该轨迹所属卫星交叉点平差后的单星交叉点不符值，分别设为 σ_i 和 σ_j，则有

$$h_i - \Delta h_{ij} \frac{\sigma_i}{\sigma_i + \sigma_j} = h_j + \Delta h_{ij} \frac{\sigma_j}{\sigma_i + \sigma_j} \qquad （公式 2-67）$$

其中，公式 2-67 等式两边第二项分别为对应海面高的改正值。

在交叉点平差中，我们将 Topex 卫星和 Jason-1 卫星的组合数据作为基准值固定，其与其他卫星形成的交叉点在平差后不符值应认为完全是其他卫星在该点的改正值，即该数据在交叉点平差后的不符值应为零，而实际上该数据的单星交叉点不符值存在残余误差，因此在平差之前需要对该数据的单星交叉点不符值进行沿轨内插分配。

（3）最小二乘配置法。最小二乘配置法一个很大的优点是可以考虑数据的先验统计信息，交叉点平差削弱了大部分轨道误差和残余海面时变误差，但平差后的交叉点不符值表明仍存在残余误差，特别是大地测量任务观测数据。在格网化过程中，应针对平差后的残余误差给予不同的权，以降低其对平均海面高模型精度的影响。

设某一观测向量 y 包含有零均值信号 t 和零均值噪声向量 v，则有

$$y = t + v \qquad （公式 2-68）$$

其中，假设 t 和 v 的自协方差阵分别为 C_{tt} 和 C_{vv}，并且信号与噪声之间不相关，即 $C_{tv} = 0$。则利用最小二乘配置法，对于数据分布中的任一零均值信号 s，其拟合值为

$$\hat{s} = C_{st}(C_{tt} + C_{vv})^{-1} y \qquad （公式 2-69）$$

其中，C_{st} 为信号 s 和 t 之间的互协方差，同样信号 s 与噪声 v 之间不相关，如已知信号 s 的自协方差为 C_{ss}，可得其估值的误差为

$$E_{\hat{s}\hat{s}} = C_{ss} - C_{st}(C_{tt} + C_{vv})^{-1} C_{st}^T \qquad （公式 2-70）$$

在利用最小二乘配置法进行格网化中，如拟合点与观测点重合，且认为该观测点无误差，即 $C_{st} = C_{tt} = C_{ss}$，且 $C_{vv} = 0$，由公式 2-69 和 2-70 得估值 $\hat{s} = t$，误差 $E_{\hat{s}\hat{s}} = 0$，满足一般内插方法的要求。由此可见，最小二乘配置法可有效利用观测值的先验信息，在准确知道先验信息和信号及误差之间互协方差函数时，可得到准确无误的内插值。

一般认为，连续曲率张力样条拟合内插法得到的结果比 Shepard 方法和最小二乘配置法具有更为平滑的结果，但最小二乘配置法能够考虑数据的先验统计信息，且拥有更为简单的算法。在具体实施过程中，选取一小部分区域对这三种方法进行测试以择优选择。

（三）平均海面高模型建立与精度比较

在平均海面高模型建立过程中，考虑到计算效率，要选取一定区域进行交叉点平

差，为同时顾及各区域之间的协调性和连续性，相邻纬度带和经度带平差区域还应保持一定重叠。因此，在分区域交叉点平差后，需要对相邻带的重复区域做加权平均。另外，基于交叉点平差后的数据，需以地球重力场模型（earth gravita - tional model，EGM) 2008 计算的大地水准面高为参考进行"移去"，再采用上述合适的格网化方法得到全球格网化残差海面高。由于格网化过程中可能出现内插和外推的情况，上述格网化残差海面高在每个格网点上都有数值，无法区别陆地和海洋的界限。因此，要结合全球陆地海洋界限数据，再联合合并的全球格网化残差海面高，恢复 EGM2008 全球重力场模型计算的大地水准面高，生成全球平均海面高模型，其中陆地上格网点值以模型大地水准面高补充，海洋和水域格网点值为残差海面高和模型大地水准面高之和。

在平均海面高模型精度估计中，一般采用的方法：一是利用国际同期发布的平均海面高模型进行相互比较，给出模型之间的相对精度水平；二是利用实测卫星测高数据，对同期各模型进行精度估计，给出各模型的精度水平差异及其符合程度；三是选取质量较好的验潮站观测数据，通过并置 GNSS 数据获得验潮站的垂直运动速率和相对参考椭球的差距，计算验潮站在平均海面高建模中相同时间内相对参考椭球的平均观测值，对各平均海面高模型进行绝对精度的验证。

得出平均海面高模型后，与目前已有的全球最新平均海面高模型 WHU2013、CLS15、DTU18 进行比较，评定新构建的平均海面高模型精度。

参考前述平均海面高模型确定的相关理论和方法，以最小二乘配置格网化方法为例，给出模型确定的主要流程（图 2 - 6）。

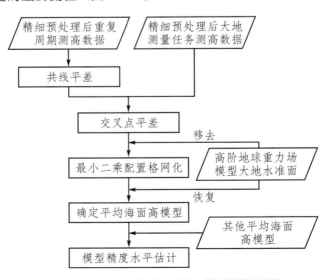

图 2 - 6 平均海面高模型确定与精度估计流程图

为了验证平均海面高模型的精度，选用国际上常用的平均海面高模型 CLS15 对二者之间的相对精度进行了计算。计算结果表明，在模型构建区域内，计算所生成的平均海面高模型与 CLS15 模型的差值标准差满足精度要求。

三、北部湾海域精密潮汐模型构建

（一）卫星测高数据的潮汐参数提取

对 T/P 系列卫星（TOPEX/POSEIDON 与 Jason‐1）数据进行预处理，采用沿迹调和分析法或沿迹响应分析法提取主要分潮的潮汐参数，同化之后用于构建精密潮汐模型。主要工作是卫星测高数据读取，实施各项改正；沿迹生成正常点；对原始轨道与交错轨道分别由沿迹调和分析法或沿迹响应分析法提取潮汐参数；沿迹潮汐参数的精度评估。

1. 数据及编辑。T/P 系列卫星是目前最成功的测高卫星，有潮汐参数提取、数据精度高及累积时间长等优点。近十几年获得广泛应用的全球或区域潮汐模型大多都同化了由 T/P 测高数据提取的潮汐参数。基于此，T/P 系列卫星的后继测高卫星 Jason‐1 及 OSTM/Jason‐2 卫星相继发射，并延续 T/P 系列卫星的成功。从时间累积角度出发，本书未采用 OSTM/Jason‐2 卫星数据。

T/P 系列卫星测高数据采用美国国家航天局（national aeronautics and space administration，NASA）喷气推进实验室提供的 MGDR‐B 数据集，从 cycle 11（1992 年 12 月 31 日）至 cycle 481（2005 年 10 月 14 日），时间长度约 13 年。该数据改正了漂移误差、卫星高度与距离观测不共线问题，同时调整了 TOPEX 和 Poseidon 两个高度计间的相对测距偏差。Jason‐1 卫星测高数据采用美国 NASA 喷气推进实验室提供的 Version "c" GDR（geophysical data records，GDR）数据，从 cycle 1（2002 年 1 月 15 日）至 cycle 537（2013 年 6 月 21 日）。

为实现潮汐参数提取，需根据数据集提供的测高观测量及各种改正量得到瞬时海面高。以 T/P 为例，编辑标准为：距离观测值 H_Alt 的质量由 Nval_H_Alt 控制，Nval_H_Alt 应大于 6；Geo_Bad_1 的第一、第二位须为零，只取海洋且无冰时的数据。对于对流层延迟的湿分量，TMR_Bad<3 时采用 Wet_H_Rad，否则采用 Wet_Corr；干分量采用 Dry_Corr。电离层改正根据工作中高度计的不同采用不同的数值，对于 TOPEX 高度计的观测值，可供选择的是双频高度计得到的精确改正数 Iono_Corr、DORIS 模型的计算值 Iono_Dor 和 BENT 模型的计算值 Iono_Ben；对 POSEIDON 单频高度计的观测值，只有后两项可选。电磁偏差改正采用 Gaspar 公式的计算值 EMB_Gaspar。固体潮、负荷潮和极潮分别采用 H_Set、H_Lt 和 H_Pol。因将提

取海洋潮汐信号，故不进行海潮模型改正。因海面逆气压表现为年周期性，是年周期分潮 S_a 的主要动力源，因此没进行逆气压改正。

2. 生成正常点。潮汐参数提取的前提是对某定点具有足够时长的采样，而执行精密重复任务的测高卫星在各周期的轨道并不能完全重合，存在约 1km 的漂移。另外，卫星以时间为参量进行采样，故不同周期的测高点一般不重合。为此，在潮汐分析计算之前，需对沿迹点进行位置归化，以达到不同周期的精确重复采样。这也是卫星测高数据应用于平均海面模型、大地水准面模型构建等必须进行的预处理过程。因此，采用生成正常点的方法，具体为按一定间隔（在此取纬差 0.1°）在沿迹海面上形成正常点。正常点的海面高经多项式最小二乘拟合前后各 5s 的海面高得到，正常点的经度取所有周期重复点的经度平均值。多项式拟合可以平滑卫星轨道误差，降低随机噪声的影响，去除异常的高频抖动，且相对于共线法分布更均匀，同时解决了部分周期由于观测异常产生的缺值。若正常点在时域上前后缺少 5s 以上的观测值，则不插值，以减小插值误差的影响。

3. 沿迹潮汐参数提取。采用沿迹调和分析法与沿迹响应分析法，对 T/P 卫星、Jason - 1 卫星的原始轨道数据与交错轨道数据实施沿迹正常点处的潮汐参数提取。

从本质上而言，对某一正常点的调和分析或响应分析，与验潮站水位数据的潮汐参数提取一致。但卫星测高重复周期远大于主要分潮的周期，因此会产生潮汐混叠，短周期的分潮信号混入长周期信号中。按传统的分潮分离思想，分潮之间的可分辨性必须由潮汐混淆信号的汇合周期计算。经计算，主要分潮间的 Rayleigh 周期为 9.18 年。这是调和分析对 T/P 系列卫星测高数据的时长要求。

潮汐响应分析法依系统响应的思想得到反映潮汐响应规律的参数，并且用较少的参数就能求解众多分潮的潮高。它依据的基本假设是系统响应的连续性和平滑性（在频率域上），从而从频率域总体上处理潮汐问题，这种不同频率参数的连带效应可使解具有较好的稳定性。相对于调和分析，响应分析具有数据要求明显较低的优点。因此，从充分利用原始轨道数据与交错轨道数据提取潮汐参数的角度，可采用如下策略：

1. 对于 T/P 卫星的原始轨道数据，采用 cycle 11（1992 年 12 月 31 日）至 cycle 364（2002 年 8 月 11 日）的原始轨道数据，由沿迹调和分析法或沿迹响应分析法提取正常点的潮汐参数，参考基面选取平均海面。

2. 对于 Jason - 1 卫星的原始轨道数据，采用 cycle 1（2002 年 1 月 15 日）至 cycle259（2009 年 1 月 26 日）的原始轨道数据，由沿迹调和分析法或沿迹响应分析法提取正常点与交叉点的潮汐参数，参考基面选取平均海面。

3. 对于交错轨道数据，联合采用 T/P 卫星的 cycle 369（2002 年 9 月 20 日）至 cycle 481（2005 年 10 月 14 日）的交错轨道数据、Jason - 1 卫星的 cycle 262（2009 年 2 月

10 日）至 cycle374（2012 年 3 月 3 日）的交错轨道数据，由沿迹响应分析法提取正常点的潮汐参数，参考基面选取参考椭球面。

对于原始轨道数据，由 T/P 卫星与 Jason－1 卫星分别按沿迹调和分析法与沿迹响应分析法生成 4 套成果。各套成果间进行对比分析，以此作为该方法可靠性的判断依据。

对于交错轨道数据，联合 T/P 卫星与 Jason－1 卫星按沿迹响应分析法生成 1 套成果，并与原始轨道数据成果进行交叉点比较。

（二）精密潮汐模型的构建

深度基准面 L 值取决于潮汐，若海域某点的 13 个主要分潮的调和常数已知，则可由定义算法计算深度基准面 L 值。潮汐模型以具有一定分辨率格网的多分潮调和常数形式表征空间的潮汐分布情况。基于精密潮汐模型，可按定义算法构建深度基准面 L 值模型，从而为构建精确 L 值模型提供基础。

1. 基本技术方案。潮汐模型是对较大空间尺度的潮汐规律的表示，可提供区域内格网形式的调和常数分布。潮汐模型可分为经验模型、纯动力学模型和同化模型。经验模型只有建立在观测数据上，才能在观测点上具有较高的精度保证，但受限于验潮站和卫星轨迹的地面分布。纯动力学模型理论上可以建立任意格网密度的模型，这有益于研究波长较短的浅水区域的潮汐分布，而实际上摩擦系数、黏性系数与开边界条件的不准确使得模型在浅水区域的精度并不理想。同化法使观测数据与理论模型相互融合，数据对模型的拉动作用可提高模型的质量，结合经验法的真实性与动力学的规律性，是解决浅水区域潮汐复杂问题最好的方法。目前得到广泛采用的全球潮汐模型大多是同化模型，在大洋（深度＞1000m）的精度都较高，每个分潮的差异都在 1cm 内，而在浅水区域差异较大。

本次构建的潮汐模型包含 13 个主要分潮：2 个长周期分潮 S_a、S_{sa}；4 个全日分潮 Q_1、O_1、P_1、K_1；4 个半日分潮 N_2、M_2、S_2、K_2；3 个浅水分潮 M_4、MS_4、M_6。其中长周期分潮实质是气象分潮，其由 T/P 系列卫星测高数据计算结果以经验法构建，而其他分潮采用基于 POM 模式的 "blending" 同化法，同化 T/P 系列卫星测高数据提取的潮汐参数与验潮站处的调和常数。精密潮汐模型的空间分辨率为 $1' \times 1'$。技术方案如图 2－7 所示。

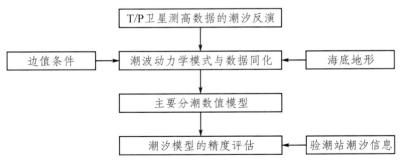

图 2-7　潮汐模型构建的技术方案

按照潮汐模型构建的技术方案，工作内容主要包括：

（1）以经验法构建长周期分潮的格网化模型；

（2）基于 POM 模式的"blending"同化法的编程实现与调试；

（3）同化 T/P 系列卫星测高数据的沿迹潮汐提取成果，构建初步模型；

（4）利用验潮站潮汐参数对初步模型实施精度评估；

（5）进一步同化短期验潮站潮汐参数，构建潮汐模型，由长期验潮站潮汐参数实施精度评估；

（6）同化全部验潮站潮汐参数，构建精密潮汐模型。

2. POM 模式。POM（princeton ocean model，POM）模式（图 2-8）是由 Alan Blumberg 和 George L. Mellor 等人于 1977 年创建，后由普林斯顿大学和美国国家大气海洋局的地球流体动力学实验室等部门联合发展、推广和应用。该模式在世界上得到了广泛的应用，取得了非常好的计算结果，得到了海洋科学界的普遍认同，成为当今著名的海洋模式之一。

POM 模式具有以下主要特征：

（1）垂向混合系数由二阶湍流闭合模型确定。

（2）垂直方向采用 σ 坐标系。

（3）水平格网采用曲线正交坐标系。

（4）水平有限差分格式是交错的，即 Arakawa C 型差分方案。

（5）水平时间差分是显式的，而垂向时间差分是隐式的，后者允许模式在海洋表层和底层可以有很高的垂向分辨率。

（6）模式具有自由表面，采用时间分裂算法。模式的外部模（正压模）方程是二维的，基于 CFL 条件和重力外波波速，时间积分步长较短；内部模（斜压模）方程是三维的，基于 CFL 条件和内波波速，时间步长较长。

（7）模式包含热力学过程。

（8）采用静力近似和 Boussinesq 近似。

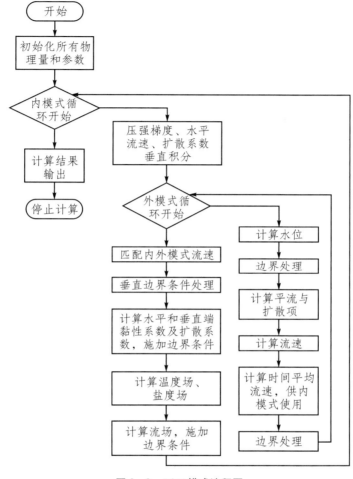

图 2-8　POM 模式流程图

3. blending 同化法。该同化法的基本思想是 T/P 沿迹潮汐参数（或验潮站结果）可作为模型的控制点。潮波动力学方程是对水体的水平运动和垂直扰动的表达，反映了水体间的关系，可作为控制点间的内插函数。控制点处的下一时间点的预报潮高 ξ 将是模型计算的预报潮高 ξ_{MODEL} 和由控制点的潮汐参数预报的潮高 $\xi_{\text{T/P}}$ 的加权和，可由公式 2-71 表示

$$\xi = f \cdot \xi_{\text{T/P}} + (1 - f) \cdot \xi_{\text{MODEL}} \qquad （公式 2-71）$$

如果控制点的潮汐参数是正值，则 f 应取为 1。但 T/P 卫星观测数据存在 3～4cm 的综合测高误差，同时调和分析得到的振幅基本具有等精度，而迟角的精度则不均匀，基本反比于分潮振幅，这使得 f 的取值应小于 1 且与分潮的振幅大致成比例。Matsumoto 等人对各分潮的 f 取值与其平均振幅大致成比例：M_2-0.5、S_2-0.4、O_1-0.25、

P_1-0.25、K_1-0.25、N_2-0.25、K_2-0.25、Q_1-0.1。

对于渤黄海区域，全日分潮与半日分潮都存在无潮点，振幅存在较大的变化幅度，如 M_2 分潮的振幅从无潮点处的 0 至北黄海约 200cm。每个分潮都取与其平均振幅成比例的固定权值则不合理，产生的影响表现为对于权值 f 较大的分潮，如 M_2，因无潮点附近的 T/P 系列卫星测高数据精度较低，将导致 M_2 无潮点附近的精度降低；反之，对于权值 f 较小的分潮，如 K_1，在沿岸区域的振幅能达到 50cm，较小的权值降低了沿岸区域同化点对模型的拉动作用。因此，每个同化点的权值应与该同化点的分潮振幅成比例。考虑到 T/P 系列卫星测高数据的测量误差及保持潮波的平滑性，按以下规则定权：0cm 时取 0，20cm 时取 0.2，100cm 时取 0.5，200cm 时取 0.7。振幅处于各节点中间时线性内插，200cm 以上时取 0.7。

四、北部湾海域深度基准面模型建立

在海道测量中，深度基准面是由相对于平均海面的垂直差距来确定其在垂直方向中的位置，该垂直差距量值通常称为 L 值。因此，深度基准面的确定狭义上常指 L 值的计算。

为满足水深工程测量等实用化需求而构建的高分辨率、高精度的深度基准面模型，在航道或较小海域，可采用验潮站点 L 值空间插值的方法。但本次模型构建区域覆盖了广西北部湾海域，涉及范围大且潮汐变化复杂，因此需要采用理论上更为严密的技术路线：一是按数值模拟方式构建区域精密潮汐模型；二是按理论最低潮面定义算法构建深度基准面 L 值模型；三是利用验潮站 L 值对模型进行订正，保证深度基准面模型在空间上保持潮波分布特征的同时，与验潮站保持最低潮意义一致。广西北部湾海域深度基准面 L 值模型总体技术流程如图 2-9 所示。

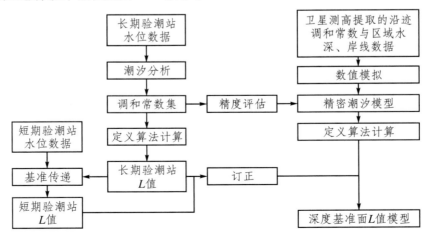

图 2-9　深度基准面 L 值模型构建总体技术流程

深度基准面 L 值模型的构建主要分为两个步骤：一是由精密潮汐模型各格网点的调和常数，按深度基准面 L 值的定义算法计算生成格网形式的 L 值模型，称为初步模型；二是由长期与短期验潮站的 L 值对 L 值模型实施订正，使模型在验潮站处计算的 L 值与验潮站 L 值保持一致的同时，模型的基准系统归化于验潮站 L 值系统中，生成最终的 L 值模型，称为成果模型。

广西北部湾深度基准面模型确定过程中将用到长期验潮站与短期验潮站数据。长期验潮站又称基本验潮站，一般其观测资料用来计算和确定多年平均海面、深度基准面。短期验潮站是海道测量工作中补充的验潮站，一般连续观测 30 天。

（一）长期验潮站 L 值的考证与统一

如前述，我国自 1956 年起将深度基准面统一于理论最低潮面，采用弗拉基米尔斯基算法，但在几十年的过程中，基于对算法的理解、精度要求或现实情况的限制等各种原因，不同的长期验潮站在建立初期确定的深度基准面 L 值存在最低潮意义不一致问题。

长期验潮站起到短期验潮站 L 值传递确定、L 值模型精度评估与订正等作用。因此，在深度基准面模型建立过程中需考证收集长期验潮站现采用 L 值的算法，并按定义算法重新计算 L 值，再检测相邻长期验潮站 L 值的最低潮意义是否一致。具体技术工作如下：

1. 利用各站长期实测水位数据提取的主要分潮调和常数，按历史上曾采用的多种分潮组合算法计算 L 值，确定各站现采用 L 值的算法；

2. 按 13 个主要分潮的理论最低潮面算法与最低天文潮面算法，计算各站的 L 值，评估现采用 L 值的系统偏差以及空间分布情况；

3. 采用略最低低潮面与 L 值比值法、潮差比法对相邻长期验潮站间的 L 值最低潮意义的一致性进行检测。

（二）短期验潮站 L 值的确定

在深度基准面模型构建过程中，短期验潮站在沿岸对长期验潮站起关键的加密作用，发挥参与 L 值模型的精度评估与订正的作用。采用潮差比法、略最低低潮面与 L 值比值法，由邻近长期验潮站同步水位数据传递确定短期验潮站的深度基准面 L 值，并进行精度评估。

（三）深度基准面 L 值模型构建

由精密潮汐模型与深度基准面 L 值的定义算法计算生成的 L 值模型，因潮汐模型的误差、基准系统等原因，其计算值与验潮站处的 L 值存在一定的差异，因此需以验潮站 L 值为基准对 L 值模型进行订正。此为区域 L 值模型构建过程中的关键技术。

潮汐模型是以动量方程、热传导方程等数值模拟区域的潮波传播，受海底地形、岸线摩擦系数等误差的影响，模型存在一定的误差。但对于每个潮波而言，数值模拟是以整个区域作为整体进行的，所以误差在区域内具有一定的规律性或至少与潮波的传播方向等相关。潮波同时具有前进波与旋转系统的特点，这种规律性不能简单地认定为系统性偏差，所以以沿岸验潮站处的调和常数差异对潮波系统进行订正是困难的。

L 值反映为在理论上达到的最低潮位，取决于主要分潮的振幅大小和迟角组合。由于每个分潮的调和常数误差以复杂的非线性形式传播至 L 值，所以只能对 L 值模型本身进行订正。订正技术需顾及以下两点：

1. 我国规定的深度基准面一经确定且被应用于正规水深测量后，一般不得变动。因此，在现阶段，L 值模型计算值必须在验潮站处与现采用值保持一致。

2. 因各站现采用 L 值的算法或定义不一致，即最低潮意义不一致，故其与 L 值模型计算值的差异可能以定义差异为主。这将要求订正技术满足两方面：一是对模型的订正作用在空间上是平滑的，且随着与原始观测站距离的扩大而相应变小；二是对模型的订正作用在相邻站间是平滑过渡的。

基于广西北部湾海域呈半封闭状以及历史站点的分布，采用以下两种订正技术。

（1）潮差比法。通过潮差比法将验潮站点处的 L 值差异传递至周围一定区域内的格网点，使诸多站点间实现平滑过渡。具体方案与细节如下：

①设验潮站的订正范围为 R，即验潮站只订正以 R 为半径圆周内的格网点，或格网点只采用以 R 为半径圆周内的验潮站进行订正；

②给予长期验潮站和短期验潮站不同的权，两者的比为 10∶7；

③同时以距离倒数定权。

以某一格网点为例总结以上方案，设以其为中心、R 为半径圆周内的验潮站个数为 n，验潮站 L 值差异为 ΔL_i，验潮站类型给予的权为 p_i（长期与短期分别为 10 与 7），验潮站与格网点的距离为 S_i，则该格网点的订正值 ΔL 为

$$\Delta L = \frac{\sum\limits_{i=1}^{n} \dfrac{\Delta L_i p_i}{S_i}}{\sum\limits_{i=1}^{n} \dfrac{p_i}{S_i}} \qquad （公式 2-72）$$

（2）TCARI 法。TCARI 法为美国构建沿海潮汐基准面模型的标准方法。由拉普拉斯方程与各站点 L 值差异构建空间分布函数，实现对各格网点的订正。

TCARI 法基本思想是在边界条件约束下，通过对改正数进行 Laplace 插值，计算各格网点的改正数，从而建立相应的格网改正数模型。思路如下：

假设改正数的空间变化满足拉普拉斯方程，若设改正数为 g，则

$$\frac{\partial^2 g}{\partial x^2} + \frac{\partial^2 g}{\partial y^2} = \nabla^2 g = 0 \qquad\qquad (\text{公式 } 2-73)$$

对于该拉普拉斯方程的求解，满足数值边界条件和自然边界条件，即

$$\begin{cases} g(x_m, y_m) = G_m \\ \dfrac{\partial g}{\partial n} = a \cdot \overline{\dfrac{\partial g}{\partial n}} \end{cases} \qquad\qquad (\text{公式 } 2-74)$$

公式 2-74 中，(x_m, y_m, G_m) 表示验潮站坐标和改正数；n 表示海岸线法向量的值，a 为可调整的系数（一般取 0.9）。采用有限差分法计算 Laplace 方程。

为订正精密潮汐模型在格网点计算得到的深度基准面 L 值，本次选用铁山港、涠洲岛、北海、防城港、白龙尾及钦州处的验潮站水位观测数据进行潮汐分析，并利用计算得到的深度基准面 L 值对格网点的 L 值进行订正。

第三章

陆海垂直基准的统一与转换

海洋垂直基准是陆地和海洋上高程测量的依据，具有陆海高程一致的性质。当前，我国海岸带地形测量采用 1985 国家高程基准，水深测量采用理论最低潮面，两者分别采用不同的垂直基准面，使得陆海交接处地形图与海图难以无缝拼接。此外，海图图幅海域内均采用离散验潮站确定的深度基准值作为该海域统一的基准值，使得相邻图幅存在基准系统差。陆海高程/深度基准、不同海区深度基准面之间没有建立严密的转换关系，严重影响海岸带、海岛礁测绘工作的全面实施及相关测绘成果的推广应用。

统一陆海高程基准与海洋深度基准是国家空间基准统一的必然要求，也是各类陆海统筹应用、海底地形测量、海岸线测量及陆海地理信息无缝整合集成的基础，对于国家经济发展、国防建设具有重要意义。在陆海交界的近岸区域，多源数据的有效融合已成为海岸带经济建设、数字化海岸带建立的关键问题，而陆海不同垂直基准间的统一与转换则是多源数据有效融合的关键。

本章将根据各海洋垂直基准面间的关系，给出不同垂直基准之间的转换模型，从而实现不同垂直基准下的高程（水深）数据无缝精确转换。

第一节　陆海垂直基准统一与转换研究进展

随着 GNSS 观测精度的日益提升，构建连续的水文垂直基准面及其与其他垂直基准间的转换模型研究已成为一个热点。国内外学者及相关研究机构在陆海垂直基准转换与统一的算法和模型上做了大量的研究。

一、国外主要研究进展

20 世纪 90 年代，加拿大水文局（Canadian Hydrographic Service，CHS）开展了全国验潮站基准 GNSS 观测工作，将海图基准与参考椭球基准联系起来，从而将水道测量学带入了 GNSS 时代。2000 年初，CHS 根据前期积累的海图基准与参考椭球基准间的分离量，采用空间插值法建立了一个连续的由海图基准到参考椭球基准的转换模型。由于未考虑验潮站和近海水域的潮汐非线性变化，因此这些区域的模型的精度受到了较大的影响。2010 年，CHS 通过联合验潮站数据、卫星测高数据、GNSS 观测数据、大地水准面模型及动态海面地形模型重新构建了转换模型，并命名为 HyVSEPs（hydrographic vertical separation surfaces）模型。

诸如此类研究，还有英国水文局的 VORF（vertical offshore reference frame）工程，同样融合了卫星测高数据、验潮站数据及水文动态模型，在沿海地区开展不同垂直基准转换研究。美国国家海洋大气管理局和国家大地测量局联合研制的垂直基准转换软件系统 VDatum，可以在美国各种垂直参考资料，如潮汐参考资料、正交垂直参考资料、椭球参考资料等之间进行转换。澳大利亚气候变化与能源效率部发起的 UDEM（urban digital elevation modelling in high priority regions）项目，旨在促进跨滨海区域的无缝、高程数据集的创建，以进行气候变化风险评估。无缝的海岸数据产品要求地形数据与水深数据相结合，先决条件就是各自的高程数据集需关联到相同的垂直基准上。因此，建立了以参考椭球为基础的垂直基准转换模型。此前，澳大利亚昆士兰的 AusHydroid 模型建立了最低天文潮面和 WGS-84 参考椭球面间的转换关系；2012 年，Broadbent 曾研究建立了高天文潮面与澳大利亚国家正高基准间的转换关系。然而，上述两个转换模型都是采用插值拟合法构建连续曲面，而未考虑到水文动力因素，导致其使用存在局限性。

二、国内主要研究进展

陆海一体化测绘技术的发展，GNSS 高精度定位技术支持下的无验潮水深测量方法的推广，正推动着海洋地理信息获取与表示的相关理论和技术的变革。作为海洋测绘及相关测绘领域的热点问题之一，近 20 年来国内学者对海洋垂直基准基本体系、垂直基准转换方法进行了较深入的研究，主要研究进展如下。

一是与国际研究基本同步，开展了海洋垂直基准面构建与转换理论和方法的系列化研究论证。论述了不同类型垂直基准面的几何或物理意义、构建方法，以及不同垂直基准面间的转换技术。分析了精密海洋潮汐模型对特征潮面类型基准面构建的关键性信息支撑作用，平均海面高、大地水准面和海面地形等系列模型在垂直基准转换中的基础性作用，以及长期验潮站和并置的 GNSS 参考站对垂直基准体系的维持作用。

二是构建了中国近海精密海洋潮汐模型。通过卫星测高数据的沿迹调和分析与响应分析，获取海域空间分布较为合理的潮汐参数，同化于潮波流体动力学方程，构建了中国近海主要分潮潮汐模型。另外，针对长周期分潮本身包含逆气压效应的实际情况，通过改进卫星测高数据编辑方法来提取长周期分潮成分，利用拟合技术构建中国近海长周期分潮模型，完善了海洋垂直基准确定所需的分潮频谱。

三是开展了构建全球和中国近海的平均海面高模型及中国近海海面地形模型的相关研究。利用大地测量学、海洋学等不同原理和方法对我国 1985 国家高程基准与全球大地水准面的垂直偏差进行估算。

四是利用不同技术方法开展了中国近海或区域海域的深度基准面模型和高程深度基准转换模型的研究与试验。以潮汐模型为基础，按理论最低潮面的统一计算公式，构建了中国近海或南海的深度基准面数值模型，明确其在大地高系统和正常高系统中的表达，构成相应的垂直基准转换模型。依据潮汐模型开展了渤海海域最低天文潮面的计算，并与参考椭球面建立起联系，形成深度基准的偏差模型。对长江口水域河段，利用拟合内插技术、基准面传递技术构建深度基准面及其与高程基准的转换模型。在福建沿岸海域，则开展了理论最低潮面关于主要分潮振幅的多元回归模型构建研究。对于远岸海域，开展了基于 GNSS 事后动态处理技术的潮汐垂直基准确定及其与参考椭球基准间转换关系研究。

综上所述，由于 GNSS 垂直定位精度的日益提高，参考椭球基准已成为其他垂直基准转换的最佳选择。我国测深数据和成果依托于理论最低天文潮面，若要将陆地与水深等相关数据成果无缝衔接起来，需建立最低天文潮面与参考椭球基准间的转换模型。众所周知，天文最低潮面基准具有随时间和空间变化，且呈现离散、跳变等非连续特征。此外，天文最低潮面还受流体动力学因素影响，即天文最低潮面的变化并非呈线性，尤其在地形复杂、水位较浅的河口等水域，潮差和潮波的变化将变得异常复杂，这会对连续深度基准面的建模精度产生影响。潮波运动数值模拟的算法理论逐渐成熟，无论是二维模式还是三维模式，其模拟精度越来越高。最低天文潮面与最大潮差相关，因此可考虑根据潮波运动数值模拟结果来构建连续的最低天文潮面基准面。此外，最低天文潮面基准是一个相对量，相对于长期平均海面，由于潮波运动的存在，在构建最低天文潮面基准与参考椭球基准间的关系时，需要考虑动态海面地形因素的影响。

第二节　陆海垂直基准统一的原则

陆海垂直基准是国家大地测量基准体系的重要组成部分，既是确定陆海空间数据高程信息的依据，也是数字地球基础框架的重要内容。垂直基准是相对于某一基准面而言的，其精度一方面取决于观测的精度，另一方面取决于所采用的基准面的精度。此外，垂直基准的确定都具有一定的现实意义，有的是为了应用的方便，有的是为了反映其物理意义。

研究目的不同，垂直基准的选择也不一样。在近岸海域，垂直基准方面存在着海陆基准不一致的问题，因陆地高程基准和海洋深度基准并存，两者存在明显的差异。应该根据科学发展和现代应用的不同情况的需要，建立一个科学适用的现代垂直基准。

目前，近岸海域的海图上各要素的高度和深度主要从 1985 国家高程基准和理论深度基准面起算。各种地形和地物的高程、明礁的高度与通常所称的海拔相同，都是从 1985 国家高程基准面向上起算。海底及各种水下障碍物的深度，从理论深度基准面向下起算。干出滩（礁）的高度，从理论深度基准面向上起算。只有航标的灯高例外，其从平均大潮高潮面向上起算，这是为了便于航海者在船上直接测定灯高。这些近岸海域测绘的数据成果必须纳入一定的参考框架才有意义，因此需要综合各方面的因素，而不能是简单地拼接在一起。近岸海域陆海一致的垂直基准有以下几项要求。

一、垂直基准的无缝性及陆海拼接带的一致性

现有的近岸海域陆海垂直基准并不一致，新的垂直基准必须能够有效地综合现有垂直基准，并使陆海测量数据的垂直基准一致。在近岸海域，测量陆地和海洋这两种不同体系的手段和方法都不同，因此在陆海拼接时要保证两种不同体系的测量数据具有一致性。

二、满足高精度的要求

在海洋上，目前采用的深度基准面的水深表示方法对航行来说是非常保守的，实际的水深一般都不会低于表达的水深。然而对于其他方面的一些应用，这种水深表示的精度并不能满足需要，有些时候还需要实时的准确的水深值，而不是这种保守的水深值。因此应用新的垂直基准要满足实时高精度的特点，任何一点都要能够容易获得高精度的位置信息和属性信息。

三、垂直基准的实现和保持

采用统一的垂直基准，如何与过去以及未来数据进行很好的关联，是必须考虑的问题。最好是已测量的数据能够容易地转换到新的垂直基准上来，而且转换模型长期有效。当有新的观测数据加入时，转换模型还应该能保持较高的精度。不管采用哪种垂直基准，都需要对新旧基准进行转换，而新的垂直基准必须方便两者的转换实施，并且能够保持一定的精度。

目前，对选用哪种统一的垂直基准还存在很多争议，许多学者提出了不同的观点和看法。主流的观点有以下四种：一是以 1985 国家高程基准作为统一的垂直基准；二是以大地水准面作为统一的垂直基准；三是陆地上采用大地水准面，海洋上采用平均海面；四是以参考椭球面作为统一的垂直基准。

为实现陆海一体化表示及陆图和海图的有机拼接，首先是统一垂直基准，基本思想是采用第一种观点，即纳入国家高程体系。在设立沿岸验潮站时，同时设立验潮站工作

水准点和主要水准点，这些水准点不仅可检测和修正水尺零点的变化，还可与国家水准网相连接，因此可方便地获得水尺零点的高程，进而求得当地平均海面在 1985 国家高程系统中的高程及海图深度基准面相对于国家高程零点的差距，该值也是海图水深和陆图高程的改正值。

不论哪种观点，必须建立深度基准面与当地平均海面的关系模型，以及当地平均海面相对于 1985 国家高程基准的关系模型，它涉及深度基准面模型和海面地形模型的建立与表示。因此，深度基准面、平均海面与海面地形之间的关系也决定着近岸海域地形图与海图的精确拼接及测量成果的质量评定。

第三节　陆海垂直基准转换的技术途径

验潮站是垂直基准的观测设施，由验潮站水位观测数据可以分析计算得到与水位记录零点相关的潮汐基准信息，进而通过验潮站大地联测数据实现与高程基准的联系，反映离散验潮站点的垂直基准转换关系。陆海垂直基准转换的技术途径主要有以下三种：

1. 根据验潮站观测信息实施基准转换。这种转换根据验潮站处的水准联测数据直接利用公式计算，是常规海洋测绘沿岸地形测量和水深测量成果的相互校核方法，在传统应用中通常不做垂直基准统一，仅适用于验潮站的有效作用范围。

2. 根据多个离散的验潮站形成的基准关系，对深度基准的大地高模型进行空间内插，获得所需点的垂直基准转换信息。在我国，由于用于确定深度基准的验潮站基准面的计算年代不同，数据观测长度不同，也存在算法差异。因此，深度基准的理论最低潮面含义缺乏一致性，也难以构造连续的转换模型。

3. 利用海洋潮汐、平均海面高、大地水准面、海面地形等系列模型构建海域不同垂直基准的转换关系模型。最基本的工作是利用潮汐模型计算深度基准面的格网模型。在平均海面高模型的支持下，利用公式 3-1 获得深度基准面的大地高模型。

$$H_L = H_{MSL} - L \qquad \text{（公式 3-1）}$$

公式 3-1 中，H_L 为深度基准面的大地高；H_{MSL} 为平均海面高模型的大地高；L 为潮汐（潮波）平衡面与最低潮面的垂直距离，即深度基准值。

确定深度基准面的正（常）高模型，即构建深度基准与高程基准间的转换模型，可分别采用下面两个理论上等价的公式：

$$h_L = N - H_L \qquad \text{（公式 3-2）}$$

$$h_L = \zeta - L \qquad \text{（公式 3-3）}$$

公式 3-2、3-3 中，h_L、H_L 分别为深度基准面的正常高和大地高；L 为深度基准值；N 为大地水准面高，在海域视为高程异常；ζ 为海面地形高度。

第四节　陆海统一的似大地水准面模型构建

我国陆地高程系统为基于似大地水准面的正常高系统，因此，若要实现海图深度基准与陆地高程基准之间的转换，首先需要确定似大地水准面模型。目前确定似大地水准面的方法主要有几何法、重力法及组合法。早期几何法主要以天文重力水准的方式确定似大地水准面，现在以拟合 GNSS 水准点为主。虽然该方法可以获得很高的精度，但仅限于小范围、GNSS 水准点丰富的地区，其计算结果为区域似大地水准面。几何法的缺陷在于需要进行大量的水准测量，耗费巨大的人力、物力；海洋测高虽然能以很高的精度确定大地水准面，但不适用于陆地及陆海交界处。重力法主要是解算物理大地测量边值问题，再由 Bruns 公式转换为大地水准面高或高程异常，计算结果为绝对大地水准面，可统一全球高程基准，适用范围广，但计算复杂、计算量大，需要与本国高程基准拟合。组合法则是将几何法与重力法相结合以确定似大地水准面，其本质是将重力似大地水准面数值拟合到 GNSS 水准点上，与本国高程基准相统一，结合了 GNSS 水准精度高、重力似大地水准面分辨率高的优点，但其拟合过程并不严密。欧洲各国和美国、日本、加拿大、中国等所建立的高精度似大地水准面模型多以组合法建立。

构建陆海统一的似大地水准面模型，整个过程主要分为三步：

1. 利用重力数据、地形数据及 GNSS 水准观测结果建立陆地似大地水准面模型；

2. 利用卫星测高数据建立海洋似大地水准面模型；

3. 基于扩展法，对第 1 步和第 2 步中建立的似大地水准面模型进行融合，得到目标区域陆海统一似大地水准面模型。

一、陆域似大地水准面计算

（一）技术路线

1. 充分利用卫星重力相关数据和地面重力数据联合解算的全球重力场模型，确定似大地水准面长波分量。

2. 对于中波分量，采用更严格完善的地形均衡重力归算模型和算法，将地形均衡改正精度提高到对大地水准面的贡献优于厘米级水平，研究更适合离散重力数据格网化的内插和推估方法，使格网平均重力异常提高到一个新水平。

3. 对于短波分量，研究采用 Stokes-Helmert 边值问题求解高分辨率局部大地水准面。按厘米级精度要求，精确计算第二类 Helmert 凝集法中各类地形位及相应引力变化的间接影响，以及 Helmert 重力异常由地形和凝集层质量所产生的引力影响，全面顾及其他涉及厘米级精度的各类改正项。

4. 按严格满足重力位理论中 Laplace 方程的原则，利用球冠谐分析法对重力似大地水准面与 GNSS 水准似大地水准面进行联合，得到最终的陆域似大地水准面数值模型。

陆域似大地水准面精化流程如图 3-1 所示。

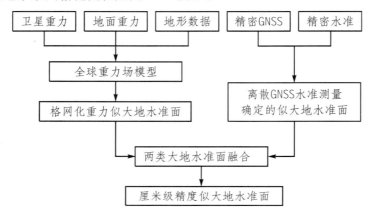

图 3-1 陆域似大地水准面精化流程

（二）数据准备与收集

1. 地形数据。重力异常的归算需要高分辨率数字地形模型（Digital Terrain Model，DTM）格网高程数据来计算相应的地形改正和均衡改正，可以利用每年最新的 1：1000、1：2000 的地形图构建精度较高的 DTM 模型，极大提高山区似大地水准面的精度。

收集整理陆地高分辨率高精度地形数据，联合采用航天飞机雷达地形测绘任务（shuttle radar topography mission，SRTM）的空间飞行任务数据库 DTM 资料。

2. 重力观测数据。重力测量数据呈离散状，分布不均匀。可收集、利用现有的地面和海洋重力数据，通过精细处理达到似大地水准面的设计精度指标。

3. 地球重力场模型。在利用地面重力测量数据确定区域性高分辨率大地水准面的求解过程中，全球重力场模型作为一个参考重力场，对确定区域大地水准面起到一种控制中、长波的作用。针对 WDM94、EGM96、EGM2008、GGM01C、GGM02C、GGM03C、EIGEN01C、EIGEN03C、EIGEN04C 和 EIGEN05C 等全球重力场模型进行试算分析，选择最优的地球重力场模型。

（三）重力归算

地面重力异常是影响似大地水准面精度的主要因素。地面重力数据的重力异常归算方法通常有空间重力异常、布格异常、地形改正、均衡改正等模型法。

1. 空间重力异常。空间重力异常的定义为

$$\Delta g = g - \gamma + \delta g_1 \qquad \text{（公式 3-4）}$$

公式 3-4 中，g 是地面重力值，γ 是参考椭球面正常重力值，δg_1 为空间改正，且 $\delta g_1 = 0.3086h - 0.72 \times 10^{-7} h^2$，这里 h 为海拔高程（以 m 为单位）。

2. 布格异常。布格异常为

$$\Delta g_B = g - \gamma + \delta g_1 + \delta g_2 \qquad \text{（公式 3-5）}$$

公式 3-5 中，δg_2 为层间改正，且 $\delta g_2 = -2\pi G \rho = -0.1119h$，$G$ 和 ρ 分别为引力常数和地壳密度。

3. 地形改正。地形均衡异常为

$$\Delta g_{IS} = g - \gamma + \delta g_1 + \delta g_2 + \delta g_{TC} + \delta g_{IS} \qquad \text{（公式 3-6）}$$

公式 3-6 中，δg_{TC} 为地形改正，δg_{IS} 为均衡改正。

地形改正可表达为

$$\delta g_{TC}(x_P, y_P, z_P) = G \rho \iint \int_{h(x_P, y_P)}^{h(x, y)} \frac{z - h(x_P, y_P)}{r^3} dx dy dz \qquad \text{（公式 3-7）}$$

公式 3-7 中，r 为计算点和流动点间的距离，且

$$r = \left[(x - x_P)^2 + (y - y_P)^2 + (z - z_P)^2 \right]^{\frac{1}{2}} \qquad \text{（公式 3-8）}$$

4. 均衡改正。均衡改正的表达式为

$$\delta g_{IS}(x_P, y_P, z_P) = G \Delta \rho \iint \int_{D}^{D+d} \frac{z}{r^3} dx dy dz \qquad \text{（公式 3-9）}$$

公式 3-9 中，$\Delta \rho$ 为抵偿密度；D 为抵偿深度；$d(x, y) = \dfrac{\rho}{\Delta \rho} h(x, y)$，为流动点实际抵偿厚度，其中 $h(x, y)$ 为地形高。

（四）格网重力异常的内插

格网平均空间重力异常采用布格异常和地形均衡异常计算。地形均衡归算是在 Airy-Heiskanen 地壳均衡理论的基础上，首先将点空间重力异常归算为地形均衡异常，从而在均衡面上得到比空间重力异常平滑得多的地形均衡异常并进行格网值的内插和拟合，然后利用相应格网点上的均衡改正将格网地形均衡异常恢复为平均空间重力异常。格网重力异常的内插和推估方法很多，如多项式内插、样条内插、多面函数和最小二乘配置等方法。

可利用曲率连续张力样条法进行内插，这一内插方法适合重力数据稀少、分布极其不均匀和地形复杂的地区。该方法是在最小曲率法的基础上增加一些自由度并松弛曲率最小化的限制，要求拟合曲面具有连续二阶导数且全局性曲率二次方最小。它能够准确

拟合已知数据点（无拟合误差），但是最小曲率拟合曲面在已知数据点之间的区域可能存在较大的波动和无关变形点，导致其格网化效果不是十分理想。在弹性薄板弯曲方程中引入张力参数可以消除拟合曲面中存在的无关变形点，同时可以将最小曲率格网插值算法推广为一个更具普遍性的算法。利用连续曲率张力样条法对位场和地形数据进行格网化是可行的，它的解比最小曲率法的解更具局部性质，并且更能反映出位场和地形数据的空间自相关性。

（五）重力大地水准面的计算

根据 Bruns 公式，大地水准面高可写为

$$N(P) = \frac{T(P)}{\gamma} = \frac{R}{4\pi\gamma} \int_{a=0}^{2\pi} \int_{\psi=0}^{\pi} \Delta g(\psi, \alpha) S(\psi) \sin\psi \mathrm{d}\psi \mathrm{d}\alpha \qquad （公式 3-10）$$

从式 3-10 可知，要确定大地水准面高，必须已知全球范围的重力异常。可在实际操作中，只能得到某一局部范围内的地面重力数据。因此，确定局部大地水准面通常采用低通滤波原理，利用地球重力场模型结合局部重力数据计算公式 3-10，即

$$N(\phi_P, \lambda_P) = N_{GM}(\phi_P, \lambda_P) + N_{\delta\Delta g}(\phi_P, \lambda_P) \qquad （公式 3-11）$$

这里 $N_{GM}(\phi_P, \lambda_P)$ 为由地球重力场模型计算的大地水准面高，其表达式为

$$N_{GM}(r, \theta, \lambda) = \frac{GM}{r\gamma} \sum_{n=2}^{N_{\max}} \left(\frac{a}{r}\right)^n \sum_{m=0}^{n} (\bar{C}_{nm} \cos m\lambda + \bar{S}_{nm} \sin m\lambda) \bar{P}_{nm}(\cos\theta)$$

$$（公式 3-12）$$

其中：r、θ、λ 分别为地心距离、余纬、经度；GM 是地球质量与引力常数的乘积；a 是参考椭球长半轴；$\bar{C}_{nm}$ 和 $\bar{S}_{nm}$ 为完全规格化位系数；$\bar{P}_{nm}(\cos\theta)$ 为完全规格化缔合 Legendre 函数；$N_{\max}$ 为地球重力场模型展开的最高阶数。

于是，残差重力异常（$\delta\Delta g = \Delta g_F - \Delta g_{GM}$）为空间重力异常 Δg_F 与地球重力场模型计算的空间重力异常 Δg_{GM} 之差，Δg_{GM} 的表达式为

$$\Delta g_{GM}(r, \theta, \lambda) = \frac{GM}{r^2} \sum_{n=2}^{N_{\max}} \left(\frac{a}{r}\right)^n (n-1) \sum_{m=0}^{n} (\bar{C}_{nm} \cos m\lambda + \bar{S}_{nm} \sin m\lambda) \bar{P}_{nm}(\cos\theta)$$

$$（公式 3-13）$$

在重力似大地水准面的计算中，以陆地 $2' \times 2'$ 格网空间重力异常作为输入数据，以区域最适合的地球重力场模型（如 EGM2008 等）作为参考重力场模型，采用第二类 Helmert 凝集法计算似大地水准面。

第二类 Helmert 凝集法可有效地估计调整大地水准面外部质量以及凝集层的地形引力和地形位的影响。地形质量的移去和恢复采用 Helmert 的第二质量凝集法，将移去的质量压缩到大地水准面上成一薄层（凝集层），由此得到大地水准面上的 Helmert 重力

异常。其值为地面点重力值加地形引力的直接影响（地形改正）、凝集重力改正及空间改正，再减去对应参考椭球面上的正常重力值，按 Stokes 积分求解获得的值再加地形位和凝集层位产生的间接影响。

在利用第二类 Helmert 凝集法计算大地水准面中，对于各类地形位及地形引力的影响，即牛顿地形质量引力位和凝集层位间的残差地形位的间接影响，以及 Helmert 重力异常由地形质量引力位和凝集层位所产生的引力影响，计算公式考虑采用地球曲率影响的严密球面积分公式。计算地形的直接和间接影响的积分半径考虑采用 300km。

（六）重力大地水准面与 GNSS 水准似大地水准面的融合

在格网重力大地水准面与 GNSS 水准似大地水准面的联合方面，采用球冠谐分析方法。该方法采用球冠谐分析理论，利用非整阶（实数）整次球谐展开局部球冠域的调和场量，可在满足 Laplace 方程的条件下将重力大地水准面与 GNSS 水准似大地水准面联合求解。根据 Bruns 公式，大地水准面的球冠谐表达式为

$$N = \frac{T}{\gamma} = \frac{GM}{r\gamma} \sum_{k=1}^{\infty} \sum_{m=0}^{k} \left(\frac{a}{r}\right)^{n_k(m)} \left(\bar{C}_{km}\cos m\lambda + \bar{S}_{km}\sin m\lambda\right) \bar{P}_{n_k(m)m}(\cos\theta)$$

（公式 3 - 14）

这一方法取代了长期普遍采用但存在忽视大地水准面物理特性理论缺陷的几何曲面和多项式等拟合法，可以克服经典空域离散积分公式在理论分析上和实际上的局限性，同时理论上兼有全球谱表达的优点，又冲破了其向更高分辨率扩展的限制。由于它是一个收敛速度很快的解析连续展开式，因此可大幅度提高局部重力场的计算效率和理论的严密性。

二、海域似大地水准面计算

（一）海域重力场参量反演总体技术

利用卫星测高数据反演海洋垂线偏差、重力异常及似大地水准面，主要包括测高数据的预处理、交叉点位置计算、交叉点垂线偏差计算、测高格网垂线偏差计算、模型格网垂线偏差计算、格网残差垂线偏差计算、模型格网重力异常计算、格网残差重力异常计算、模型格网大地水准面计算、格网残差大地水准面计算等。同时，根据检验要求，应充分考虑内部检核及外部检核。总体技术方案要点如下。

1. 对多源多代卫星测高数据进行联合处理，包括传播介质改正、地球物理改正、波形重跟踪改正，采用数据编辑准则剔除低精度数据、统一基准等。

2. 交叉点位置计算。对多源多代卫星测高数据进行两两组合交叉（包括自交叉和互交叉），通过测高轨线上测点已知位置坐标，利用大地经纬度的二次多项式分别拟合升、

降弧轨线，按最小二乘法确定轨线方程系数，联立二次方程求解交叉点地理坐标。

3. 内插交叉点其他信息。用样条曲线内插交叉点的时间、海面高等相关信息。

4. 交叉点垂线偏差计算。以交叉点为中心，取测高轨线上 8～10 个测高点，分别组成测点测高值关于纬度和经度的一次差分，以及测点纬度和经度关于时间的一次差分，将一次差分转换为一阶导数，并确定交叉点的相应值，按公式计算交叉点的 ξ 和 η，组成交叉点垂线偏差离散数据。

5. 格网垂线偏差计算。按格网化的要求，内插加密非交叉点垂线偏差，以交叉点为中心，选取适当半径范围，按 Shepard 方法或连续曲率张力样条法拟合内插加密区若干均匀分布点的垂线偏差，计算格网垂线偏差平均值，组成测高垂线偏差格网数据。

6. 格网重力场参量模型值计算。以 WDM94、EGM96、EGM2008、GGM01C、GGM02C、GGM03C、EIGEN01C、EIGEN03C、EIGEN04C、EIGEN05C、EIGEN6C2 模型或者其他高精度地球重力场模型作为参考场，计算垂线偏差模型格网值、重力异常模型格网值、大地水准面模型格网值。

7. 格网残差垂线偏差计算。将测高格网垂线偏差值减去垂线偏差模型格网值，组成残差垂线偏差格网数据。

8. 格网重力异常计算。利用 Molodensky 的逆 Vening Meinesz 公式和残差垂线偏差格网数据，反解格网点残差重力异常值，再加上垂线偏差模型格网值，组成重力异常格网数据。

9. 大地水准面计算。利用 Stokes 公式和格网残差重力异常数据，采用积分法计算格网点大地水准面高程值；同时利用一维严密反演公式、二维球面卷积和二维平面卷积公式进行计算，计算结果之间可以进行比较和检核。

10. 大地水准面内部检核计算。利用 Molodensky 反演大地水准面差距的公式和残差垂线偏差格网数据，计算格网点残差大地水准面高程值，将其与大地水准面格网点模型值相加，恢复得到大地水准面格网数据；与利用 Stokes 公式计算的对重力异常结果进行内部检核与比较。

11. 重力异常反解计算检核。根据逆 Stokes 公式，利用大地水准面格网值，可以计算得到重力异常，结果可与由垂线偏差计算的重力异常进行检核与比较，作为内部检核。

12. 格网重力异常外部检核。利用船测重力数据，对重力异常格网值进行外部检核。

13. 大地水准面的外部检核。利用岛礁或沿海地区的 GNSS 水准资料，检核大地水准面的最终成果，作为大地水准面的外部检核。

14. 成果的精度统计和分析。根据卫星测高数据反演海域重力场参数的主要技术流程如图 3-2 所示。

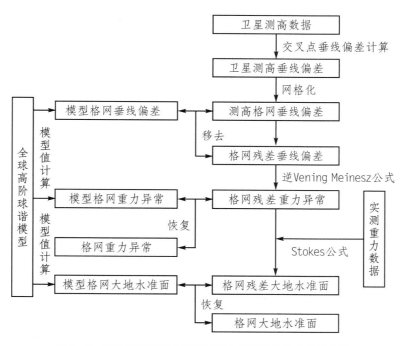

图 3-2 卫星测高数据反演海域重力场参数总体方案示意图

卫星测高技术提供了一种恢复海洋重力场的有力手段。利用卫星高度计观测的从卫星到海面的距离并顾及传播介质改正和地球物理校正，联合卫星轨道高度，可以直接获取海面高度。利用平均海面高，结合海面地形模型，可以直接求得大地水准面。如果利用测高卫星的升弧、降弧结合时间信息、位置信息及海面高信息，可以根据 Sandwell 方法反演得到垂线偏差。利用垂线偏差，根据逆 Vening Meinesz 公式和 Molodensky 公式可以分别恢复重力异常和计算大地水准面；而利用重力异常，也可以直接根据 Stokes 公式确定大地水准面。此外，最小二乘配置法、输入输出系统理论、频域最小二乘法等方法也广泛用于海域重力异常反演和大地水准面的确定。

（二）利用卫星测高数据反演海域垂线偏差

根据卫星测高轨迹的位置信息和时间信息反演垂线偏差的基本原理，是用测高观测值的一次差分计算测高剖面的数值导数，并在一个交叉点上联合升弧和降弧差分方程求解垂线偏差。这种方法被 Sandwell 等广泛使用。大地水准面沿升弧和降弧对时间 t 的导数分别为

$$\dot{N}_a \equiv \frac{\partial N_a}{\partial t} = \frac{\partial N}{\partial \varphi}\dot{\varphi}_a + \frac{\partial N}{\partial \lambda}\dot{\lambda}_a \qquad （公式 3-15）$$

$$\dot{N}_d \equiv \frac{\partial N_d}{\partial t} = \frac{\partial N}{\partial \varphi}\dot{\varphi}_d + \frac{\partial N}{\partial \lambda}\dot{\lambda}_d \qquad （公式 3-16）$$

公式 3 - 15、3 - 16 中，φ、λ 分别为大地纬度和经度；$\dot{\varphi}$、$\dot{\lambda}$ 分别为卫星沿地面轨迹在纬度和经度方向上的速率，当卫星的轨道近似圆形轨道时，有

$$\dot{\varphi}_a = -\dot{\varphi}_d \qquad\qquad (公式\ 3 - 17)$$

$$\dot{\lambda}_a = \dot{\lambda}_d \qquad\qquad (公式\ 3 - 18)$$

顾及上述公式得大地水准面在经度方向上的导数为

$$\frac{\partial N}{\partial \lambda} = \frac{1}{2\dot{\lambda}}(\dot{N}_a + \dot{N}_d) \qquad\qquad (公式\ 3 - 19)$$

同理，顾及公式 3 - 19 得大地水准面在纬度方向上的导数为

$$\frac{\partial N}{\partial \varphi} = \frac{1}{2|\dot{\varphi}|}(\dot{N}_a - \dot{N}_d) \qquad\qquad (公式\ 3 - 20)$$

其中，$\dot{\varphi}$、$\dot{\lambda}$、$\dot{N}_a$ 和 $\dot{N}_d$ 可由测高剖面测点的时间和位置信息得到。

由大地水准面在经纬度方向上的导数可以计算 $\frac{\partial N}{\partial \varphi}$ 和 $\frac{\partial N}{\partial \lambda}$ 分量。于是，可以确定垂线偏差的子午圈方向分量 ξ 和卯酉圈方向分量 η：

$$\xi = -\frac{1}{R}\frac{\partial N}{\partial \varphi} \qquad\qquad (公式\ 3 - 21)$$

$$\eta = -\frac{1}{R\cos\varphi}\frac{\partial N}{\partial \lambda} \qquad\qquad (公式\ 3 - 22)$$

其中，R 为地球平均半径。

（三）利用测高垂线偏差反演海域重力异常

逆 Vening Meinesz 公式为

$$\Delta g = \frac{\gamma}{4\pi R}\iint_\sigma \left(3\csc\psi - \csc\psi\csc\frac{\psi}{2} - \mathrm{tg}\frac{\psi}{2}\right)\frac{\partial N}{\partial \psi}\mathrm{d}\sigma \qquad (公式\ 3 - 23)$$

公式 3 - 23 中，Δg 为空间重力异常；σ 为单位球面；R 为地球平均半径，且 $R = (2a + b)/3$，a、b 分别为参考椭球的长半径和短半径；ψ 为计算点 P 与流动点间的球面距离；N 为大地水准面高；$\frac{1}{R}\frac{\partial N}{\partial \psi}$ 为 ψ 方向上的垂线偏差分量，且

$$\frac{1}{R}\frac{\partial N}{\partial \psi} = \xi\cos\alpha + \eta\sin\alpha \qquad\qquad (公式\ 3 - 24)$$

公式 3 - 24 中，α 是 ψ 方向上的方位角，即计算点 P 与流动点间的方位角，且

$$\sin\alpha = -\frac{\cos\varphi\sin(\lambda_P - \lambda)}{\sin\psi} \qquad\qquad (公式\ 3 - 25)$$

$$\cos\alpha = \frac{\cos\varphi_p\sin\varphi - \sin\varphi_p\cos\varphi\cos(\lambda_P - \lambda)}{\sin\psi} \qquad\qquad (公式\ 3 - 26)$$

综合得：

$$
\begin{aligned}
\Delta g(\varphi_P, \lambda_P) &= \frac{\gamma}{4\pi} \iint_{\sigma} (3\csc\psi - \csc\psi\csc\frac{\psi}{2} - \mathrm{tg}\frac{\psi}{2})(\xi\cos\alpha + \eta\sin\alpha)\mathrm{d}\sigma \\
&= \frac{\gamma}{4\pi} \iint_{\sigma} \{\xi\cos\alpha(3\csc\psi - \csc\psi\csc\frac{\psi}{2} - \mathrm{tg}\frac{\psi}{2}) \qquad\text{（公式 3 - 27）} \\
&\quad + \eta\sin\alpha(3\csc\psi - \csc\psi\csc\frac{\psi}{2} - \mathrm{tg}\frac{\psi}{2})\}\mathrm{d}\sigma
\end{aligned}
$$

（四）利用测高垂线偏差计算似大地水准面

从 Molodensky 等于 1960 年给出的垂线偏差计算大地水准面空域积分公式出发，导出其相应谱域一维严密卷积、二维球面和平面卷积公式。

在海洋上，似大地水准面等价于大地水准面，因此，利用多源多代卫星测高数据获取的垂线偏差可以计算相应的海域大地水准面。

由垂线偏差计算似大地水准面公式为

$$
N = \zeta = -\frac{\gamma}{4\pi} \iint_{\sigma} \mathrm{ctg}\frac{\psi}{2} \frac{\partial N}{\partial \psi}\mathrm{d}\sigma \qquad\text{（公式 3 - 28）}
$$

公式 3 - 28 中，N 表示海域大地水准面高，ζ 为似大地水准面高，σ 为单位球面；ψ 为计算点 P 与流动点间的球面距离；$\frac{1}{R}\frac{\partial N}{\partial \psi}$ 为 ψ 方向上的垂线偏差分量，计算公式同公式 3 - 24 至公式 3 - 26。

顾及上述公式得

$$
\begin{aligned}
N = \zeta &= -\frac{R\gamma}{4\pi} \iint_{\sigma} \mathrm{ctg}\frac{\psi}{2}(\xi\cos\alpha + \eta\sin\alpha)\mathrm{d}\sigma \\
&= -\frac{R\gamma}{4\pi} \iint_{\sigma} \{\xi\cos\alpha\,\mathrm{ctg}\frac{\psi}{2} + \eta\sin\alpha\,\mathrm{ctg}\frac{\psi}{2}\}\mathrm{d}\sigma
\end{aligned} \qquad\text{（公式 3 - 29）}
$$

（五）利用测高重力异常反演海域大地水准面

根据重力异常计算大地水准面，其基本原理即 Stokes 公式，计算球面上任意一点 P 的大地水准面高的 Stokes 公式为

$$
N(P) = \frac{R}{4\pi\bar{\gamma}} \int_{\alpha=0}^{2\pi} \int_{\psi=0}^{\pi} \Delta g(\psi, \alpha)S(\psi)\sin\psi\mathrm{d}\psi\mathrm{d}\alpha \qquad\text{（公式 3 - 30）}
$$

该式是以球面极坐标形式表示的 Stokes 公式，以计算点 P 为极点，ψ 为 P 点到流动点的球面角距，α 为 P 点到流动点的球面方位角，由 P 点的子午圈按顺时针方向量取；R 是地球平均半径，通常取 $R = \sqrt[3]{a^2 b}$（a 是参考椭球长半径，b 是参考椭球短半径）；$\bar{\gamma}$ 为参考椭球面正常重力的平均值。$S(\psi)$ 是 Stokes 函数：

$$S(\psi) = \frac{1}{s} - 6s - 4 + 10s^2 - 3(1 - 2s^2)\ln(s + s^2) \qquad (公式3-31)$$

公式3-31中，$s = \sin\frac{\psi}{2}$。

实际计算过程中，需要将球面极坐标 (ψ, α) 化为球面坐标 (φ, λ)。当 $\psi \to 0$，计算球面上任意一点 P 的大地水准面高的 Stokes 公式是奇异积分，应单独计算奇异性影响 δN_P。以 P 点为中心取半径为 s_0 的小球冠，则 δN_P 可按公式3-32计算：

$$\delta N_P \approx \frac{s_0}{\gamma} \Delta g_P \qquad (公式3-32)$$

由球冠和格网（纬差和经差分别为 $\Delta\varphi$ 和 $\Delta\lambda$）等面积关系 $\pi s_0^2 = R^2\cos\varphi_P\Delta\varphi\Delta\lambda$，上述值也可用公式3-33计算：

$$\delta N_P = \frac{R}{\gamma} \cdot \sqrt{\frac{\cos\varphi_P\Delta\varphi\Delta\lambda}{\pi}}\Delta g_P \qquad (公式3-33)$$

三、陆海统一的似大地水准面拼接

（一）拼接问题产生的背景

把陆地上用重力数据确定的大地水准面称为"陆地重力大地水准面"，而把海洋上用卫星测高数据确定的大地水准面称为"海洋测高大地水准面"。从理论上讲，两类用不同数据和不同方法确定的大地水准面，其依据的理论基础相同，都是基于物理大地测量的重力位理论、地球重力场边值问题理论和大地水准面的基本定义。如果描述大地水准面起伏采用的参考坐标系框架和参考椭球参数相同，又无任何误差影响，这两类大地水准面应该是严格一致的，因而在陆海相接区域两类大地水准面也应该无缝拼合，即不存在拼合差。但这些理想的假设和要求事实上难以完全得到满足，因为这是基于两类不同性质的数据按不同原理和方法独立确定的大地水准面。由于各自受到不同误差源的影响，即使不考虑其间可能存在的系统差，仅仅考虑两类数据不同水平的偶然观测误差，也必然会产生拼合差，需要用适当的平差方法予以消除或削弱。此外，两类大地水准面中的系统误差也是客观存在的，且引起系统误差的因素比较复杂，特别是由测高数据确定海洋大地水准面的过程中存在多种类型的误差源。这些因素最终导致拼合差。

陆海大地水准面的拼接或陆地重力数据与海洋测高重力数据的联合有其本身特点：一是近岸测高数据的精度一般低于远海测高数据精度，且编辑时剔除率大；二是沿岸浅海区（浅于100m）存在重力数据的空白，其中既无重力实测数据，也无卫星测高数据。这些特点增大了拼接的难度，不论是采用上述的解析法或统计法都难以获得理论上严密的拼接解。

　　我国陆海大地水准面拼接面临的实际情况有：一方面缺乏我国海域的船测重力数据，近岸海区有较多的重力数据空白区，且近岸测高数据精度较低；另一方面我国东部及南部近海陆地重力实测的数据密度要高于中、西部地区。因此，陆海相接地区陆地重力数据精度和分辨率水平高于近岸测高重力数据的精度和分辨率水平。根据上述情况提出以下拼接原则：

　　1. 大陆大地水准面拼接后基本保持不变，利用卫星测高数据将大陆大地水准面扩展到我国海域。这是考虑到我国东部地区重力测量数据的精度和密度较高，对海洋测高重力数据有一定控制作用，同时考虑到大陆大地水准面以我国海岸线为边界的边界效应。

　　2. 拼接方案应有控制削弱测高重力数据系统误差的作用。

　　3. 大地水准面的拼接应满足重力位理论的要求，不损害大地水准面是等位面的性质，拼接拟合应满足 Laplace 方程。

　　4. 近岸重力数据空白区用目前国际上已广泛采用的 EGM2008 全球重力位模型值填充。

　　5. 采用 WDM94 或 EGM2008 全球重力位模型作拼接的参考重力场，用以控制中长波大地水准面的拼接。

　　6. 分别采用我国 1980 大地坐标系参考椭球、国际 1980 参考椭球以及 WGS–84 参考椭球，以便与 GNSS 水准似大地水准面大地高的参考椭球一致，以及与我国现行大地测量坐标系一致，并和国际通用参考椭球接轨。

（二）基于扩展法的拼接方案

1. 重力数据空白区的填充。

用全球重力位模型计算的重力异常值填充，计算公式：

$$\Delta g(r,\phi,\lambda)=\frac{GM}{r^2}\sum_{n=2}^{\infty}(n-1)\left(\frac{a}{r}\right)^n\sum_{m=0}^{n}\sum_{\alpha=0}^{1}\bar{C}_{nm}^{\alpha}\bar{Y}_{nm}^{\alpha}(\theta,\lambda)\quad（公式 3-34）$$

公式 3-34 中，(r,φ,λ) 为球面坐标；$\theta=\frac{\pi}{2}-\varphi$，为余纬；$GM$ 为地心引力常数；a 为地球椭球长半径。在 EGM2008 模型中，$GM=3986004.415\times10^8\mathrm{m^3s^{-2}}$，$a=6378136.3\mathrm{m}$。$\bar{C}_{nm}^{\alpha}$ 为完全规格化位系数：

$$\bar{C}_{nm}^{\alpha}=\begin{cases}\bar{C}_{nm},&\alpha=0\\\bar{S}_{nm},&\alpha=1\end{cases}\quad（公式 3-35）$$

$\bar{Y}_{nm}^{\alpha}(\theta,\lambda)$ 为面谐函数：

$$\bar{Y}_{nm}^{\alpha}(\theta,\lambda)=\begin{cases}\bar{P}_{nm}(\cos\theta)\cos m\lambda,&\alpha=0\\\bar{P}_{nm}(\cos\theta)\sin m\lambda,&\alpha=1\end{cases}\quad（公式 3-36）$$

式中，$\bar{P}_{nm}(\cos\theta)$ 为完全规格化的缔合 Legnedre 函数。

重力异常的填充为 $5'\times5'$ 格网平均值，由格网的 4 个节点值取平均确定。

用地形均衡归算内插值填充，计算公式：

$$\delta g_{IC}^{\text{陆海}} = G\Delta\rho_1 \iint\limits_{\sigma_1} \int_{z_1}^{z_2} \frac{z-z_p}{r^3} \mathrm{d}z\,\mathrm{d}\sigma_1 -$$

$$G\Delta\rho_1 \iint\limits_{\sigma_2} \int_{z_1'}^{z_2'} \frac{z-z_p}{r^3} \mathrm{d}z\,\mathrm{d}\sigma_2 + \qquad\qquad (公式\ 3-37)$$

$$G\Delta\rho_2 \iint\limits_{\sigma_2} \int_{z_1''}^{z_2''} \frac{z-z_p}{r^3} \mathrm{d}z\,\mathrm{d}\sigma_2$$

拟合内插所依据的实测重力异常数据为空白区周围的陆地重力异常数据和海洋测高重力异常数据，也包括可能获得的船测重力异常数据。地形均衡归算将采用美国的 SRTM 和 ETOP1 模型计算。

2. 陆海拼接重力似大地水准面的计算公式。

重力似大地水准面可按 Stokes 积分公式或 Molodensky 级数解进行计算，均采用快速傅里叶变换（fast fourier transformation，FFT）技术进行快速计算。

以平面坐标表示的 Stokes 积分二维卷积式：

$$N(x,\ y) = \frac{1}{4\pi\gamma R}\Delta g(x,\ y)\times S(x,\ y)$$

$$= \frac{1}{4\pi\gamma R}F_2^{-1}\{F_2[\Delta g(x,\ y)]\cdot F_2[S(x,\ y)]\} \qquad (公式\ 3-38)$$

公式 3-38 中，F_2 和 F_2^{-1} 分别为二维 Fourier 变换与逆变换；$S(x,\ y)$ 为用平面坐标表示的 Stokes 函数；$\Delta g(x,\ y)$ 为空间重力异常，若用 Faye 异常则 $\Delta g_{FA} = \Delta g + C \approx \Delta g + G_1$，其计算结果为高程异常。

顾及一次项的 Molodensky 级数的卷积式，相应的高程异常 Molodensky 级数解：

$$\zeta = \frac{1}{\gamma}(T_0 + T_1) \qquad\qquad (公式\ 3-39)$$

公式 3-39 中，T_0 为 Stokes 积分，但其中的空间重力异常理论上为地形面上的值，一次项 T_1 的卷积式：

$$T_1 = -h\Delta g - \frac{1}{2\pi}[h(\Delta g \times d_z)]\times l_N \qquad (公式\ 3-40)$$

公式 3-40 中，h 为海拔高程，d_z 为垂向梯度算子，l_N 为平面坐标表示的 Stokes 函数主项。

第五节　陆海无缝垂直基准的统一与转换

垂直基准主要包括高程基准和深度基准。由于海洋上缺少有效的基准站覆盖，因此海洋垂直基准构建的基本方法是确定垂直参考面。我国高程基准参考面一般为似大地水准面，主要采用物理大地测量方法，联合多源重力场探测数据按 Molodensky 边值方法计算。深度基准面是相对于平均海面的高度（称为深度基准值 L ）而言，由潮汐模型（潮汐调和常数）按公式计算，其中潮汐模型可通过同化验潮站、卫星测高调和参数与潮波流体动力学方程来建立。通过长期验潮站和 GNSS 参考站并置测量以及卫星测高等技术，可以建立高程和深度基准之间及其与大地坐标框架的严密关系。以平均海面为中介面，确定平均海面大地高（平均海面高）和海面地形（平均海面与似大地水准面垂向差距）数值模型，实现深度基准面的垂向定位，从而建立高程基准与深度基准之间的转换关系，具体如图 3-3 所示。

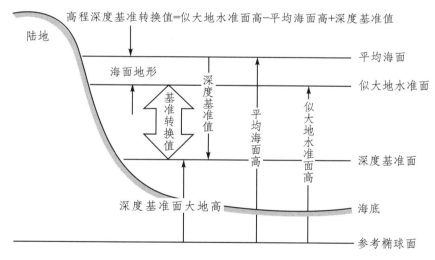

图 3-3　垂直基准面转换关系示意图（党亚民等，2012）

一、无缝深度基准面与似大地水准面的转换

由于深度基准模型计算所得值 L 是相对值，它是当地长期平均海平面垂直以下的一个量值，因此无缝深度基准面实质上也为深度基准面与平均海平面之间的一个分离量模型。该分离量模型是大地坐标或平面坐标的函数，随着坐标的变化而渐进连续地变化。由此可知，若要实现无缝深度基准面与似大地水准面之间的转换，则首先需要确定二者

之间的关系，即得到两个基准面之间的分离量。

对大地水准面进行精化之后，就能够基于无缝垂直深度基准面进行高程基准与深度基准的转换，实现陆地高程数据和海洋测深数据的统一，并可以基于任意一个基准面输出数据。具体方法如下。

（一）海域偏差模型

首先建立海域的偏差模型，实现海域内深度基准面的连续性和平滑性，统一测深数据的基础。对于范围较大的海域，推荐采用模型插值法，即利用平均海面模型与深度基准面模型之间的关系来建立偏差模型。其主要利用卫星测高技术和物理海洋学的方法来获得海域内的偏差值，再利用拟合的方法得到偏差模型。

（二）区域似大地水准面精化

若要获得较高的基准转换精度，就必须对区域似大地水准面模型进行精化。似大地水准面模型精化也是提高水准测量的必然要求。随着重力等各种观测数据的积累，国际上推出了精度不断提高的地球重力场模型，我国的区域似大地模型精化工作也不断取得新的进展。最常用的精化就是"移去-恢复"法，即综合利用重力数据和水准测量数据得到区域似大地水准面精化模型。

（三）统一基准

建成偏差模型并确定精化似大地水准面模型与无缝垂直基准面之间的关系后，即可提供便捷、简单、高效的基准转换、图幅拼接等功能。转换精度取决于模型精度，与模型精度为同一数量级。模型的精化和精度的提高是一项长期任务，随着数据的积累和技术方法的提高而不断优化。

（四）高程基准转换与数据统一

1. 在验潮站区域。图 3-4 是某验潮站区域内几种垂直基准之间的相互关系。

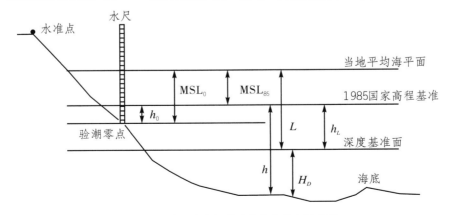

图 3-4　验潮站内相关垂直基准关系示意图

在图 3-4 中，MSL_0 是当地平均海平面相对于水尺验潮零点的高度；MSL_{85} 是当地平均海平面相对于 1985 国家高程基准的高度；L 表示深度基准面 L 值，是以当地平均海平面为基准，用于表示垂直向下距离的量值；H_D 表示海底基于深度基准面的水深值，是海底到深度基准面之间的垂直距离。

将海底某一点 1985 国家高程 h 转换到更具有实用价值的海图水深 H_D，由图 3-4 中各基面的关系可直观得到：

$$H_D = h - h_L \qquad\text{（公式 3-41）}$$

公式 3-41 中，h_L 为深度基准面的正常高。根据图 3-4 中垂直基准间的关系，则 h_L 可通过以下关系表达式求得：

$$h_L = L - \mathrm{MSL}_{85} \qquad\text{（公式 3-42）}$$

即根据深度基准面与当地平均海平面之间的关系，由当地平均海平面的 1985 国家高程推算得到深度基准面的 1985 国家高程。

长期验潮站在布设时会通过其附近的水准点进行水准联测，得到水尺验潮零点的 1985 国家高程；或通过区域似大地水准面建立方法，根据似大地水准面模型，代入验潮零点的大地坐标（B，L），也能得到验潮零点。如图 3-4 所示，h_0 为验潮零点的正常高。由此，可进一步得到当地平均海面，关系表达式为

$$\mathrm{MSL}_{85} = \mathrm{MSL}_0 - h_0 \qquad\text{（公式 3-43）}$$

将公式 3-43 和公式 3-42 代入公式 3-41 可得：

$$H_D = h - L + \mathrm{MSL}_0 - h_0 \qquad\text{（公式 3-44）}$$

至此，便将验潮站内区域某点的 1985 国家高程 h 转换为基于深度基准面的海图水深 H_D。

2. 在验潮站间区域。

如图 3-5 是在验潮站间某一点 P 处几种垂直基准之间的关系。

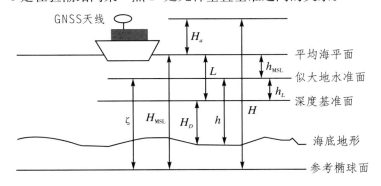

图 3-5　验潮站间各垂直基准关系示意图

在验潮站间区域，可以通过抛投 GNSS 浮标进行验潮。图 3‒5 中某一个点 P 的平面位置通过 GNSS RTK 定位为 $(B_P，L_P)$，GNSS 天线的大地高为 H，天线高到水面的垂直距离为 H_a，则平均海平面的大地高通过公式 3‒45 得到：

$$H_{\mathrm{MSL}}=H-H_a \qquad (公式 3‒45)$$

然后通过似大地水准面模型得到该点处的高程异常，从而进一步得到平均海平面的正常高：

$$h_{\mathrm{MSL}}=H_{\mathrm{MSL}}-\zeta \qquad (公式 3‒46)$$

根据构建的无缝深度基准面模型得到 P 点的深度基准面值 L，结合公式 3‒46 得到平均海平面的正常高，便可得到 P 点处深度基准面与似大地水准面之间的分离量 h_L：

$$h_L=L-h_{\mathrm{MSL}} \qquad (公式 3‒47)$$

至此，海底地形的正常高和海图水深之间的转换通过两个基准面之间的分离量便可实现，即转换模型：

$$H_D=h-h_L \qquad (公式 3‒48)$$

公式 3‒48 中，h 为任意一点的正常高；H_D 为基于深度基准面的海图水深，一般为正值。将公式 3‒45 至公式 3‒47 代入公式 3‒48 可得最终的转换模型：

$$H_D=h-H_a-\zeta-L+H \qquad (公式 3‒49)$$

二、无缝深度基准面与参考椭球面间的转换

在确定了无缝深度基准面与似大地水准面间的转换关系后，无缝深度基准面同参考椭球基准面间的转换也可实现。根据公式 3‒50 可得两基准面之间的分离量关系：

$$H_L=h_L+\zeta \qquad (公式 3‒50)$$

公式 3‒50 中，H_L 为深度基准面的大地高；h_L 和 ζ 分别为无缝深度基准面的正常高和高程异常。根据 H_L，则可实现海图水深和大地高之间的转换，其转换模型：

$$H_D=H-H_L \qquad (公式 3‒51)$$

公式 3‒51 中，H 为某一点的大地高，减去无缝深度基准面与参考椭球面间的分离量即得到基于无缝深度基准面的海图水深 H_D。

三、海洋垂直基准面间转换的精度评定

（一）海图水深和正常高转换精度模型

将海图水深向正常高进行转换时，同样分为在验潮站区域和验潮站间区域两大类。

1. 在验潮站区域。根据转换公式 3‒44，并结合误差传播定律可得高程转换精度模型：

$$m_{HD}^2 = m_h^2 + m_L^2 + m_{MSL_0}^2 + m_{h_0}^2 \qquad \text{(公式 3 - 52)}$$

在公式 3 - 52 中，从正常高向海图深转换的误差来源主要包括以下四类：

（1）海底地形正常高的误差 m_h^2。海底正常高的获取通常可根据瞬时水面减去测得的瞬时水深值得到，因此误差主要包括测深仪器的测深误差，即

$$m_h^2 = m_{测深}^2 \qquad \text{(公式 3 - 53)}$$

（2）无缝深度基准面的确定误差 m_L^2。验潮站的无缝深度基准面的确定误差可分为在长期验潮站和临时验潮站两种情况。

第一种，L 值是根据无缝深度基准面的计算模型而来的，无论采用哪种模型都将用到潮汐调和常数，而潮汐调和常数又是根据长期验潮数据按最小二乘原理计算得到的，因此验潮误差可视为长期验潮站深度基准面 L 值确定的主要误差来源，误差表达式为

$$m_L^2 = m_{调和常数}^2 \qquad \text{(公式 3 - 54)}$$

第二种，L 值是根据无缝深度基准面传递方法将长期站的无缝深度基准面传递到临时验潮站，因此误差不仅含有长期验潮站 L 值自身的误差，还包括传递模型的误差，误差表达式为

$$m_L^2 = m_{调和常数}^2 + m_{传递模型}^2 \qquad \text{(公式 3 - 55)}$$

（3）平均海平面误差 $m_{MSL_0}^2$。验潮站平均海平面误差根据确定方法的不同可分为两类。第一类通过验潮资料进行算术平均得到；第二类通过平均海平面的传递方法得到。

第一类误差主要来自验潮观测误差，其模型为

$$m_{MSL_0}^2 = \frac{1}{n} m_{观测误差}^2 \qquad \text{(公式 3 - 56)}$$

公式 3 - 56 中，n 为潮位站观测个数。

第二类误差不仅包含了第一类误差，而且还含有传递模型的误差，因此误差模型可表示为

$$m_{MSL_0}^2 = \frac{1}{n} m_{观测误差}^2 + m_{传递模型}^2 \qquad \text{(公式 3 - 57)}$$

（4）验潮零点正高误差 $m_{h_0}^2$。该误差主要是进行水准联测所积累下的误差，即

$$m_{h_0}^2 = m_{水准联测}^2 \qquad \text{(公式 3 - 58)}$$

2. 在验潮站间区域。根据转换公式 3 - 49，并结合误差传播定律，可得高程转换精度模型：

$$m_{HD}^2 = m_h^2 + m_{H_a}^2 + m_{\xi}^2 + m_L^2 + m_H^2 \qquad \text{(公式 3 - 59)}$$

公式 3 - 59 中，从正常高向海图水深转换的误差来源主要包括以下五类：

（1）海底地形正常高的误差 m_h^2。

（2）GNSS 天线到水面垂直距离误差 $m_{H_a}^2$。

（3）似大地水准面模型误差 m_ξ^2。

（4）无缝深度基准面确定误差 m_L^2。对于验潮站间无缝深度基准面的确定误差，主要有长期验潮站通过潮汐调和分析确定的深度基准面误差、无缝深度基准面模型构建误差两大来源。误差模型为

$$m_L^2 = m_{调和常数}^2 + m_{无缝深度基准面模型}^2 \qquad （公式 3-60）$$

（5）GNSS 天线大地高误差 m_H^2。

（二）海图水深和大地高转换精度模型

根据公式 3-50 和公式 3-51，可将大地高转换为海图水深的误差模型表示为

$$m_D^2 = m_H^2 + m_{H_L}^2 + m_\xi^2 \qquad （公式 3-61）$$

由上述模型可知，误差源主要包括以下三类：

（1）GNSS 观测的大地高误差 m_H^2。

（2）无缝深度基准面正常高误差 $m_{H_L}^2$。根据公式 3-47，可将无缝深度基准面正常高的误差源主要分为平均海平面正常高的确定误差和无缝深度基准面 L 值的深度误差两大类。前者的误差主要是验潮观测误差和似大地水准面模型误差。将无缝深度基准面的确定误差分为在验潮站区域和在验潮站间区域两种情况，针对不同情况可分别采用公式 3-54、公式 3-55 和公式 3-60 的误差模型。

（3）似大地水准面模型误差 m_ξ^2。

第六节　广西北部湾高精度陆海一体垂直基准建立与统一转换实例

一、项目概况

在国家空间地理坐标基准框架的基础上，综合利用 GNSS 定位、水准测量、卫星测高、重力测量等资料，突破跨海岸带物质不连续区域的重力归算、多源卫星数据融合处理、深度基准面核定和陆海垂直基准无缝转换等一系列关键技术，实现海域深度基准和陆海高程基准的统一和转换，为广西陆海全域的自然资源调查和北部湾海域的应急测绘保障提供垂直基准支持。项目范围与第二章第六节模型构建区域范围相同。项目主要工作包括：

（1）从理论层面解决广西北部湾陆/海域厘米级似大地水准面模型、广西北部湾海域厘米级精度平均海面高模型和深度基准面模型的关键问题。

（2）建立分辨率 $2'\times2'$ 广西北部湾海域似大地水准面模型、平均海面高模型和深度基准面模型，实现广西北部湾海域深度基准和陆海高程基准的统一和转换。

（3）建立涠洲岛和斜阳岛与大陆统一的高程基准点。

（4）完成广西陆海统一的似大地水准面应用软件、广西北部湾垂直基准转换平台的开发，实现广西北部湾垂直基准的统一与转换。

其中，广西北部湾海域平均海面高模型与深度基准面模型的建立具体参见第二章第六节。

二、北部湾陆海统一的似大地水准面模型构建

（一）陆海统一似大地水准面精化技术路线

综合利用重力资料、地形资料、重力场模型与 GNSS 水准成果，采用物理大地测量理论与方法，应用"移去-恢复"法确定区域性精密似大地水准面，建立广西涠洲岛和斜阳岛与大陆统一的高程基准点，具体技术流程如图 3-6 所示。

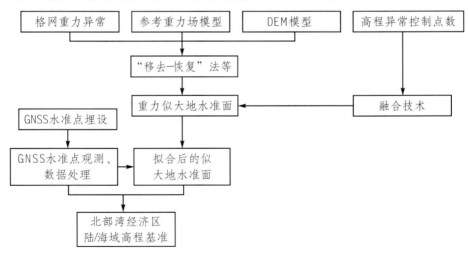

图 3-6　北部湾陆海统一的似大地水准面精化技术流程图

（二）陆海统一似大地水准面建立

1. 重力异常归算。本项目采用 Airy-Heiskanen 地形均衡归算模型（均衡抵偿深度取 32km），计算了 $2'\times2'$ 地形均衡异常，计算过程如下。

（1）采用观测高程计算重力点的空间改正和布格改正；

（2）利用 $3''\times3''$ SRTM 数值地面模型计算每个 $3''\times3''$ 格网结点的地形改正和均衡

改正；

（3）在重力点周围的 4×4 格网结点，利用双三次多项式内插重力点的地形改正和均衡改正，由此得到所有重力点的地形均衡异常；

（4）采用连续曲率张力样条格网化算法，将重力点的地形均衡异常内插为 $30''×30''$ 格网地形均衡异常；

（5）将 $30''×30''$ 格网地形均衡异常通过双三次多项式内插形成 $2'×2'$ 格网；

（6）基于 $3''×3''$ 格网结点，再利用双三次多项式内插 $2'×2'$ 格网中心点的地形改正和均衡改正，并将其从该点的地形中移去，恢复 $2'×2'$ 格网空间重力异常。

上述重力归算中的地形改正和均衡改正都采用了顾及地球曲率影响的严密积分公式，积分半径为 50km，数值积分采用并行计算完成。

在北部湾高精度似大地水准面计算平均空间重力异常时采用了 2764 个点重力数据。为了独立评定似大地水准面的精度，使用了 8 个 GNSS 水准点资料。计算格网布格改正、地形改正和均衡改正时在陆地部分采用了 SRTM 的空间飞行任务数据库 DTM 资料，其分辨率为 $3''×3''$，最终得到地形的最小高程值及最大高程值。

格网空间重力异常的计算采用点均衡重力异常，点重力值上的空间改正和布格改正均依重力点上的高程计算，地形改正和均衡改正是由严格的数值积分计算得出的 $3''×3''$ 地形改正结果利用双三次内插方法得到的。点均衡异常在内插其相应的 $2'×2'$ 格网值时，是利用连续曲率张力样条算法完成的。

2. 重力似大地水准面确定。本项目采用 $2'×2'$ 格网空间重力异常作为输入数据，以 EIGEN6C4 作为参考重力场模型。似大地水准面的计算采用了第二类 Helmert 凝集法，再利用第二类 Helmert 凝集法计算大地水准面中的各类地形位及地形引力的影响，即牛顿地形质量引力位和凝集层位间的残差地形位的间接影响，以及 Helmert 重力异常由地形质量引力位和凝集层位所产生的引力影响，采用的公式均考虑了地球曲率影响的严密球面积分公式。计算地形的直接和间接影响的积分半径均采用 50km。

3. 重力似大地水准面与 GNSS 水准似大地水准面的融合。采用球冠谐分析方法将格网 GNSS 水准似大地水准面与重力似大地水准面进行联合，解决重力似大地水准面与 GNSS 水准似大地水准面拟合的难题。该方法采用球冠谐分析理论，利用非整阶（实数）整次球谐展开局部球冠域的调和场量，可在满足 Laplace 方程的条件下将重力大地水准面与 GNSS 水准似大地水准面联合求解。这一方法不同于经典积分公式，不仅具有提升分辨率的潜力，还能进行全球谱表达；在实用方面，它的收敛速度相当迅速，完全契合实际应用的需要。可以说该方法能很大程度提高局部重力场理论的严密性及计算效率。在计算时，较大的球冠半径选择为 $1°20'$，球冠北极的纬度定为 $21°20'00''$（N）、经度为

$108°55'00''$（E），球冠谐系数展开的最大阶数为 $N_{max}=10$。

（三）陆海统一的似大地水准面应用软件研制

似大地水准面计算软件的研制采用 Visual Fortran 和 Visual C++语言联合开发，具有单个数据和批量数据计算似大地水准面的功能，输入某点的 CGCS2000 的三维坐标即可得到该点的高程异常和水准高。

三、北部湾海岛高程基准建立

建立与大陆统一的海岛高程控制点，借助建立的高精度似大地水准面模型，在布设的 GNSS 控制点上进行 GNSS 观测，通过平差获取大地高，从而转换为水准高。海岛高程基准点建立技术流程如图 3-7 所示。

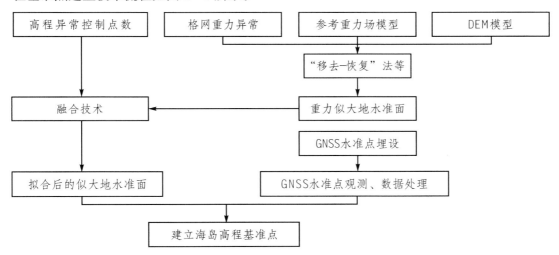

图 3-7　海岛高程基准点建立技术流程示意图

（一）GNSS 控制网布设

按照整体设计、统一布网的原则，在涠洲岛和斜阳岛建立 GNSS 控制网，新建 5 座 GNSS 控制点，其中涠洲岛 3 座、斜阳岛 2 座。在此基础上进行高精度的海陆一体似大地水准面精化，获取这些控制点上的水准高程。

1. 点位勘选。根据项目建设要求，本次布设的 5 座 GNSS 控制点应进行 B 级 GNSS 观测。参照《国家现代测绘基准体系基础设施建设技术规程》，新的 GNSS 控制点应布设在交通便利、有利于扩展和联测的地点，主要考虑以下几点：

（1）点位均匀布设，所选点位必须满足 GNSS 观测条件。

（2）点位选在地基坚实稳定、安全僻静、交通方便并利于测量标志长期保存和观测的地方。

（3）选点时应避开近期环境变化大、测量标志难以长期保存的地点，如易受水淹的河床、低地，距离铁路 100m、公路 50m 范围内的地区，已规划的易受施工影响且有剧烈震动的地点。

（4）选点时避开地质环境不稳定的地区，如断裂破碎带边缘，易发生洪水、滑坡、岩崩、局部沉降的地区，另外应避开有大量物质搬移的矿区、采石场、大量取土区及地下水位剧烈变化的地区等。

（5）选点时应远离发射功率强大的无线发射源、微波信道，距离不小于 200m；也要远离高压线（电压不小于 1 万伏），距离不小于 50m。

（6）选点时应避开多路径影响地区，避免靠近大面积的水域、树冠、高大建筑物等。点位四周不应有高度角大于 15°的障碍物，特殊困难地区不应有高度角大于 30°的遮挡物，其水平投影范围总和不应超过 60°。

（7）点号的编制方法。在实施区域内由北向南、由西向东连续递增编号，且应保证编号连续、递增、不重号。

（8）GNSS 控制点的点名采用当地地名。

（9）选点完成后应在现场绘制 GNSS 控制点作记号。

2. 观测墩建造。根据项目工程建设要求，按照《国家现代测绘基准体系基础设施建设技术规程》的标石类型要求，为提高观测精度和便于长期保存，本项目拟对新建的 5 座 B 级 GNSS 控制点选埋观测墩，采用 GNSS、水准共用标石。

（1）标石类型。观测墩类型分为裸露基岩标石、土层覆盖基岩标石、一般地区土层标石三种。

（2）标石规格。观测墩的主标志采用强制对中测量标志，副标志埋设水准下标志。

（二）B 级 GNSS 观测

按照整体设计、统一布网的原则，结合北部湾（广西）经济区高精度多功能 GNSS 网在涠洲岛、斜阳岛上布设的控制点，组成涠洲岛 5 座、斜阳岛 3 座共 8 座 GNSS 控制点的控制网。在此基础上进行高精度的海陆一体似大地水准面精化，获取这些控制点上的水准高程。

观测时采用基于连续运行基准站网的单点观测方式，对组网的 8 座 GNSS 水准共用标石进行 B 级 GNSS 观测。联测时尽量同步观测，坐标系统采用 WGS-84 地心坐标系，时间系统采用协调世界时（Coordinated Universal Time，UTC）。

观测的基本技术要求按表 3-1 规定执行。

表 3 - 1 GNSS 观测技术指标

项目	技术指标
同时段观测有效卫星数	≥4 颗
采样间隔	30s
观测卫星截止高度角	5°
观测模式	静态观测
坐标和时间系统	WGS-84，UTC
观测时段	UTC 00:15～23:45，≥23h
每点观测时段数	3
对中方式	强制对中

四、北部湾垂直基准统一与转换的实现

基于多源观测数据，通过严密的数学模型得出联系四个垂直基准面（似大地水准面、深度基准面、参考椭球面及平均海面）的三个数学模型：似大地水准面模型、深度基准面模型、平均海面模型。

要实现海域大地高、正常高、深度等不同高程的相互转换，需建立似大地水准面、深度基准面、参考椭球面及平均海平面这四个高程基准之间的数学关系。其中，似大地水准面与参考椭球面之间的联系通过陆海统一似大地水准面模型给出，平均海平面与深度基准面之间的关系通过深度基准面 L 值模型给出，平均海面与似大地水准面之间的关系通过卫星测高获得的平均海面模型给出，其余面之间的关系均可通过这三个模型推导得出。

在转换的过程中需要通过内插算法计算出未知点的模型值，由于各模型成果均以格网的形式给出，因此选取了计算快速而精度较高的双线性内插方法。双线性插值是有两个变量的插值函数的线性插值扩展，其核心思想是在两个方向分别进行线性插值。给定函数 f 在 $Q_{11}(x_1，y_1)$、$Q_{12}(x_1，y_2)$、$Q_{21}(x_2，y_1)$、$Q_{22}(x_2，y_2)$ 四点上的函数值，待求 f 在点 $P(x，y)$ 的值。

首先在 x 方向进行线性插值，得到

$$f(R_1) \approx \frac{x_2 - x}{x_2 - x_1} f(Q_{11}) + \frac{x - x_1}{x_2 - x_1} f(Q_{21}) \qquad （公式 3 - 62）$$

$$f(R_2) \approx \frac{x_2 - x}{x_2 - x_1} f(Q_{12}) + \frac{x - x_1}{x_2 - x_1} f(Q_{22}) \qquad （公式 3 - 63）$$

其中 $R_1(x，y_1)$、$R_2(x，y_2)$。然后在 y 方向进行线性插值，得到

$$f(P) \approx \frac{y_2 - y}{y_2 - y_1} f(R_1) + \frac{y - y_1}{y_2 - y_1} f(R_2) \qquad \text{(公式 3-64)}$$

这样就得到所要的结果 $f(x, y)$ 为

$$f(x, y) = \frac{f(Q_{11})}{(x_2 - x_1)(y_2 - y_1)}(x_2 - x)(y_2 - y)$$
$$+ \frac{f(Q_{21})}{(x_2 - x_1)(y_2 - y_1)}(x - x_1)(y_2 - y) \qquad \text{(公式 3-65)}$$

如图 3-8 所示，其中圆点为已知数据点，三角形点为待插点。

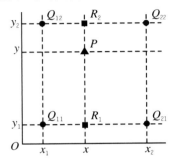

图 3-8 双线性内插示意图

五、北部湾垂直基准统一与转换软件研发

（一）软件开发环境

表 3-2、表 3-3、表 3-4 分别给出了北部湾垂直基准统一与转换开发的软件环境、硬件环境和软件运行环境。

表 3-2 北部湾垂直基准统一与转换开发的软件环境

项目	型号
操作系统	Windows 10（64 位）
IDE	Microsoft Visual Studio 2019
编程语言	C Sharp
软件平台	Microsoft. NET Framework 4.0

表 3-3 北部湾垂直基准统一与转换开发的硬件环境

项目	型号
CPU	英特尔酷睿 i7-11780H
内存	DDR4 8G×2
硬盘	SAMSUNG MZVL2512HCJQ-00B00 512GB

表 3-4　北部湾垂直基准统一与转换开发的软件运行环境

项目	型号
操作系统	Windows XP SP3 及以上（32 位/64 位均可用）
Net Framework 版本处理器	Net 4.0 奔腾 1GHz 或更高
内存	512MB 或更多
磁盘空间	200MB 以上

（二）软件架构

广西北部湾海域垂直基准统一与转换软件主要由用户界面、高程转换、参数加密三个部分组成。其中：

1. 用户界面主要负责处理用户的输入，并将结果、提示等信息以文本、对话框的形式反馈给用户；

2. 高程转换模块是软件的核心模块，主要包括似大地水准面模型、深度基准面 L 值模型、平均海面模型的载入，并以双线性内插方法进行内插计算，得到不同基准面之间的差异，完成高程转换；

3. 参数加密模块主要功能是通过高级加密算法完成对模型数据的加密和解密，保证转换参数的安全。

（三）高程转换功能

软件提供单点转换功能，用户也可以按照指定的格式提供待转文件，进行批量转换。软件提供模型区域内大地高、正常高及深度相互转换的功能，用户提供待转点的经纬度及其中一种高程值，软件计算输出其余两种高程值。高程转换有高程转换到深度、深度转换到高程、高程转换到大地高、大地高转换到高程、深度转换到大地高、大地高转换到深度六项功能。

1. 高程转换到深度。给定点位在 1985 国家高程基准下的高程值，将其转换为基于深度基准面的深度值：

$$H_{深度} = H_{正常} + \zeta_{高程异常} + \Delta H_{海面} + \Delta H_{深度L值} \qquad （公式 3-66）$$

其中，$H_{深度}$ 表示基于深度基准面的深度值；$H_{正常}$ 表示基于 1985 国家高程基准下的高程值；$\zeta_{高程异常}$ 表示高程异常，由似大地水准面模型得出；$\Delta H_{海面}$ 表示平均海面高程，由平均海面模型给出；$\Delta H_{深度L值}$ 表示深度 L 值，由深度基准面 L 值模型给出。

转换为深度值后，以向下为正。

2. 深度转换到高程。给定点位基于深度基准面的深度值，将其转换为在 1985 国家高程基准下的高程值，转换公式为

$$H_{正常} = H_{深度} - \zeta_{高程异常} - \Delta H_{海面} - \Delta H_{深度L值} \qquad (公式 3-67)$$

深度值应是向下为正，转换为高程后，向上为正。

3. 高程转换到大地高。给定点位在 1985 国家高程基准下的高程值，将其转换为基于 WGS-84 或 CGCS2000 参考椭球的大地高，转换公式为

$$H = h_{gc} + \zeta \qquad (公式 3-68)$$

其中，H 为大地高；h_{gc} 表示基于 1985 国家高程基准下的高程值；ζ 为高程异常，由似大地水准面模型给出。

4. 大地高转换到高程。给定点位基于 CGCS2000 参考椭球的大地高，将其转换为在 1985 国家高程基准下的高程值，转换公式为

$$h_{gc} = H - \zeta \qquad (公式 3-69)$$

5. 深度转换到大地高。给定点位基于深度基准面的深度值，将其转换为 CGCS2000 参考椭球下的大地高，转换公式为

$$H_{大地} = H_{深度} + \Delta H_{海面} + \Delta H_{深度L值} \qquad (公式 3-70)$$

其中，$H_{大地}$ 表示基于 CGCS2000 参考椭球的高程；$H_{深度}$ 表示基于深度基准面的深度值；$\Delta H_{海面}$ 表示平均海面高程，由平均海面模型给出；$\Delta H_{深度L值}$ 表示深度 L 值，由深度基准面 L 值模型给出。

深度值以深度基准面向下为正。

6. 大地高转换到深度。给定点位在 CGCS2000 参考椭球下的大地高，将其转换为基于深度基准面的深度值，转换公式为

$$H_{深度} = H_{大地} - \Delta H_{海面} - \Delta H_{深度L值} \qquad (公式 3-71)$$

《 第四章 》

近岸海域单/多波束模式水下地形测绘

水下地形测量是利用测量仪器来确定水底点三维坐标的实用性测量工作，是陆地地形测量向水下的延伸，其任务是完成海洋或江河湖库的水下地形图测绘工作。与陆地地形测量一般采用光学、电磁波等信号设备实现测距不同，水下地形测量一般用声学设备（浅水也可能采用激光）进行测距，这是因为光波、电磁波在水中衰减严重，而声波能在水中远距离地传播。

水下地形测量手段众多，但本质相同，需要同时得到每个水底点（类似于陆地地形测量的碎步点）的平面位置和高程（水深），通过测量布满测区的无数个水底点，再绘制成图即可得到水下地形图，用于反映水底起伏形态。水下测距通常采用信号单程旅行时间乘以信号传播速度计算得到。目前，声波测距是水下测距最有效的方式，GNSS 导航定位是水上准确、高效的导航定位方式（近岸观测条件比较复杂的水域，也采用全站仪进行定位），"GNSS＋测深仪"的水下地形测量手段使用广泛，其基本原理是测量载体在 GNSS 导航仪辅助下，获取测区内测点的瞬时平面坐标，同时利用测深设备获得相应位置的水深值。测深方式有两种：一种是计算垂直距离，即水深；另一种是通过斜距和入射角计算出水深。以上测距方式衍生出两类声学设备——单波束测深仪和多波束测深仪。

本章在介绍海水中声波的传播特性、单波束和多波束测深系统工作原理及组成的基础上，阐述了 GNSS 高精度动态测高模式支持的无验潮水深测量原理与技术，并对近岸海域海底地形测量实施的流程和方法进行讨论。

第一节　海水中声波的传播特性

电磁波在真空和空气中均具有优良的传播特性，却不能有效穿透水体。人类在生产和生活实践中发现了声波具有在水下传播的良好特性。因此，自 20 世纪以来，声波探测逐渐取代传统的人工器具测深，成为海底观测的主要手段，也被广泛应用于海洋开发和军事领域。本节主要介绍声波在海水中的传播特性，为后续海洋测深技术的内容奠定必要的理论基础和技术基础。

一、声波的概念及其指向性

机械振动在弹性介质中传播形成机械波。声波是一种机械波，产生的条件为振动源（声源）和连续弹性介质，二者缺一不可。在水中声波通常以纵波的形式传播，传播方向与介质振动方向相同。声波的传播是振动源引起的压力变化场中介质稠密和稀疏状态的传播，而不是介质本身的大范围运动。同电磁波一样，声波也按频率进行分类。人耳能感觉到的声波频率范围为 20～20000Hz，称为可听声波，而频率低于和高于该频段的声波分别为次声波和超声波。现代声学研究声波频率的范围为 $1\times10^{-4}\sim1\times10^{14}$ Hz。

（一）海洋声速

声速是声波的波阵面（声压的等相位面）在单位时间内传播的距离。它是声波传播介质的固有属性，理论上，在液体中，声速决定于介质的弹性模量 κ 和介质密度 ρ，表达式为

$$c=\sqrt{\frac{\kappa}{\rho}}\tag{公式 4-1}$$

对于纯水，在20℃的绝热过程中，$\rho=998\text{kg/m}^3$，$\kappa=2.18\times10^9\text{N/m}^2$，可计算出声速 $c=1478.0\text{m/s}$。对于海水而言，在20℃的绝热过程中，$\rho=1023.4\text{kg/m}^3$，$\kappa=2.28\times10^9\text{N/m}^2$，则在该特定情况下的声速 $c=1492.6\text{m/s}$。

实际的海洋等水体的弹性模量和密度是可变的，变化的原因与所处位置的压力、温度和盐度等因素有关，因此，难以用理论公式准确计算海洋水体中的声速，一般采用与几种外界因素（作为参数）相关的经验公式计算或用相应的技术手段直接观测。目前在工程上应用较多的经验公式为

$$C=1449.2+4.6t-0.055t^2+0.00029t^3+(1.34-0.010t)(S-35)+0.168P$$

$$\tag{公式 4-2}$$

公式 4-2 中，t 是水温（℃），S 是盐度（‰），P 是静水压力（标准大气压）。

由公式 4-2 可知，声速随着水介质的温度、盐度及静水压力（在部分经验公式中等效为深度 Z）的增加而增加。当海水温度在0℃、海水盐度在35‰附近时，海水温度每上升1℃，声速增加 4.6m/s；盐度每变化 1‰，声速变化 1.34m/s；静水压力每增加一个大气压（相当于水深增加10m），声速增加 0.168m/s。由此可以看出，对声速影响最大的是海水温度的变化。而海水的温度、盐度和静水压力又是随海区、深度、时间而变化，因此在测定海底地形时，必须同时对声速进行测定。

在海洋中，温度、盐度和静水压力都与深度具有依存关系，呈现出垂直方向变化梯度，即具有大体的水平一致性，而且随深度的增大，各参量的垂直变化状态趋于稳定，扰动变化主要出现在表层，且经常出现与声速梯度相反的趋势变化。海水中的声速变化范围总体在 1430～1540m/s。此外，海水中的气泡会使声波的传播速度减小，因此测深换能器要避免安装在易于产生气泡的位置。

（二）声波的指向性

依靠水声测距技术开展水深测量，声波的发射和接收是依靠水声换能器完成的。水

声换能器是实现电能和机械能相互转换的器件。在发射状态时，发射换能器将电磁振荡能量转换成机械振动能量，从而推动水介质向外辐射声波，接收换能器或水听器感受到声波能量并引起器件的机械振动，将机械振动转换成电磁振荡信号。目前，水声换能器往往将发射换能器与接收换能器综合为一个整体，完成声波的发射与接收两种功能。换能器的换能原理涉及材料科学和机电工程的相关知识，换能器能量转换原理基本上依据的是换能器件的磁致伸缩效应、电致伸缩效应和压电效应。

一个无指向性的声脉冲在水中发射后，以球形等幅度远距离传播，因此各方向上的声能相等。这种均匀传播称为等方向性传播，发射阵也叫等方向性源。当向平静的水面扔入一颗石子时，就会产生类似波形，如图4-1所示。因为这种声波是等方向性传播，没有固定的指向性，所以在海洋测深时是不能用这种声波的，必须利用发射基阵使声波指向特定的方向。下面对声波的相长干涉和相消干涉进行介绍。

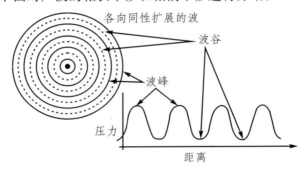

图4-1　声波的等方向性传播示意图

当两个相邻的发射基元发射相同的各向同性声信号时，声波将互相重叠或干涉，如图4-2所示。两个波峰或两个波谷之间的叠加会增强波的能量，这种叠加增强的现象称为相长干涉；波峰与波谷的叠加正好互相抵消，能量为零，这种互相抵消的现象称为相消干涉。一般而言，相长干涉发生在距离每个发射器相等的点或者整波长处，而相消干涉发生在相距发射器半波长或者整波长加半波长处。显然，水听器需要放置在相长干涉处。

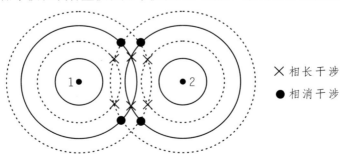

图4-2　相长干涉和相消干涉

图 4-3 是两个发射器间距 $\lambda/2$ 时的波束能量图（左边为平面图，右边为三维图），可清楚地看到声能量的分布，不同的角度有不同的能量，这就是能量的指向性。如果一个发射阵的能量分布在狭窄的角度中，就称该系统指向性高。真正的发射阵由多个发射器组成，有直线阵和圆形阵等，它们的基本原理都是类似的，根据两个发射器的基阵可以推导出由多个发射器组成的直线阵的波束能量图。

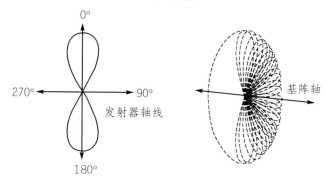

图 4-3　两个发射器间距 $\lambda/2$ 时的波束能量图

图 4-4 中，能量最大的波束叫主瓣，侧边的一些小瓣是旁瓣，也是相长干涉的地方。旁瓣会引起能量的泄漏，还会因引起的回波而对主瓣的回波产生干扰。主瓣的中心轴叫最大响应轴，主瓣半功率处（相对于主瓣能量的 $-3dB$）的波束宽度就是波束角。发射器越多，基阵越长，则波束角越小，指向性就越高。减小声波波长或者增大基阵的长度都可以提高波束的指向性。但是，基阵的长度不可能无限增大，且波长越小，在水中衰减得越快，因此指向性不可能无限提高。

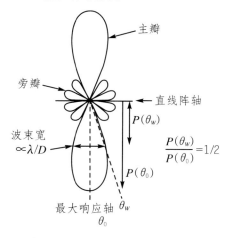

图 4-4　多基元线性基阵的波束能量图

根据波的干涉原理，由多声源发出的声波传播至空间某一点时，将形成波（振动）的合成，合成的效果是在不同的方向上波的能量不同，可以使声能主要聚集在某一设定的角度范围内，这种现象就是换能器的方向特性，即指向性。它是在水深测量中有效和合理使用换能器的重要指标参数。通过设计，可使得换能器对所需的探测方向上的声能增强，从而加大在特定方向的测量距离。同时，接收回波也有一定的方向性，能够提高测定目标方向的准确性。此外，发射和接收均具有方向性，可以避免探测方向之外的噪声干扰，提高探测的抗干扰能力和目标识别的灵敏度。换能器的指向性为水声探测设备提供了信号处理的"空间增益"。

二、声波传播特性

声速在介质中的传播性质采用声波波动方程来描述。波动方程的解有两种理论：一种是简正波理论，另一种是射线理论。简正波理论对于声速的波动现象如频散、绕射等解释较好，但计算方法过于烦琐。射线理论是一种近似处理方法，仅是高频条件下波动方程的近似解，但在许多情况下，能够有效和直观地解决海洋中的声波传播问题。射线声学中用声线表示声波，即声波传播的方向，其轨迹称为声线轨迹，类似于在光学中用光线表示光波，主要用于解释折射和反射现象。声波在其传播的空间区域形成声场，在声场中某一时刻介质质点振动相位（位移）相同的点构成波阵面。在均匀介质中，波阵面可呈球形、平面和柱面等形态，分别称为球面波、平面波和柱面波。不同类型波阵面的声波决定于声源的几何结构和物理结构。当然，在非均匀介质中，声线传播过程中的波阵面和声线轨迹均存在变形，而在离声源一定距离外，球面波可近似视为平面波。

（一）声波的折射

声波传播至不同介质的界面时会发生折射现象。在海洋水体中，水介质的密度随同压力、温度和盐度具有连续变化，且主要呈现出垂直方向梯度变化，因此，可在微分意义上对水体进行水平分层，而声波在海水中倾斜传播时，同样具有折射现象，如图 4 - 5 所示。这种现象用斯奈尔（Snell）定律来描述：

$$\frac{\sin\theta_1}{\sin\theta_2} = \frac{C_1}{C_2} \qquad \text{（公式 4 - 3）}$$

公式 4 - 3 中，θ_1 和 θ_2 分别为声波与界面法线的夹角，即入射角和折射角，C_1 和 C_2 为界面两侧的声速。该定律表明，因介质密度和其他参数造成的声速变化能够引起声线（声传播路径）与介质界面法线方向差异的变化，且这种角度的正弦比等于界面两侧的声速比。

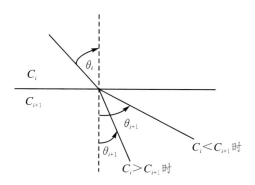

图 4-5　声波在介质水平界面的传播规律

当 $C_1 > C_2$，即 $\dfrac{\mathrm{d}C}{\mathrm{d}Z} < 0$（定义 Z 向下为正）时，$\theta_1 > \theta_2$，折线后声线向法线靠近；反之相反，也就是说折射线总是向声速小的水层靠拢。

在连续介质中，声速随深度的连续变化决定了声线方向的连续变化，从而造成声线传播的弯曲，也称为声波的曲射。根据声速梯度的不同，可将声波在水中的传播路径，即声线的弯曲情况归结为以下三种典型情形：

1. 等速层中的声传播。声速梯度 $\dfrac{\mathrm{d}C}{\mathrm{d}Z} = 0$，此时声速不随深度变化。因此，声波在任意方向直线传播，声线的方向等同于入射角方向。这种情况下的声速梯度和声线情况如图 4-6 所示。

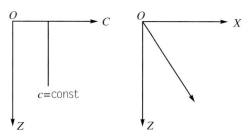

图 4-6　等速层的声速梯度（左）及声线（右）

在绝对的等速层中声波按直线传播，对于水中的距离测量是极其理想的状态。当然，绝对的等速层实际上是很少见的。

2. 负梯度层的声传播。声速梯度 $\dfrac{\mathrm{d}C}{\mathrm{d}Z} < 0$ 的水层为负梯度层，根据 Snell 定律，在这样的水层中，声波在以一定方向向下传播时，声线形成向着垂线方向弯曲，声速梯度（常梯度）和声线弯曲情况如图 4-7 所示。

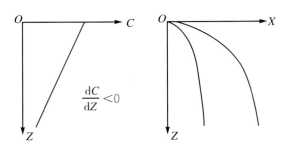

图 4-7　负梯度层的声速梯度（左）及声线（右）

由于温度是声速的主要影响因素，且声速会随着温度的降低而减小，因此，在海洋区域，特别是在温带和亚热带海域，因为对太阳能吸收程度的不同，海水的温度会随着深度的增加而降低，所以，浅水层（数十米到百米量级的范围内）主要呈现声速的负梯度变化特征。

3. 正梯度层的声传播。声速梯度 $\dfrac{\mathrm{d}C}{\mathrm{d}Z} > 0$ 的水层为正梯度层，与负梯度层的声波传播规律相反，声波以一定方向向下传播时声线向水平方向弯曲，声速梯度（常梯度）和声线弯曲情况如图 4-8 所示。

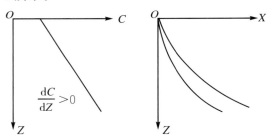

图 4-8　正梯度层的声速梯度（左）及声线（右）

在浅水层，因海气相互作用，冬季往往上层海水温度低，随着深度的增加，水温略有升高，呈正梯度变化。当声波达到一定的海洋深度，声速往往发生正梯度变化，这是因为在一定的深水层，温度基本达到守恒状态，对声速的主要影响来源于静压力增大引起的传播速度加快。

为探索基本规律，以上分析仅就声速的常梯度变化进行讨论。在真实海洋及其他水域，由于温度、压力和盐度等影响声速的因素受到各种作用和扰动，使得声速梯度产生复杂的变化，声线会呈现出更为复杂的形态，如图 4-9 所示。在多波束测深过程中，必须实施声速的现场精确测量，并根据声速的变化，进行准确的声线跟踪，确定声线所探测海底点的三维位置。

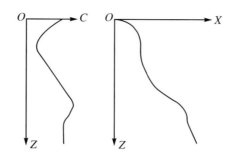

图 4-9　声速（左）及声线（右）的连续变化示意图

在极值情况下，声线产生连续变形曲射，在其传播路径上会出现声速正负梯度交替的现象，且声能损失小，由此形成声道，可传播长达数千千米的距离，这种现象为海洋中的远程声学通信提供了可能。

（二）声波的散射

就水深测量而言，声测距的主要目的是实现对海底点的定位，因此，需要研究和讨论声波在海底和相应特征物界面的反射情况。

对于绝对平坦的海底，声波会产生镜反射。根据 Snell 反射定律，以界面法线度量的入射角与反射角相等且对称，镜反射保证平行的入射声线反射为平行的反射声线。一般而言，由于海底物质的不同、颗粒不同，以及不同尺度特征物的存在，使得界面的法线不平行，声波在这类海底则发生漫反射，称为"散射"。但就每条声线而言，仍遵从反射定律。

用几何尺度参数 δ 表示海底的粗糙度，$\delta=0$ 时，出现严格意义上的镜反射；当 $\delta \ll \lambda$ 时，海底对声波的镜反射能力几乎不受影响，如图 4-10 所示；当 δ 增大至与声波波长 λ 接近时，入射声波的散射程度增强，甚至无法形成一束比较集中的回波波束，如图 4-11所示。

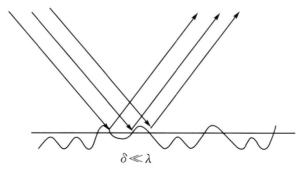

图 4-10　声波近似的镜反射示意图

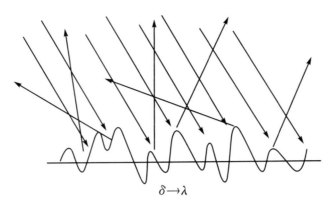

图 4-11　声波的散射（漫反射）示意图

其中，沿入射波相反方向的声散射称为反向散射，声波反向散射使得依据倾斜测距原理得以有效测量所需的回波。显然，不同的海底底质及海底粗糙程度，入射声波的掠射角及声波的频率都将影响声波的散射，正是声波的散射现象为海底的声探测提供了接收反射回波的条件。

（三）声波的绕射

声波在传播路径上遇到尺寸有限的障碍物时，在存在反射现象的同时，会产生声波绕过障碍物的现象，即绕射现象。声波的绕射能力取决于障碍物尺寸和声波的波长，即决定于障碍物尺寸与声波波长的比值。障碍物的尺寸与声波波长的比值越小，则绕射现象越明显，即障碍物对声波传播的影响越小。

对于固定尺寸障碍物，低频声波即波长较长的声波容易发生绕射现象，而高频声波则不易绕过。因此，为探测小目标，必须采用高频声波。如探测直径约 1m 的水雷，工作频率至少在 40kHz 以上，最高甚至达到 500kHz，相应的波长小于 3.75cm。为了高分辨率探测海底地形，声呐的工作频率亦须达到 100kHz 甚至更高。

第二节　单波束测深技术

声学方法是现代水下地形测量的基本方法，早在 19 世纪，人类就已经认识到利用声反射原理可以测量水深。在回声测深仪尚未问世之前，水下地形测量一般靠测深铅锤来进行，这种原始测深方法精度很低且费工费时。同时，由于水深点分布过于稀疏，所得的测深资料不可能用于海底地形图的编绘和海洋开发应用。为了进一步支撑海洋调查和勘察工作，迫切需要先进的测深手段和方法，回声测深仪由此应运而生。

回声测深仪的出现，可以说是海洋测深技术方面的一次飞跃，其优点一是速度快，二是可以得到连续的记录。有了回声测深仪才有如今真正意义上的海图。

一、基本原理

（一）水下地形的断面采样模式

应用单波束测深仪（回声测深仪）实施水深测量，实际上是采用水下地形的断面采样模式。当测量船在水上航行时，依据安装在船上的单波束测深仪测定所在位置的水深，测深点布置于一定密度的测深线（即地形断面）上，通过水深的变化，可以了解水下地形的情况，从而实现测深线所在断面的海底地形采样，这就是单波束水下地形测量的基本模式。

单波束是指所采用的测深仪发射的声波信号，其能量基本集中于主瓣之内，一次发射接收形成一个波束。根据水声学和水声技术基本原理，声波具有一定的波束宽度，以公共的波阵面传播，且不存在相位差。声波传播满足射线声学的特性，根据射线声学原理，可以确定声波的传播时间和距离。

断面式水下地形采样示意图如图 4 - 12 所示。一般而言，自然海底具有较小的坡度，基本可反映海底地形的形态。当然，对海底地形探测的精细程度取决于沿测深线（断面）的水深点采样密度，特别是断面之间的距离，即测深线间距。

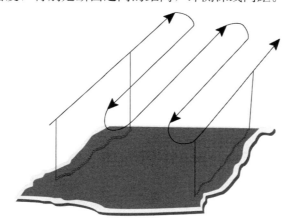

图 4 - 12　单波束断面式水下地形采样示意图

单波束模式测绘毕竟是抽样模式的海底地形测量，主要满足海底地形的普查式测量。对于港口航道等精细的海底地形测量应依据其他全覆盖探测方式。

（二）单波束测深基本原理

单波束测深的基本原理是通过垂直向下发射单一波束的声波，并接收自水底返回的声波，利用收发时间差根据已知的声速来确定深度。单一波束的声波是指声波的能量聚集在一定的波束宽度范围内，声波波阵面上任一点接触目标物反射后被接收单元接收，不考虑在波束范围内回波点的位置差异，声波传播满足射线声学的特性。这种深度测量的原理简单地描述为回声测深原理（图 4 - 13），所依据的过程为时深转换。

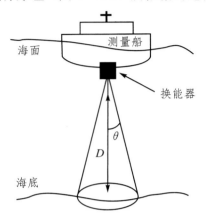

图 4 - 13 回声测深原理示意图

若声波传播速度 C 为已知的常量，声波的收发装置合二为一，单次声波发射和接收的时刻分别为 t_1 和 t_2，声波在水介质中的传播时间为 $\Delta t = t_2 - t_1$，则观测点到水底的回声距离 H 为

$$H = \frac{1}{2} C(t_2 - t_1) = \frac{1}{2} C \Delta t \qquad （公式 4 - 4）$$

实际上，声波在水介质中的传播环境是变化的，声波传播速度亦为变量，因此，水声距离将严密地表示为

$$H = \frac{1}{2} \int_{t_1}^{t_2} C(t)\, dt \qquad （公式 4 - 5）$$

由于在一定深度范围内声速 C 受外界温度、盐度等因素影响变化不大，理论计算时可以近似取值为 1500m/s，但如果声速 C 受外界影响较大时需要计入补偿，进行声速改正。在不考虑声波收发装置与瞬时海面的垂直差异时，可粗略地将测定的回声距离称为瞬时水深。因此，这一过程称为回声测深。

（三）单波束测深仪基本组成

实现单波束测深的仪器称为单波束测深仪或回声测深仪，是声波收发和水声信号检测记录设备。单波束测深仪由发射机、接收机、发射换能器、接收换能器、显示设备和电源部分组成，如图 4 - 14 所示。

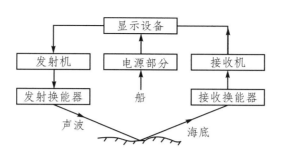

图 4-14　单波束测深仪组成示意图

1. 发射机。在中央控制器的控制下周期性地产生一定频率、一定脉冲宽度、一定电功率的电振荡脉冲，由发射换能器按一定周期向海水中辐射。发射机一般由振荡电路、脉冲产生电路、功放电路组成。

2. 接收机。将换能器接收的微弱回波信号进行检测放大，经处理后传递给显示设备。在接收机电路中采用了现代相关检测技术和归一化技术、回波信号自动鉴别电路、回波水深抗干扰电路、自动增益电路、时控放大电路，使放大后的回波信号能满足各种显示设备的需要。

3. 发射换能器。一个将电能转换成机械能，再由机械能通过弹性介质转换成声能的电-声转换装置。它将发射机每隔一定时间传递来的有一定脉冲宽度、一定振荡频率和一定功率的电振荡脉冲，转换成机械振动，并推动水介质以一定的波束角向水中辐射声波脉冲。

4. 接收换能器。一个将声能转换成电能的声-电转换装置。它将接收的声波回波信号转变为电信号，然后再送到接收机进行信号放大和处理。接收换能器和发射换能器两者结构相同，现在许多换能器采用同一换能器兼做发射和接收使用。为防止发射时产生的大功率电脉冲信号损坏接收机，通常在发射机、接收机和换能器之间设置一个自动转换电路。当发射时，将换能器与发射机接通，供发射声波用；当接收时，将换能器与接收机接通，切断与发射机的联系，供接收声波用。

5. 显示设备。直观地显示所测水深值。目前常用的显示方式有指示器式、记录器式、数字显示式、数字打印等。

6. 电源部分。为全套仪器提供所需要的各种电源。

（四）单波束测深仪主要性能参数

发射声波的宽度（波束角）通常为 5°～15°的适当波束宽度，一方面是由换能器尺寸所决定；另一方面，较大的波束角对海底探测有较大的脚印（照射覆盖区），可以保证在测量载体（船只）纵横摇摆的观测条件下有效接收回波。且考虑到船只的结构和运行特点，横摇往往大于纵摇，因此换能器的结构通常为矩形，安装时，长轴方向与船只运行方向一致。因为较大的波束对应较小的换能器尺寸，所以单波束换能器具有小型化、便于携带等特点。

单波束测深仪利用声波的往返时间和声速测定水深，对应的声呐方程为

$$DT \geqslant SL - 2TL + TS - NL + DI \qquad (公式 4-6)$$

公式 4-6 中，DT 为仪器对接收声波的声强级检测指标，即检测阈值；SL 为发射器的声源级，发射能量的大小通常可调；TL 为信号传播损失，指声波在水介质中单程传播的能量损失；TS 为目标发射强度，与目标物的材质有关，主要涉及目标介质的声阻抗；NL 为噪声级，由仪器的自噪声级 NL_1 和环境噪声级 NL_2 组合而成，即 $NL = NL_1 + NL_2$。NL_1 与换能器元件、电子电路有关，通常为固定值，但随着设备使用时间增长而增大；NL_2 主要来源于介质中所存在的声阻抗面的反射等。DI 为接收指向性指数，在声轴上接收器灵敏度最大。

该声呐方程表明，测深仪必须能够在各种传播损失和噪声环境下检测到所发射声波的回声信号，才能确定声波收发的时间差，从而确定到目标点的距离，获得深度值。

海底目标探测的分辨力：声波在传播过程中，遇到遮蔽物时，如果声波波长远大于遮蔽物尺寸，会发生透射现象；当波长接近遮蔽物尺寸时，会发生衍射和绕射。只有当声波波长小于遮蔽物尺寸时才会发生反射。因此，声波波长是对海底目标分辨程度的决定性因素。但考虑到声波在传播过程中的衰减，简单地将声波波长作为仪器探测的分辨力是不合理的。通常会用一个经简化的计算参量——第一菲涅尔带半径作为仪器可识别尺寸，即分辨力指标，描述为

$$R_{f1} = \sqrt{\frac{\lambda H}{2} + \frac{\lambda^2}{16}} \qquad (公式 4-7)$$

公式 4-7 中，λ 为声波长波，H 为水深。

测深仪声脉冲的脉冲宽度一般为 $1 \times 10^{-4} \sim 1 \times 10^{-3}$ s，采用的声波频率与测量深度有关，用于深水的测深仪采用较低频率的声波，频率范围一般为 $10 \sim 25 kHz$，而浅水用测深仪采用高频率的声波，频率范围一般为 $200 \sim 700 kHz$。为了保证由浅水到深水的正常过渡，适合不同水深情况，可采用线性调频脉冲（Chirp）信号。声波的收发频率（ping 率）一般根据测程确定。

回声测深仪按照频率分为单频测深仪和双频测深仪。单频测深仪仅发射一个频率的超声波，以测量海面到海底表面的垂直距离，即水深。双频测深仪换能器垂直向下发射高频、低频声脉冲，由于低频声脉冲具有较强的穿透性，因此可以抵达海底硬质层，获得深度 H_{lf}，而高频声脉冲仅能抵达海底沉积物表层，获得水深 H_{hf}。两个脉冲所得深度之差便是淤泥厚度 Δh。

$$\Delta h = H_{lf} - H_{hf} \qquad (公式 4-8)$$

根据换能器发射声波的个数、声波发射方向及换能器安置方式不同，测深仪分为单波束测深仪、四波束测深仪、多波束测深仪、侧扫声呐等类型。

二、回声测深改正

单波束测深就是测深仪器在一个测深周期内仅发射一个声脉冲。安装在测量船下的发射换能器，垂直向水下发射一定频率的声波脉冲，在水中传播到水底，经反射或散射返回，被接收换能器接收。记录声波发射到接收的时间间隔，根据声速值就可测得换能器底部到水底的深度。

单波束测深仪测得的水深值是换能器至水底的深度值。由于回声测深仪的设计转速、声速与实际的转速、声速不同，以及换能器安装等原因，还需要对其进行改正。回声测深仪总改正数的求取方法主要有水文资料法和校对法。

（一）水文资料法

水文资料法改正包括吃水改正、转速改正及声速改正，一般用于水深大于 20m 的海区。

1. 吃水改正 ΔH_b。测深仪换能器的安装有便携式安装（换能器安装在测量船船舷）与固定式安装（换能器安装在测量船船底）两种。无论哪种安装方式，换能器都是浸没在水中的，都须进行吃水改正。由海面至换能器底面的垂直距离称为吃水改正。若 H 为水面至水底的深度，H_s 为换能器底面至水底的深度，则吃水改正 ΔH_b 为

$$\Delta H_b = H - H_s \qquad (公式 4-9)$$

2. 转速改正 ΔH_n。由于测深仪的实际转速 n_s 不等于设计转速 n_0，因此需要进行转速改正。记录器记录的水深是由记录针移动的速度与回波时间所决定的。当转速变化时，则记录的水深也将改变，从而产生转速误差。转速改正数 ΔH_n 为

$$\Delta H_n = H_s \left(\frac{n_0}{n_s} - 1 \right) \qquad (公式 4-10)$$

3. 声速改正 ΔH_c。声速改正是因为输入到测深仪中的声速 C_m 不等于实际声速 C_0 造成的测深误差。声速改正 ΔH_c 为

$$\Delta H_c = H_s \left(\frac{C_0}{C_m} - 1 \right) \qquad (公式 4-11)$$

综上所述，测深仪总改正数 ΔH 为

$$\Delta H = \Delta H_b + \Delta H_n + \Delta H_c \qquad (公式 4-12)$$

在上述改正中，声速改正数对总改正数的影响最大。海洋声速是个非常重要的参

数，它是精确测得准确水深的关键。测深精度与深度有关，试验证明要使测深精度达到 1%，则声速测量误差不应超过 0.25%，即不应超过 4m/s。为满足测深精度要求，必须精确测定声速值。水深测量中，声速的主要测量方法有深度比对法、声波速度计直接测定法和解析法三种。

（二）校对法

浅海区适宜用校对法求取测深仪总改正数。校对法是用检查板、水听器等置于换能器下方一定深度 H 处，与测深仪在当时当地的实测深度 H_s 做比较，其差值 ΔH 即为测深仪总改正数。当应用比对法设置声速进行水深测量时，测深值不需要考虑声速改正。

若要将海底点的瞬时水深转换为相对某一垂直基准的绝对高程或水深，则还需要进行潮汐（水位）改正，即水深测量归算。

三、测深数据归算

通常所指的水深是指海面到海底的垂直距离。但在海底地形测量中受潮汐、海流、风浪等多种因素的影响，海面处于动荡不定的状态，尤其是受潮汐的影响，海面随时在升降。高潮和低潮之差，小的差 1~2m，大的差 10~20m。因此，海底地形测量外业测得的水深只是当时当地的瞬时深度。同一地点、不同时间测得的水深是不一样的。

水深测量归算是将测得的瞬时深度转化为一定深度基准面上稳定数据的过程，是测深数据处理的一项重要工作。潮汐（水位）改正的目的是尽可能消除测深数据中的海洋潮汐影响，将测深数据转化为以当地深度基准面为基准的水深数据。针对海底地形测量而言，在实际测量过程中测区内不可能没有一点潮汐变化。因此，水位观测过程中采用以点带面的水位改正方法，这在一定区域（验潮站有效范围）内符合潮汐变化规律。通过实际和理论已验证，在验潮站有效范围内，验潮站的水位变化可以代表此区域的潮汐变化且能满足测量精度要求。

传统水位改正方法是将基于规定起算面（通常为深度基准面）的水位作为整体进行空间内插，内插出每个测深点处在测深时刻的水位改正数，如单站水位改正法、距离加权内插法、水位分带改正法（分带法）、时差法、最小二乘法等。现代水位改正方法主要包括两种：一是将水位的内插分为天文潮位的内插与余水位的传递，如基于潮汐模型和余水位监控法；二是基于 GNSS 定位技术的方法，常称为无验潮模式。

当然，每一种方法都有其假设条件。因此，在具体实施海底地形测量时应根据实际情况选择合适的改正方法。在开展海底地形测量工作之前，通常需要收集测区的潮汐资料，了解潮汐性质，由此来对测区进行水位分区、分带。若无历史资料，也可根据海区自然地理（海底地貌、海岸形状等）条件，或布设临时验潮站短期验潮加以分析。水位

分区、分带主要分为以下三种情况:

一是测区范围较小且潮汐性质相同。这种情况下,通常认为测区内各点处水位高度在同一平面,可在测区附近设立单一验潮站(测区水位高度位于同一水平面),并用该验潮站的水位数据进行单站水位改正,或布设多个验潮站(测区水位高度位于同一直线或平面,但不是水平面),采用距离加权内插的方法进行水位改正。

二是测区范围较大且潮汐性质相同,潮位高度不在同一平面。根据潮汐传播规律,可采用分带法、时差法或最小二乘法进行水位改正。

三是测区范围内潮汐性质存在不同。如果测区范围较大,存在各处潮汐性质不同的现象。这种情况下,应将测区按潮汐性质划分为各个子区,使其潮汐性质相同,再根据情况采用内插法、分带法、时差法或最小二乘法,对各子区进行水位改正。

下面具体介绍验潮站的有效作用距离及常用的各种水位改正方法。

(一) 验潮站的有效作用距离

计算验潮站的有效作用距离,对合理布设验潮站及决定水位改正模型有着重要的意义。根据测区附近已有的两个验潮站的潮汐调和常数计算其间的瞬时最大潮高差,并按两个验潮站的距离计算测深精度相对应的距离,即为按测深精度要求的验潮站有效作用距离,用公式可表达为

$$d = \frac{\delta_Z S}{\Delta h_{\max}} \qquad\qquad (公式 4-13)$$

公式 4-13 中,d 为验潮站有效距离(km);δ_Z 为测深精度(cm);S 为两站之间的距离(km);$\Delta h_{\max}$ 为两站在同一时间的最大可能潮高差(cm)。

利用公式 4-13 估计有效距离,关键是求 $\Delta h_{\max}$,通常有三种方法:

1. 同步观测比对法。根据两站同步观测资料,绘出大潮期间几天的水位变化曲线(从平均海面起算),从图上找出 $\Delta h_{\max}$。

2. 解析计算法。利用两站的 4 个主要分潮构成的准调和潮高模型,计算出 $\Delta h_{\max}$。

3. 数值计算比对法。利用两站的 11 个主要分潮构成的调和潮高模型,计算两站一段时期的潮高值,选出 $\Delta h_{\max}$。

(二) 单站水位改正法

当测区位于一个验潮站的有效范围内,可认为测区所有点水位变化与该站相同,因此可用该站的水位资料来进行水位改正,单站水位改正法是实际野外数据处理中最为常用的一种潮汐内插方法。垂直基准面以深度基准面为例,$Z(t)$ 表示观测时刻的水位改正值(从深度基准面起算的潮高),H 表示瞬时水深观测值,则图载水深 H_D(从深度基准面起算的水深)为

$$H_D = H - Z(t) \qquad\qquad (公式 4-14)$$

验潮站水位观测数据为离散值，为了求得不同时刻的水位改正数，需要进行时间内插。一般采用解析法，早期采用图解法。解析法就是利用计算机以观测数据为采样点进行时间内插来求得测量时间段内任意时刻水位改正数的方法，常用的内插方法有线性内插、多项式插值、样条插值等。图解法就是绘制水位曲线，以横坐标表示时间，纵坐标表示水位改正数，由此可求得任意时刻的水位改正数。

（三）距离加权内插法

测区范围不大，并假定测区内所有测点的水位处于同一直线或同一平面内，确定该直线或平面后，即可求得测点任意时刻的水位。距离加权内插法也是比较常用的一种水位改正方法。当测区位于两个验潮站之间，任何测点的水位可根据两站的水位观测资料进行距离加权内插。该方法同样适用三站的情形，其假设的前提是三站之间的瞬时海面为平面形态。

（四）分带法

当测点距验潮站超出验潮站有效控制范围时，可采用分带法、时差法及最小二乘法等进行水位改正。水位分带的实质是根据验潮站的位置和潮汐传播的方向将测区划分成若干条带，再内插出各条带的水位变化曲线。对位于验潮站有效作用距离内的测点，可直接用该验潮站水位观测值进行水位改正；对不在验潮站有效作用范围内的测点，可内插出其条带的水位变化曲线，再根据该曲线进行水位改正。分带所依据的假设条件是测区内潮汐性质相同，两站间的潮波传播是均匀的，即两站间的同相潮时和同相潮高的变化与其距离成比例。同相潮时是指两站间的同相潮波点（如波峰、波谷等点）在各处发生的时刻，同相潮高是指两站间同相潮波点的高度。

在潮波传播均匀的情况下，两验潮站之间的水位分带数 K 可由下式确定：

$$K = \frac{\Delta h_{\max}}{\delta_Z} \qquad\qquad (公式 4-15)$$

分带时，相邻带的水位改正数最大差值不超过测深精度 δ_Z，分带界线基本上应与潮波传播方向垂直，如图 4-15 所示，分带后根据某时刻 A 站或 B 站的水位数就可以推算出第 1、第 2、第 3 等子带内某时刻的水位改正数。

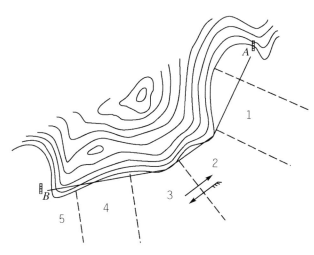

图 4-15　双站水位分带改正法示意图

当测区非狭长形，分带后各带仍无法用同一水位曲线描述该带内水位变化时，需要对条带继续分区，如图 4-16 所示。测区内有 3 个验潮站，其水位分带分区方法为先进行两站之间的水位分带，这样在每一带的两端都有一条水位曲线控制，如在第 II 带，一端为 C 站的水位曲线，另一端为 AB 边的第 2 带的水位曲线。若两端水位曲线的同一时刻的 Δh_{max} 值大于测深精度 δ_Z，则该带还需分区，将第 II 带分为 II_0、II_1 和 II_2，II_1 水位曲线由 C 站和 AB 边的第 2 带的水位曲线内插获得。

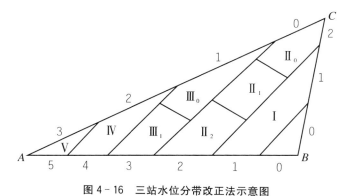

图 4-16　三站水位分带改正法示意图

对于更大范围的测区，验潮站的数量可能多于 3 个，其分带方法仍是以双站分带和三站分带为基础，对整个测区进行分带分区后再进行水位改正。在实际应用过程中，根据分带法基本原理利用计算机编程即可完成水位改正工作。

（五）时差法

时差法水位改正是运用数字信号处理技术中相关函数的变化特征，计算两个验潮站之间的潮时差，从而求得测点相对于验潮站的潮时差，再通过时间归化，求解测点水位的一种方法，便于编程计算。

当测区内潮汐性质相同时，将两个验潮站的水位视作信号，以其中一个验潮站为基准，通过对两个信号波形的研究求得两个信号之间的时差，即为两个验潮站间的潮时差，再根据待求点的位置计算其相对于基准验潮站的潮时差，并通过时间变化，最后求出待求点的水位改正值。对于三个验潮站的情形，只要满足时差法的条件，同理计算可求。

（六）最小二乘拟合法

最小二乘拟合法与时差法类似，但在各点之间，除计算潮时差之外，还考虑潮差比和基准面偏差。该方法首先对两个已知验潮站的水位序列进行最小二乘拟合，确定出两站之间的潮汐传递参数，如潮差比、潮时差和基准面偏差，再计算待求点相对于基准站的潮汐传递参数，进而通过内插求出待求点的水位。

对两个已知验潮站的潮位数据进行最小二乘法拟合，确定 γ、δ 及 ε，即可以将曲线移动，以及适当放大或缩小，使两个水位曲线吻合。用数学模型表达如下：

$$h_B(t) = \gamma_{AB} h_A(t + \delta_{AB}) + \varepsilon_{AB} \qquad \text{（公式 4 - 16）}$$

公式 4 - 16 中，γ_{AB} 为两验潮站的潮差比，δ_{AB} 为两验潮站的潮时差，ε_{AB} 为两验潮站基准面的偏差值。设验潮站 A、B 两站之间的距离为 R_{AB}，待求水位点 P 距验潮站 A 的距离为 R_{AP}（$0 < R_{AP} < R_{AB}$），两站水位改正，引入如下假设：

$$\gamma_{AP} = 1 + (\gamma_{AB} - 1)\frac{R_{AP}}{R_{AB}} \qquad \text{（公式 4 - 17）}$$

$$\delta_{AP} = \delta_{AB}\frac{R_{AP}}{R_{AB}} \qquad \text{（公式 4 - 18）}$$

$$\varepsilon_{AP} = \varepsilon_{AB}\frac{R_{AP}}{R_{AB}} \qquad \text{（公式 4 - 19）}$$

公式 4 - 17、4 - 18、4 - 19 中，γ_{AP} 为验潮站 A 与水位点 P 的潮差比，δ_{AP} 为验潮站 A 与水位点 P 的潮时差，ε_{AP} 为验潮站 A 与水位点 P 的基准面偏差值。上式表明，两站之间水位变化曲线的潮时差随距离均匀变化，两站之间水位变化曲线的潮差比（潮高比）随距离均匀变化。这一假设与时间归化后潮高差随距离均匀变化的假设是一致的。

在上述假设基础上，根据验潮站 A 求水位点 P 处水位改正值的计算公式为

$$h_{AP}(t) = \gamma_{AP} h_A(t + \delta_{AP}) + \varepsilon_{AP} \qquad \text{（公式 4 - 20）}$$

即

$$h_{AP}(t) = \left[1 + (\gamma_{AB} - 1)\frac{R_{AP}}{R_{AB}}\right] h_A\left(t + \delta_{AB}\frac{R_{AP}}{R_{AB}}\right) + \varepsilon_{AB}\frac{R_{AP}}{R_{AB}} \quad \text{（公式 4 - 21）}$$

同理，交换 A、B 两站的位置，由验潮站 B 估算水位点 P 的潮位求得

$$h_B(t) = \gamma_{BA} h_B(t + \delta_{BA}) + \varepsilon_{BA} \qquad \text{（公式 4 - 22）}$$

$$\gamma_{BP} = 1 + (\gamma_{BA} - 1) \frac{R_{AB} - R_{AP}}{R_{AB}} \qquad \text{（公式 4 - 23）}$$

$$\delta_{BP} = \delta_{BA} \frac{R_{AB} - R_{AP}}{R_{AB}} \qquad \text{（公式 4 - 24）}$$

$$\varepsilon_{BP} = \varepsilon_{BA} \frac{R_{AB} - R_{AP}}{R_{AB}} \qquad \text{（公式 4 - 25）}$$

式中，γ_{BA} 为两验潮站 A、B 的潮差比，δ_{BA} 为两验潮站 A、B 的潮时差，ε_{BA} 为基准面的偏差值，γ_{BP} 为验潮站 B 与水位点 P 的潮差比，δ_{BP} 为验潮站 B 与水位点 P 的潮时差，ε_{BP} 为验潮站 B 与水位点 P 的基准面偏差值。理论上：

$$\gamma_{AB} = 1/\gamma_{BA} \qquad \text{（公式 4 - 26）}$$

$$\delta_{AB} = -\delta_{BA} \qquad \text{（公式 4 - 27）}$$

$$\varepsilon_{AB} = -\varepsilon_{BA} \gamma_{AB} \qquad \text{（公式 4 - 28）}$$

根据验潮站 B 求水位点 P 处水位改正值的计算公式为

$$h_{BP}(t) = \gamma_{BP} h_B(t + \delta_{BP}) + \varepsilon_{BP} \qquad \text{（公式 4 - 29）}$$

即

$$h_{BP}(t) = \left[1 + (\gamma_{BA} - 1)\frac{R_{AB} - R_{AP}}{R_{AB}}\right] h_B\left(t + \delta_{BA}\frac{R_{AB} - R_{AP}}{R_{AB}}\right) + \varepsilon_{BA}\frac{R_{AB} - R_{AP}}{R_{AB}}$$

$$\text{（公式 4 - 30）}$$

采用距离点的倒数作为权，取权中数，可得根据验潮站 A、B 两站求水位点 P 处水位改正值的计算公式为

$$h_P(t) = \left[\frac{h_{AP}(t)}{R_{AP}} + \frac{h_{BP}(t)}{R_{AB} - R_{AP}}\right] \Big/ \left(\frac{1}{R_{AP}} + \frac{1}{R_{AB} - R_{AP}}\right)$$

$$= \left[(R_{AB} - R_{AP})h_{AP}(t) + h_{BP}(t)\right] / R_{AB} \qquad \text{（公式 4 - 31）}$$

在实际的编程计算中，由于数据离散化，函数插值及拟合起始点选取等原因，常使得计算结果与理论值稍有偏差。上面诸式只能近似地满足。上式具有一般性，当不考虑 γ、ε，而仅考虑潮差 δ 时，可化简为

$$h_P(t) = (1 - \frac{R_{AP}}{R_{AB}})h_A(t + \delta_{AB}\frac{R_{AP}}{R_{AB}}) + \frac{R_{AP}}{R_{AB}}h_B(t + \delta_{BA}\frac{R_{AB} - R_{AP}}{R_{AB}})$$

$$= h_A(t + \delta_{AB}\frac{R_{AP}}{R_{AB}}) + \left[h_B(t + \delta_{BA}\frac{R_{AB} - R_{AP}}{R_{AB}}) - h_A(t + \delta_{AB}\frac{R_{AP}}{R_{AB}})\right]\frac{R_{AP}}{R_{AB}}$$

$$\text{（公式 4 - 32）}$$

这是在时间归化后，潮高差随距离均匀变化假设下的常用计算公式。

同上，可得三站水位改正的计算公式：

$$h_P(t) = \left[\frac{h_{AP}(t)}{R_{AP}} + \frac{h_{BP}(t)}{R_{BP}} + \frac{h_{CP}(t)}{R_{CP}}\right] / \left(\frac{1}{R_{AP}} + \frac{1}{R_{BP}} + \frac{1}{R_{CP}}\right) \quad \text{(公式 4-33)}$$

（七）基于潮汐模型与余水位监控的水位改正法

基于潮汐模型与余水位监控的水位改正法是将水位分解成天文潮位和余水位，潮汐模型和验潮站分别内插天文潮位与余水位至测深点处，再重组为水位。从深度基准面起算的水位，不考虑观测误差，可分解表示为

$$h(t) = L + T(t)_{MSL} + R(t) \quad \text{(公式 4-34)}$$

公式 4-34 中，L 为深度基准面 L 值，$T(t)_{MSL}$ 为从平均海面起算的天文潮位，$R(t)$ 为余水位。任意测深点在测深时刻的水位改正数，是由类似于公式 4-34 的三个部分组合而成的。其中，从平均海面起算的天文潮位由测深点处的主要分潮调和常数计算，而主要分潮调和常数来源于潮汐模型；余水位具有空间相关性强的特点，已应用于水位数据预处理的粗差探测与数据插补中，据此特点测深点处的余水位由验潮站的余水位传递确定，验潮站起余水位的监控作用；测深点处深度基准面 L 值同样由验潮站传递确定。

由此可知，水位改正数的计算精度主要取决于两点：一是潮汐模型在测区内的精度，即预报天文潮位的精度；二是余水位的空间一致性，即传递余水位的精度。

（八）基于 GNSS 技术的水位改正法

基于 GNSS 技术的水位改正法利用 GNSS 精确确定测量载体垂直方向上的运动，经必要的基准转换后，将深度基准面上的垂直差距作为瞬时水深的改正数，可消除潮汐、涌浪等各种因素引起的垂直方向上的运动。因此，该方法无需验潮站观测潮位，也称为无验潮模式。因基于 GPS 的研究与应用较多，习惯上称为 GPS 无验潮模式，其基本原理和应用条件在本章第四节进行具体叙述。

四、测线布设

海底地形测量的最主要目的是以一定的精细程度测定海底几何形态，海底地物则被视为特征地形，通过观测数据识别和判定，因此，地貌和地物的测定都依赖于观测数据及其变异来表征。在单波束测量模式下，实质上是以测线上的近似连续断面观测实现海底地形场的采样，这种采样对海底的精细化表达能力不可避免地受到海底形态的影响，也与采样剖面的方向与间隔设置有关。

陆地地形测量时，测量地貌形态主要是测定地形特征线，即地性线。对于海底而言，地性线可以理解为自然海底的最大变化剖面。陆地地形测量在可见的环境下实施，对特征地物与地貌，采取先判别再测定的方式，而在海底地形测量中所不同的是，一切地物和地貌都必须通过测量数据所反映的变化规律来推断和判别。

测线布设方向应从海底地形探测完善性和精度两方面进行考虑，若测量技术对任意方向的探测分辨率相同，甚至可实现全覆盖探测，沿任一方向布设测量断面并不影响海底地形探测的完善性。在分辨率存在明显差异时，将最高的分辨率置于变化梯度方向，从而保证对海底细微变化在测深数据上做出敏感反应，减少局部突变地形的漏测概率。单波束测深的主要特征是在测线上可视为实现连续采样，具有最高的探测分辨率，而在测线正横方向，不可能按全覆盖要求密集布设测线。因此，存在地形点的内插和推估问题，保证这种推估的高精度，与区域性海底地形探测的完善性是相统一的。

测线布设是实施海底地形测量的一个极为重要的环节，其布设需顾及测线方向、相邻测线间距、测线上测点间距、测线布设的形状等，这些因素制约着海底地形地貌是否能被完整且较经济地勘测。

（一）测线方向确定

测线方向应与所测区域水流方向一致，尽可能垂直于等深线的总方向，同时要综合考虑测量工作的便利性，避免布设过多的短测线。

（二）测线间距确定

测线间距需同时顾及所测水域的重要性、水底地貌特征表示的精细程度要求、水深度、地貌起伏状况、水底地质等因素。对单波束测深仪，主测线间距为图上 1cm，平坦水底可放宽为图上 2cm。需要详细探测地貌复杂的区域，测线间距变换比例尺大小进行测量。

（三）测线上测点间距确定

测线上测点间距确定一般根据测线上水底地形起伏情况，以尽可能捕捉到地形的细微变化为宜，也不适宜设置过于密集的点间距，以免影响数据处理效率。在实际作业中，点间距设定有三种方式，分别为等距离测量、等时间间隔测量和手动测量。一般考虑点位分布的均匀性等距离测量方式使用较多，距离设置为 1m。

（四）测线布设方法确定

测线主要分为主测线、补充测线和检查线 3 类，其中补充测线用于局部重要区域的加密测深，检查线用于检查测深与定位是否存在系统误差或粗差，并以此衡量测深结果精度。

常见的主测线布设方法有垂直水流轴线布设、与水流轴线成 45°角布设、平行水流轴线布设、扇形布设、螺旋形布设等，如图 4 - 17 所示。其中，a 情况一般为利用单波束测深仪进行断面测量时的布设方法，b 情况多为单波束测深仪测量检查线的布设方法或对狭窄航道进行测量时采用的布设方法，c 情况一般为多波束水深测量的布线方式，d 布设方法多用在河道拐弯处，即弯曲河段，e 和 f 这两种布设方式一般适用岛形或较宽广的水面。实际施测时可根据测深仪的工作原理和河道形状的不同选用不同的布设方法。

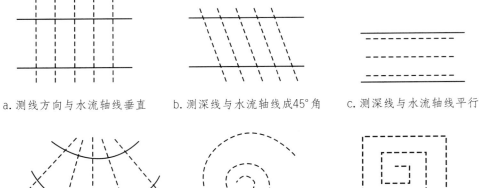

a. 测线方向与水流轴线垂直　　b. 测深线与水流轴线成45°角　　c. 测深线与水流轴线平行

d. 扇形测线布设　　　　e. 圆弧螺旋形测线布设　　　f. 直角螺旋形测线布设

图 4-17　测线布设方法

（五）测线布设要求

为了保证测深数据准确度，应在测前、测深期间及测后进行深度比对检查。测线布设要求如下。

1. 主测线应垂直测区等深线方向，检查线应与主测线垂直。

2. 检查线应分布均匀，与主测线相互交叉验证，检查线总长度不少于主测线总长的5%，且至少布设1条跨越整个测区的检查线。

3. 不同类型仪器、不同作业时期、不同作业单位之间的相邻测量区块结合部分，应进行测量结果重复性检验，应至少有1条重复检查测线。

4. 在地形起伏较大的测区，应缩小测线间距加密探测，以测线密度达到完整反映海底地形变化为原则。

第三节　多波束测深技术

多波束测深系统又称为条带测深仪，是在单波束测深系统的基础上发展起来的。工作时发射换能器以一定的频率发射沿测量船航向开角窄、沿垂直航向开角宽的波束。对应每个发射波束获得多个沿垂直航向开角窄、沿航向开角宽的接收波束。通过将发射波束和若干接收波束先后叠加，即可获得垂直航向上的成百上千个窄波束。利用每个窄波束的波束入射角与旅行时可计算出测点的平面位置和水深，随着测量船的行进，得到一条具有一定宽度的水深条带。

多波束测深系统在与航向垂直的平面内单次就能测出几十甚至上千个高密度深度值，具有全覆盖、高效率、高精度、高分辨率等众多优势，使水深测量经历了一场革命性的转变，深刻地改变了海洋学科领域的调查研究方式及最终的成果质量。

一、基本原理

现国际上的多波束系统根据波束形成方式主要分为两类：电子多波束测深系统和相干多波束测深系统，下面分别阐述其工作原理。

（一）电子多波束测深系统工作原理

1. 波束形成。米尔斯交叉（mills cross）阵被广泛采用在多波束换能器基阵中，以其为例来介绍波束形成原理。多波束换能器工作时，发射或接收基阵产生沿垂直基阵轴线宽、沿水平基阵轴线窄的发射波束或接收波束。发射和接收基阵以米尔斯交叉配置，发射波束与接收波束相交获得单个窄波束。该窄波束沿航向和沿垂直航向的波束宽度直接受对应发射波束和接收波束束控结果的影响。

在一个完整的声脉冲发射接收周期（ping）内，发射换能器只激发一次以产生发射波束，接收换能器通过对接收基阵阵元多次引入适当延时获得多个接收波束。发射波束与接收波束相交获得多个窄波束，这个时间间隔很小。

2. 波束束控。换能器阵发射或接收到的声波信号包括主瓣、旁瓣、背叶瓣等，主瓣的测量信息基本上反映了真实的测量内容，旁瓣、背叶瓣则属于干扰信息，其中旁瓣影响更大。旁瓣的存在会影响多波束的工作，过大的旁瓣不仅使空间增益下降，而且还可能产生错误的海底地形结果。为了得到真实的测量信息，减少干扰信息的存在，在设计多波束声呐系统时需采取措施尽量压制旁瓣，使发射和接收的能量都集中在主瓣，这种方法称为束控。

束控方法有相位加权法和幅度加权法。相位加权指对声源阵中不同基元接收到的信号进行适当的相位或时间延迟。相位加权法可将主瓣导向特定的方向（波束导向），这时，每个声基元的信号是分别输出的。幅度加权指给声源基阵中各基元施加不同的电压值。采用幅度加权法时，声基元的信号是同时输出的，只要保证基阵灵敏度中间大，两边逐渐减小，就能使旁瓣有不同程度的压低。

相位加权法可将主瓣导向特定的方向，并保持主瓣的宽度，但对旁瓣没有明显的抑制；幅度加权法对旁瓣抑制效果明显，但会增加主瓣宽度。幅度加权法通常是对幅度进行三角加权、余弦加权和高斯加权。实践证明，高斯加权是比较理想的加权函数。

3. 波束导向。以直线列阵多波束的形成为例，讨论多波束系统波束导向的原理。根据基阵形成波束的特点，当线性阵列的方向 $\theta = 0°$ 时，各基元接收到的信号具有相同的相位，因此输出响应最大；当入射声波从其他方向到达线列阵时，若此时未对各基元引入适当延时，则无法获得最大输出响应。因此，如果要在其他方向形成波束，则需引入适当的延时，以保证各基元在输出信号时仍能满足同向叠加的要求。

由于波束数量多，实时计算量大，为了加快波束形成速度，可利用 FFT 技术，FFT 波束形成实际上是基于对相位的运算。

4. 多波束底部检测。多波束回波检测一般采用幅度检测、相位检测及幅度与相位结合的检测方法。当入射角较小时，波束在海底的投射面积小，能量相对集中，回波持续时间短，主要表现为反射波。当入射角较大时，波束在海底的投射面积也随之增大，能量分散，回波持续时间长，回波主要表现为散射波。因此，幅度检测对于中间波束的检测具有较高的精度，而对边缘波束的检测精度较差。随着波束入射角增大，波束间的相位变化也越加明显。利用这一现象，在检测边缘波束时，采用相位检测法，通过比较两个给定接收单元之间的相位差来计算波束的到达角。新型的多波束系统在底部检测中同时采用了幅度检测和相位检测，不但提高了波束检测的精度，还改善了 ping 断面内测量精度不均匀所造成的影响。

5. 实时运动补偿。由于测量船在海上会受到风浪、潮汐等因素的影响，因此在测深过程中，测量船的姿态随时都在发生变化。实时运动补偿对测量船的摇摆运动进行分解，通过控制发射或接收波束反向转动以补偿因测量船摇摆引起的声基阵转动，从而使发射或接收波束面相对地理坐标系稳定。以前的多波束系统大都采用后置处理的方法，现在很多新型的多波束仪器开始采用实时运动姿态补偿技术，从而较好地解决了测深过程中因测量船姿态变化引起的测点不均匀的问题。

（二）相干多波束系统工作原理

相干多波束声呐与电子多波束声呐相比，是另外一种类型的多波束，它实际上并没有像电子多波束那样在每 ping 都形成多个物理波束。相干多波束声呐换能器每次只发射一个波束，接收时通过密集采样进行相位测量以确定回波到达角度，从而计算多个采样点的水深。采样点的数量比电子多波束更多。由于其工作形式上也像电子多波束，每 ping 也有多个采样点，因此仍称它为多波束的一种。

相干多波束声呐系统对回波信号检测时使用相位检测法，数据采集快速，并且短时间内能够处理大量数据。该系统集成了水深探测和成像两种技术，能同时得到水深和高分辨率的海底反向散射图。由于采用相位检测法，相干多波束声呐系统存在船正下方水深数据不准确的缺点，需另外配置高度计或单波束测深仪同步工作，因此当前并未得到普遍应用。

二、系统组成

多波束测深系统是由多波束测深仪及其相关外部辅助设备和多波束数据后处理软硬件组成的系统，图4-18为多波束测深系统的基本构成。

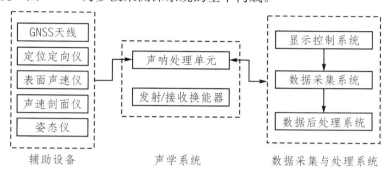

图4-18　多波束测深系统的组成单元示意图

换能器为多波束的声学系统，用于发射、接收声波信号。换能器基阵是由多个换能器基元组成的，目的是产生一定指向性的波束，多波束测深系统基本采用这种基阵换能器。发射基阵可以使声能集中，而接收基阵可以抑制干扰。常用的基阵换能器大多为圆柱形或环形。圆柱形基阵在水平面内用电子电路提供均匀的辐射，而环形基阵则在各个方向上都提供均匀的辐射。多波束换能器基阵尺寸一般在数十厘米至数米，其对应的工作频率为数十千赫至数千千赫。除圆柱形基阵和环形基阵外，多波束换能器还采用平面阵或共形阵。为了减少水动力湍流附面层噪声，基阵多装在导流罩中。

多波束测深系统外围辅助设备主要包括定位传感器、艏向测量仪（通常为电罗经）、姿态仪（姿态传感器）、表面声速仪、声速剖面仪等。定位传感器多采用GNSS实现多波束测量时的实时导航和定位，定位数据形成单独的文件，用于后续多波束的数据处理。艏向测量仪主要提供船体在地理坐标系下的航向，用于后续的波束归位计算（将相对船体坐标系下的声线跟踪结果转换到地理坐标系下）。姿态传感器是获取测量船实时姿态数据（如纵摇、横摇、涌浪等参数）的仪器，以反映实时的船体姿态变换，用于后续的波束姿态补偿。声速传感器常用表面声速仪和声速剖面仪，主要提供实时声速数据，表面声速仪安装在换能器上，仅能获取浅水区域的声速，如测区范围较大、水比较深，以及在出海口淡水和海水交界的地方（盐度变化大）或当天温差较大时，则需要用声速剖面仪测量声速。声速剖面仪用于获取测量水域声速的空间变换结构，即声速剖面（Sound Velocity Profile，SVP）。声速剖面测量在多波束测量中是一项非常关键的工作，它直接影响最终测量成果的精度。

多波束数据采集系统完成波束的形成和将接收到的声波信号转换为数字信号，并反算其测量距离或记录其往返程时间。通常，多波束数据采集系统包括用于底部波束检测的操作和检测单元、用于实时数据处理的工作站、数据存储器、声呐影像记录单元及导航和显示单元。操作和检测单元主要完成波束的发送、接收及有效波束的获取，是多波束测量的基本单元，也是测量成果质量控制的第一环节。数据存储器、声呐影像记录单元主要完成各种多波束测量数据的收集和记录工作，包括外围辅助设备的测量数据。导航单元主要确保测量船沿着设计航线完成数据的采集。显示单元是根据实测的多波束每ping 的测量数据，通过简单的一级近似计算，显示每 ping 测量断面的波束情况，是监测实时测量成果、根据实际情况适时调整测量参数、确保数据采集质量的一个重要环节。

多波束数据处理系统包括数据的后期处理及最终成果的输出。通过专业数据处理软件对外业测量的数据进行处理，获得各有效波束海底投射点（或波束脚印）在地理坐标系和指定垂直基准下的三维坐标及回波散射强度图像，最终形成描述海底地形地貌的各类产品，并输出相应的图形或图像。

三、系统安装与校准

（一）系统安装

1. 安装方式。船载多波束测深系统换能器一般有三种安装方式：船底固定安装、船舷便携安装和船体竖井式安装。

船底固定安装是将仪器固定安装在船底部，其优点是提升仪器的安全性和仪器姿态的长期稳定性，可提高调查工作效率，但缺点是仪器安装、拆卸需进入船坞完成，成本高。该安装方式可分为吊装式、嵌入式和贴装式三种。

船舷便携安装主要用于换能器尺寸小的浅水多波束系统。采用旋臂方式将仪器安装于船的左右舷或者船首，通过可旋转的支架连接仪器。其优点是安装、拆卸方便，缺点是仪器的安全性较差，仪器易受噪声和支架抖动的影响，每次安装回收都需要对换能器安装姿态角度进行重新校正。

船体竖井式安装也主要用于换能器尺寸小的浅水多波束系统。其采取的是在测量船尾部开竖井的方式，将换能器固定安装在竖井中，既保证了测量的精度和高效率，又具备科学仪器便捷拆卸的优点，但是开竖井成本较高。

2. 安装注意事项。多波束换能器安装需考虑噪声和抖动对多波束系统的影响。其中噪声包括自身噪声和环境噪声（背景噪声）。自身噪声包括由柴油机、齿轮箱、传动轴、螺旋桨和其他辅助机械引起的机械噪声，与船速相关的层流引起的流噪声，声呐系统自身的电子噪声，由螺旋桨造成的、由于极低压引起的空化噪声，以及安装位置靠近频率及谐波接近多波束声呐的其他声学设备的干扰噪声。相应的解决方法：在换能器安装时，合理选择安装位置，远离主机、副机、泵和螺旋桨；为换能器添加合适的导流装置等。

环境噪声包括波浪、潮汐、水流及天气引起的噪声，海洋地震引起的噪声，其他船只引起的噪声，以及海洋生物引起的生物噪声。目前，对环境噪声还没有很好的解决方法。

振动是船舷便携安装遇到的主要技术难题，是由换能器安装杆固定不牢固、材料刚性不足导致的。由于换能器安装杆抖动，当其抖动不能被姿态传感器（运动传感器）有效补偿时，会引起波浪状假地形，其特点是沿航迹线左右舷对称，且越远离中央波束，这种抖动就越明显。

多波束测深系统安装对于测深数据的质量至关重要，需要注意以下事项：

（1）多波束测深系统换能器应固定安装在噪声低且不容易产生气泡的位置，并应保证换能器在工作中不露出水面（吃水大于船舶吃水）；

（2）姿态传感器安装在能准确反映测深换能器姿态的位置（应尽可能靠近多波束换能器），其方向平行于测量船的轴线；

（3）艏向测量仪（通常为电罗经）宜安装在测量船的首尾（龙骨）线上，参考方向指向船首；

（4）定位天线一般安装在多波束测深系统换能器顶部位置，如该位置无法安装则应精确测量定位天线与换能器的相对偏差，并输入偏差值进行校正；

（5）多波束换能器、姿态传感器及 GNSS 定位天线与参考点之间三维空间位置关系测量精确至 0.05m；

（6）测量船安装多套声学探测装备并需要同步工作时，需安装声学同步器，避免相近声学频率对多波束测量的干扰。

3. 安装后测量基准的建立。多波束测深系统是由多个单元、众多传感器及外围设备所组成的一个复杂测量系统。多波束测量误差不仅来源于多波束声呐部分，也包含各个外围传感器的测量误差。因此，在多波束测深系统安装完成之后，需要建立一个统一的测量坐标基准，并进行系统参数校准。建立统一的测量坐标基准就是测量出换能器、姿态传感器、定位系统天线等之间的位置关系，并测量船舶吃水深度值。

（二）系统参数安装校准

多波束测深系统的换能器及其他辅助传感器应该安装在理想的位置，但实际无法达到，为了消除或减弱安装偏差对测量结果的影响，需要在安装后精确测量各传感器的相互关系，包括位置偏差和角度偏差。另外，平面位置和水深测量采用不同的传感器，即使通过 GNSS 秒脉冲信号控制设备的同时触发，但传输延迟也会造成平面位置和水深数据的时间不匹配。一般来说，安装后各传感器的相对位置关系容易用全站仪、钢尺等传统方法测量，而安装角度偏差和导航延迟则需借助在野外实测的方式进行校准。多波束测深系统安装误差校准主要有换能器的安装偏差角度（横摇偏差、纵摇偏差、艏向偏差）校准和导航延迟校准等。横摇校准的位置应选择平坦河床水域，纵摇校准和艏向校准的位置选择河床面具有 10°以上的平顺斜坡或礁石、沉船等独立特征地物。安装校准值计算按照定位时延、横摇偏差、纵摇偏差、艏向偏差顺序进行，每个校准值至少有 1 组多余观测。配置电磁罗经时，进行电磁罗经校正。船体姿态角度与船体坐标系关系如图4-19、图 4-20、图 4-21 所示。

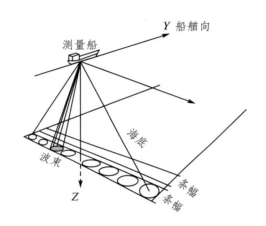

图 4-19　船体坐标系与波束条幅示意图

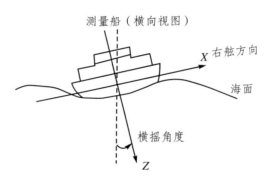

图 4-20　船体坐标系中横摇角度示意图

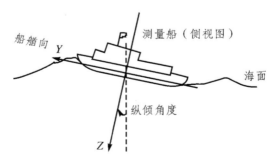

图 4-21　船体坐标系中纵摇角度示意图

校准测量前，实时采集区域声速，并对多波束测深系统进行实时声速改正。永久固定安装在大型测量船上的多波束测量系统，长期连续执行测量任务期间，每年应进行不少于 1 次系统安装参数校准；非连续测量任务，每个测量任务实施前应进行系统安装参数校准；临时安装在小型测量船上的多波束测量系统，每次实施测量任务前应进行系安装参数校准；外业测量期间，除 GNSS 天线位置改变外，其他任何传感器位置发生变化，都应重新进行系统校准；定位系统发生变更时应重新测定定位时间延迟。

1. 定位时延校正。若多波束测深系统采用的时间与定位时间不同步，或者多波束测深系统与定位系统在相同时刻的定位信息不相同，则必然产生测量数据的位置误差，即测量位置沿航迹方向发生延迟偏移。如图 4-22，多波束测深系统自东向西测量，海底目标物 A 在第一次测量时，由于定位时间延迟 τ 的存在，位置从实际位置 A 偏移至位置 A1；第二次相同方向不同速度测量时，目标物的位置又偏移至 A2。而且，两次测量的速度相差越大，目标物两次测量位置 A1 与 A2 相距 D 越大。

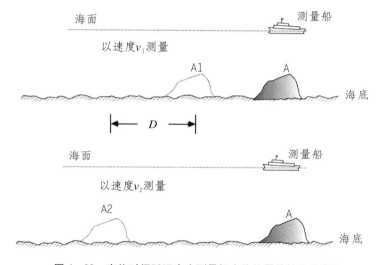

图 4-22　定位时间延迟产生测量标志物位置的偏移示意图

定位时间延迟 τ 计算公式如下：

$$\tau = \frac{D}{|v_1 - v_2|} \qquad \text{（公式 4-35）}$$

公式 4-35 中，τ 表示定位时间延迟（s）；D 表示两次测量后，假象标志地物间的距离（m）；v_1 表示第 1 次测量时的船速（m/s）；v_2 表示第 2 次测量时的船速（m/s）。

测试海域海底应存在能被多波束系统勘测出来的标志地物，或者具有 5°～10° 的简单斜坡。在所选择的海域，布设一条测线，测线长度应保证覆盖整个标志地物。在测线上，保持匀速测量，而且第 1 次测量的速度与第 2 次测量的速度相差至少 1 倍以上。计算定位时间延迟的方法主要有等深线法和剖面重合法。

（1）等深线法计算。利用两次测量的数据，绘制一定比例尺的等深线图。在地形图中，测量相同位置地物（或相同等深线）在两次测量航迹上的距离偏差，利用公式4-35计算定位时间延迟。

　　（2）剖面重合法计算。剖面重合法是通过软件实现的。两次测量后，把在航迹方向上的地形剖面显示在同一视窗内，不断调整定位时间延迟值，直至两个剖面重合（图4-23）。

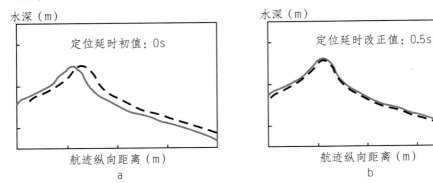

图4-23　剖面重合法定位时间延迟测试示意图

　　2. 横摇偏差校正。横摇偏差 α 一般是由多波束测深系统换能器安装偏差、姿态传感器安装偏差组成。通常情况下，当多波束换能器和姿态传感器固定安装时，这种偏差是一个常量。

　　多波束测深系统如果存在横摇偏差，则在平坦海域进行测量时，垂直航迹方向的地形剖面就会发生倾斜。如图4-24所示，分别进行正向和反向测量时，实际平坦的海底地形经测量后形成向两侧倾斜的地形假象。

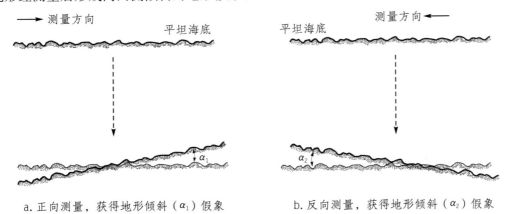

　　a. 正向测量，获得地形倾斜（α_1）假象　　　　b. 反向测量，获得地形倾斜（α_2）假象

图4-24　横摇偏差造成多波束系统正反向测量形成地形倾斜假象示意图

　　为了获取横摇偏差，测量获得的假地形倾斜角度必须与横摇偏角统一正负关系。假如横摇偏角是左下沉为正，则右下沉为负，地形倾斜角度则是向左倾斜为正，向右倾斜为负。由于真实地形坡度是一定的，因此两个方向的地形剖面倾斜角度的算术平均值就是横摇偏差，即

$$\alpha = (\alpha_1 + \alpha_2)/2 \qquad \text{（公式 4-36）}$$

公式 4 - 36 中，α 表示横摇偏差（°），α_1 表示正向测量时假象地形倾斜角度（°），α_2 表示反向测量时假象地形倾斜角度（°）。

在平坦海底海域或平直斜坡海域（坡度应<2°）布设一测线，进行正反两方向测量。横摇偏差测试计算有两种方法：坡度计算法和剖面重合法。

（1）坡度计算法。两次测量后，获取同一位置垂直航迹的地形剖面，分别计算它们的地形坡度（分别用 α_1、α_2 表示），这样，按照公式 4 - 36 计算即可获得横摇偏差。

（2）剖面重合法。剖面重合法是通过软件实现的。两次测量后，把同一位置垂直航迹的地形剖面显示在同一视窗内，不断调整横摇偏差值，直至两个剖面重合。

3. 纵摇偏差校正。同横摇偏差一样，纵摇偏差 β 也是由多波束测深系统换能器安装误差、姿态传感器安装误差等造成的。通常情况下，当多波束换能器和姿态传感器安装时，这种偏差是一个常量。

多波束测深系统如果存在纵摇偏差，则进行测量时，会产生沿龙骨方向的位置偏差。如图 4 - 25 所示，正向测量时，地物 A 的位置偏移到 A1，反向相同速度测量时，则偏移至 A2，并且正反向偏移的距离相同。根据纵摇偏差在实际测量中产生的现象，正反向地物发生偏移后，两者之间的距离 D 是实际地物偏移距离的两倍，假设实际水深为 d，则纵摇偏差计算公式为

$$\beta = \arctan(D/d) \tag{公式 4 - 37}$$

公式 4 - 37 中，β 表示纵摇偏差（°），D 表示正反向测量地物偏移的距离（m），d 表示地物测量水深（m）。

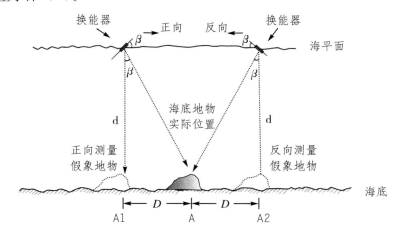

图 4 - 25　纵摇偏差在正反方向地形测量中的表现示意图

测试海域海底应存在能被多波束测深系统勘测出来的标志地物，或者具有 5°～10° 的简单斜坡。在所选择的海域布设一条测线，测线长度应保证覆盖整个标志地物。在测线

上，以相同速度进行正向和反向两次测量。测试方法包括等深线法和剖面重合法。

（1）等深线法。利用正反向两次测量的数据，绘制一定比例尺的等深线图。在地形图中，测量相同水深正反向测量获得的等深线的距离（实际距离 D），利用公式 4 - 37 计算纵摇偏差。实际等深线在测量等深线之前（按测量方向）的，纵摇偏差值为正；反之，纵摇偏差值为负。

（2）剖面重合法。剖面重合法是通过软件实现的。两次测量后，把同一位置沿航迹方向或平行航迹方向的地形剖面显示在同一视窗内，不断调整纵摇偏差值，直至两个剖面重合。

4. 艏向偏差校正。艏向是通过艏向测量仪获得的，多波束测深仪换能器安装方向的偏差、龙骨方向测量的偏差及艏向测量仪基准方向的偏差等因素都会导致艏向偏差。多波束测深仪换能器安装方向的偏差，只要是固定安装，该方向偏差就是一个常量（艏向偏差Ⅰ）；龙骨方向测量的偏差及艏向测量仪基准方向的偏差，就是艏向测量仪的测量偏差，只要艏向测量仪及其安装位置不改变，其测量偏差是一个常数（艏向偏差Ⅱ）。因此，多波束测深系统艏向偏差由艏向偏差Ⅰ和艏向偏差Ⅱ构成。由于多波束测深仪波束形成及波束数据处理时，是以左右舷垂直船艏线的方向为基准方向的，艏向偏差将产生波束点位置和测量水深值的偏差，位置偏差的影响以中央波束为中心，越往边沿影响越大。因此，应测定艏向偏差，并把该偏差值作为参数对多波束测深系统进行校准。

艏向偏差Ⅰ的测定方法：先将测量船固定在泊位，利用高精度 GNSS、经纬仪、全站仪等测量船艏艉线（测量船纵向中心线）的船头方向的真方位角，然后测量船调转 180°后再同样测量一次。测量过程中，同步观测艏向测量仪的读数（取相同时间段的平均值）。确定艏向测量仪测量值与通过 GNSS 等的测量值的差值。该差值即为艏向偏差Ⅰ（θ_1）。

艏向偏差Ⅱ的测定方法：在标志地物两侧布设两条测线，在测线上，保持匀速测量，利用多波束测深系统的边缘波束覆盖标志地物，测线长度应保证覆盖整个标志地物。只要多波束测深系统存在艏向偏差Ⅱ（θ_2），在实际测量中就会发生海底地物的位置偏移。如图 4 - 26 所示，测线 1、测线 2 分别用边缘波束测量海底地物 A，则测线 1 测量时，位置偏移到 A1；测线 2 测量时，位置偏移到 A2。由于 A 与 A1、A2 的距离相同，因此，从测量 A1 与 A2 之间的距离 L 及 A 至航迹线的垂直距离 D，则可得艏向偏差Ⅱ（θ_2）计算公式如下：

$$\theta_2 = \arctan(\frac{L}{2D}) \tag{公式 4 - 38}$$

公式 4 - 38 中，θ_2 表示艏向偏差Ⅱ（°），L 表示两测线测量相同地物发生偏移后的距离

（m），D 表示地物至测线的垂直距离（m）。利用剖面重合法同样也可获得艏向偏差Ⅱ（θ_2）。

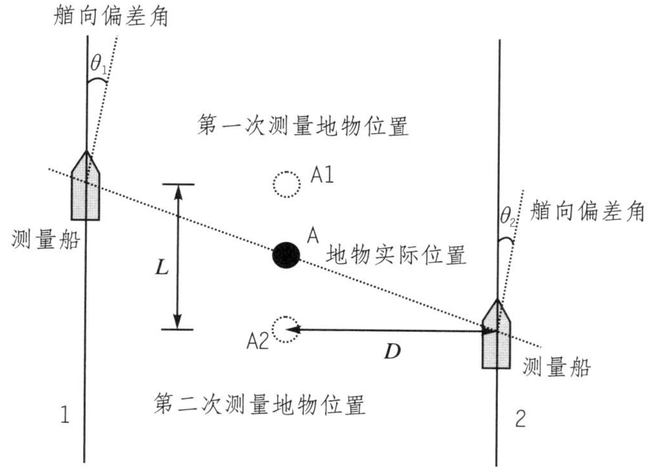

图 4 - 26　艏向偏差产生测量标志地物位置偏移示意图

在码头测定获得的艏向偏差Ⅰ（θ_1）应在测定后即按照多波束系统的要求，输入艏向偏差参数校正的位置或输入艏向测量仪中。海上再次测定艏向偏差Ⅱ（θ_2）后，可单独输入多波束系统艏向偏差参数校正位置，或与原艏向偏差Ⅰ（θ_1）相加，代替原多波束系统中艏向偏差参数。只有当艏向偏差Ⅰ和艏向偏差Ⅱ的值正确输入并为系统接受后，才能达到艏向偏差校正的目的。

四、测线布设

测线布设的原则是根据多波束测深系统的技术指标和测区的水深、水团分布状况，以最经济的方案完成测区的全覆盖测量，以便较为完善地显示水下地形地貌和有效地发现水下障碍物。

与单波束测量不同，多波束测深系统一般以全覆盖方式开展测量，因此，为了提升测量的工作效率，多波束主测线应平行于测区等深线方向布设。多波束勘测边缘的波束质量较差，为了保证数据精度，相邻测线的测幅重叠应不少于测幅宽度的 10%。检查线方向应尽量与主测线垂直，检查线应分布均匀、能普遍检查主测线，检查线长度不少于主测线总长的 5%，且至少布设一条跨越整个测区的检查线。

不同类型仪器、不同作业时期、不同作业单位之间的相邻测区结合部分，应进行水深检验和拼接，在采用测线网方式测量时，应至少有一条重复检查测线；在采用多波束全覆盖方式测量时，重叠区宽度应不小于中心波束点水深的 3~5 倍。利用多波束测深系统进行测量作业时，在海底构造复杂或地形起伏较大的测区，应缩小测线间距以加密探测，测线密度应以达到完整反映海底地形地貌变化为原则。浅点与障碍物影响船舶和潜艇航行安全，是海底地形测量中的重点关注内容，在测量过程中如发现航行障碍物，需在不同方向对其进行探测，以测出其范围和最浅深度。

五、声线跟踪

声波在水中传播的速度，即声速的准确性对测深精度有着重要影响。声波在水中传播是不均匀的，声速与水介质的温度、盐度和压力相关，因而水中各点处的声速往往并不相等。对于水下测量设备采用的声波，一般为高频声波，在水中的传播轨迹可看作声射线（简称声线），遵循 Snell 法则。如果水介质的温度、盐度和压力发生变化，入射角不为零的声线在水中的传播速度和传播方向也会随之发生变化。单波束测深仪采用垂直发射接收波束的工作方式，其声线传播方向基本不变，仅包含距离误差的影响，因此受声速误差的影响较小；多波束测深仪各波束具有不同的入射角，如声速存在误差，除中央波束外，其他各波束将受到声线折射和距离误差的双重影响，离中央波束越远，声线折射弯曲程度越大。一般可采用声线跟踪法完成声速改正工作。

声线跟踪是利用声速剖面，逐层叠加声线的位置，从而计算声线的水底投射点（波束脚印）在船体坐标系下坐标的一种声速改正方法。声线跟踪通常将声速剖面（$n+1$）个采样点中相邻的两个声速采样点间的水层划分为一层，即声线传播经历的整个水柱可看作由 n 个水层叠加而成。若求得声线在每层的垂直位移和水平位移，则通过叠加可求得波束经历整个水柱的垂直位移和水平位移。声速在层内的变化一般分为两种情况：当假设层内声速为常值时，声线的传播轨迹为一条直线，声线跟踪的计算过程相对简单，但在相邻层的交界处声速会发生突变；当假设层内声速为常梯度变化时，声线的传播轨迹为一条弧线，更符合声线在水下传播的真实变化。

声速剖面的准确性直接影响声线跟踪的精度，因此，在进行声线跟踪时所采用的声速剖面必须能够真实地反映测量水域水下声速的变化特性，遇到水域环境变化复杂的情况，应当加密声速剖面采样站，减小声速断面采样点间的层间隔。实际声线跟踪时还应考虑测量船的瞬时横摇和纵摇对波束入射角的影响。

由于实际声速剖面比较复杂，层数多，计算过程比较耗时，实际计算波束脚印位置时，可以寻找一个简单的常梯度声速断面替代实际复杂的声速断面来进行声线跟踪（图4-27）。具有相同传播时间、表层声速及断面声线积分面积的声速断面族，波束的位置计算结果相同，这个声速剖面就是等效声速剖面。

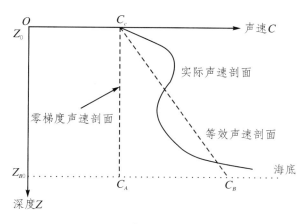

图 4-27　等效声速断面示意图

六、波束脚印归位

多波束测量成果最终需在地理框架下表达，实现波束脚印坐标地理化的过程称为波束脚印的归位，它是多波束数据处理中的一个关键问题。

实际测量中，多波束提取的参数是波束往返于换能器和波束脚印的传播时间，而且这一数据采集过程是在动态情况下进行的，换能器姿态和船体航向的变化均会给波束脚印位置增加不确定因素。为了实现波束脚印的归位，不仅需要充分利用多波束自身的观测数据，还要利用其辅助传感器的测量参数，从而实现波束脚印坐标由相对换能器的坐标向地理坐标的转换。因此，归位问题实际上是坐标系统的转换问题。归位计算需要获得船位、潮位、船姿、声速断面、波束到达角和往返程时间等参数，其过程包括以下四个步骤。

（一）姿态改正

换能器的动态吃水对深度有着直接影响；横摇对波束到达角也有一定的影响，对于补偿性多波束系统，船体的横摇在波束接收时已经得到改正；对于无补偿性系统，通过扩大扇面角来实现回波的接收。纵摇一般较小，可以不考虑，但当纵摇达到一定的程度时，深度和平面位置的计算均会受到影响，此时必须考虑。

（二）船体坐标系下波束脚印位置的计算

根据波束到达角（即波束入射角）、往返程时间和声速断面，计算波束脚印在船体坐标系下的平面位置和水深。由于海水的作用，声线在海水中不是沿一条直线传播的，而是在不同介质层的界面处发生折射，因此波束在海水中的传播路径为一条曲线。为了得到波束脚印的真实位置，就必须沿着波束的实际传播路线跟踪波束，该过程即为声线跟踪。通过声线跟踪得到波束脚印船体坐标的计算过程称为声线弯曲改正。

（三）波束脚印地理坐标的计算

根据航向、船位和姿态参数计算船体坐标系和地理坐标系之间的转换关系，并将船体坐标系下的波束脚印坐标转化为地理坐标。

（四）海底点高程的计算

根据船体坐标系原点与某一已知高程基准面之间的关系，将船体坐标系下的水深转化为高程。

多波束的归位计算首先需要完成声线的跟踪和改正，在获得波束脚印船体坐标的基础上，利用姿态和航向参数，实现波束脚印坐标的地理化。因此，归位计算的精度，不但取决于多波束自身测量参数的质量，还与辅助参数测量精度有关，这些参数测量精度的高低直接影响着归位计算的最终成果质量。

七、代表性的多波束系统及数据处理软件

（一）多波束测深系统

电子多波束发展历史悠久，至今已更新到第五代产品。下面以国际上 SeaBat7125、R2Sonic2024、EM2040 三种主流的浅水多波束系统和 SeaBeam3012 全海深多波束系统，以及国内自主研发的 iBeam8120 和 NORBIT 系列多波束测深系统为例，介绍它们的特点和优势。GeoSwath Plus 是一种典型的相干多波束系统，以其为例进行介绍。

1. SeaBat7125 多波束测深系统。Reson 公司作为目前全球知名的多波束测深系统、声呐、换能器和水听器等声学产品的制造商，其浅水多波束系统在国际上占据重要地位。SeaBat7125 型多波束测深系统是 Reson 公司研制的浅水型双频高分辨率多波束测深系统之一，应用于 500m 以内水深的测绘工作，系统的主要技术指标见表 4-1。

表 4-1　SeaBat7125 多波束测深系统主要技术参数

工作频率	200kHz/400kHz 双频可选
覆盖宽度	5.5 倍水深
发射频率	每秒可达 50 次，根据水深不同而变化
换能器波束角	$1.0°×0.5°/2.0°×1.0°$
波束扫宽	$140°/165°$
测量范围	0.5～500m
发射脉宽	$33～300\mu s$
测深分辨率	5mm，符合 IHO S-44 标准

2. R2Sonic2024 多波束测深系统。R2Sonic2024 多波束测深系统是美国 R2Sonic 公司在多波束领域的产品，保持了前代多波束产品的灵活性、便携性和易于实用的特性，

且在测量范围、扫幅宽度和更新率方面均有提高，系统的主要技术指标见表 4 - 2。

表 4 - 2　R2Sonic2024 多波束测深系统主要技术参数

工作频率	200～400kHz
带宽	60kHz
波束角	0.5°×1°、1°×2°
覆盖宽度	10°～160°
最大量程	500m
最大发射率	75Hz
量程分辨率	1.25cm
脉冲宽度	$10\mu s$～1ms
波束数目	等角模式下 256 个，等距模式下 1300 个
接收阵重量	12kg

3. EM2040 多波束测深系统。EM2040 多波束测深系统是 Kongsberg Maritime 集团（2003 年 Simrad 公司与其他几个公司合并组建）在 2010 年推出的一款浅水型多波束产品。原 Simrad 公司是全球知名的多波束厂商，其深水多波束产品以性能稳定、技术先进著称。EM2040 多波束测深系统是 Kongsberg Maritime 集团首次将深水多波束优点应用到浅水的多波束系统，属于宽带高分辨率多波束测深仪，系统主要技术指标见表 4 - 3。

表 4 - 3　EM2040 多波束测深系统主要技术参数

工作频率	200～400kHz
最大 ping 率	50Hz
扫宽	140°（单声呐探头）、200°（双声呐探头）
波束模式	等角、等距和高密度
实时 roll - 横摇稳定范围	±15°
实时 pitch - 纵摇稳定范围	±10°
实时 yaw - 艏向稳定范围	±10°
波束角	0.4°×0.7°、0.5°×1°、0.7°×1.5°
最大测深值（海水）	工作频率为 200kHz 时，为 635m
	工作频率为 300kHz 时，为 480m
	工作频率为 400kHz 时，为 315m
单 ping 双条带测深点数（单声呐探头）	800 个

4.SeaBeam3012 多波束测深系统。SeaBeam3012 多波束测深系统是德国 L-3 ELAC Nautik 公司（目前已被芬兰 Wartsila 收购）生产的深水型多波束测深系统。该系统可在 140°开角内采集测深和侧扫数据，并具备实时全运动补偿技术，系统的主要技术指标见表 4-4。

表 4-4　SeaBeam3012 多波束测深系统主要技术参数

工作频率	12kHz
最大 ping 率	50Hz
扫宽	140°
波束模式	等角、等距
实时 roll -横摇稳定范围	±10°
实时 pitch -纵摇稳定范围	±7°
实时 yaw -艏向稳定范围	±5°
波束角	1°×1°、2°×2°
最大测深值（海水）	11000m
单 ping 测深点数	205 个

5.iBeam8120 多波束测深系统。iBeam8120 是广州中海达卫星导航技术股份有限公司（简称中海达）推出的拥有完全自主知识产权的便携式多波束测深系统，具有较高的水深分辨率和测深精度，符合 IHO S-44 特级标准和《水运工程测量规范》等要求。系统换能器采用一体化 T 型设计，单条带有效覆盖角度从 30°~140°在线可调，工作模式可选等角、等距模式，以适应不同环境使用。iBeam8120 可广泛应用于近岸海域水下地形测量、海图绘制、地质调查、航道疏浚、搜救打捞等多个领域。系统的主要技术指标见表 4-5。

表 4-5　iBeam8120 多波束测深系统主要技术参数

发射频率	200kHz
波束覆盖角	30°~140°（在线可调）
测深分辨率	1cm
波束数	512 个（最大）
测深范围	0.5~300m
声呐换能器耐压水深	50m
最大 ping 率	60kHz
工作模式	等角/等距模式
横摇稳定	±10°

6. NORBIT 系列多波束测深系统。NORBIT 系列多波束测深系统是上海华测导航技术股份有限公司推出的一款集多波束声呐基阵、高精度卫星/惯性导航系统、表面声速计于一体的高分辨率的高端多波束测深系统。按照集成不同型号 applanix POS MV 姿态分为 iWBMSe、iWBMS 和 iWBMSh。该设备基于曲面阵列声呐平台，采用最新的模拟和数字信号处理技术，实现高度集成免安装校准，极大节省了安装难度和外业时间。通过海洋测量软件 Qinsy 进行数据采集，利用 Qimera 完成数据后处理。系统的主要技术指标见表 4-6。

表 4-6　NORBIT 系列多波束测深系统主要技术参数

产品型号	iWBMSe	iWBMS	iWBMSh
艏向精度	0.08°@2 米基线 0.06°@4 米基线	0.03°@2 米基线 0.015°@4 米基线	0.02°@2 米基线 0.01°@4 米基线
纵横摇精度	0.03°	0.02°	0.01°
重量	6.5kg（空气中） 2.4kg（水中）	8.5kg（空气中） <3.5kg（水中）	8.5kg（空气中） <3.5kg（水中）
涌浪精度	2cm 或 2%		
定位精度	水平：±（8mm+1ppm）；垂直：±（15mm+1ppm）		
工作频率	中心频率 400kHz，支持 200～700kHz 可调 LR 长量程版：中心频率 200kHz，支持 160～400kHz 可调		
条带宽度	7°～210°可设		
垂直分辨率	<10mm		
波束数	256～512 等角 & 等距		
量程范围	0.2～275m LR 长量程版：0.2～600m		
波束开角	0.5°×1.0° Narrow 窄波束版：0.5°×0.5°		
ping 率	60Hz		

7. GeoSwath Plus 相干多波束系统。相干多波束的发展已有 30 年的历史，随着计算机技术的不断发展，相干多波束的硬件、软件都得到不断完善，系统的主要优势是扫测覆盖宽度大、成图分辨率高、设备较轻便，是多波束发展方向之一。相干多波束的典型代表是英国 GeoAcoustics 公司（目前已被 Kongsberg 公司收购）研制的 GeoSwath Plus 相干多波束系统，其技术指标见表 4-7。

表 4-7　GeoSwath Plus 多波束测深系统主要技术参数

声呐频率		125kHz	250kHz	500kHz
最大测量水深		200m	100m	50m
最大条带宽度		600m	300m	150m
斜距分辨率		6mm	3mm	1.5mm
侧向采样间隔		12mm	12mm	12mm
发射脉冲宽度		$16\mu s \sim 1ms$	$8\mu s \sim 1ms$	$4 \sim 500\mu s$
条带更新率	50m 条带宽度	30Hz	30Hz	30Hz
	150m 条带宽度	10Hz	10Hz	10Hz
	300m 条带宽度	5Hz	5Hz	—
	600m 条带宽度	2.5Hz	—	—

（二）多波束数据处理软件

多波束数据处理软件大多数是与相应的多波束系统配套的。由于随机软件多局限于本系统的数据格式，国内外一些公司或机构也开发了适用于不同数据格式的多波束通用数据处理软件。下面对常用的多波束数据处理软件进行简要介绍。

1. Neptune 多波束系统后处理软件。Neptune 多波束系统后处理软件是由 Simrad 公司开发的，主要针对该公司 EM 系列多波束系统的后处理软件，有 UNIX 和 Windows 版本。Neptune 软件主要是对外业采集的定位、水深、水位、吃水、姿态、声速等数据进行处理，并对数据进行清理，剔除质量差的数据。主要功能有利用定位处理模块对定位资料进行处理，包括对其他传感器的定位资料处理；利用深度处理模块对数据进行吃水和水位改正；利用校准模块对横摇、纵摇及时间延迟进行补偿；利用数据清理模块对数据进行清理，以标定或剔除不合格波束；显示海底水深地形图，并输出图形成果。该软件采用人机界面系统，易于操作，是一套先进的功能强大的多波束数据处理软件。

2. SeaView 后处理软件。SeaView 是 SeaBeam 公司的后处理系统，主要由 MB-system、GMT（generic mapping tollkit）、netCDF、Motif、GNU 等部分组成，具有强大的数据后期处理、整合和图件绘制功能。其中，MB-system 是针对 SeaBeam 多波束系统数据后处理和图形绘制专门开发的应用软件，用于对多波束系统采集到的测深数据、振幅数值、侧扫图像进行运算、处理、格式转换、信息统计、数据格网化和成图、三维立体显示等操作，支持 20 多种多波束数据格式，与世界上多数多波束测深系统的数据格式兼容。GMT 是一个通用地学绘图软件包，对于处理二维（X，Y）或三维（X，Y，Z）格式的数据文件具有较强的数据运算、格式交换和图件绘制功能，应用极为广泛。netCDF、Motif、GNU 为程序执行和界面、图形显示提供支持。

3.CARIS 后处理软件。CARIS 软件由加拿大 Caris – Universal Systems 公司开发。国内主要应用于 Seabat 系列多波束系统的后处理。CARIS 由 HIPS（水文地理信息系统）、SIPS（侧扫声呐系统）和 GIS 组成。多波束测深后处理主要涉及 HIPS。HIPS 对海量数据的处理具有很高的效率和质量控制能力。其特点主要体现在内嵌的海洋测量数据清理系统（HDCS）和整个数据处理流程中的数据可视化模型两个方面。HDCS 是对测深、定位、潮位、姿态等数据进行误差处理，并将各类测量要素信息进行融合的数据处理模块。HDCS 采用科学声线跟踪模型和以严谨的误差处理模型对水深数据进行归算、误差识别和分析，采用半自动数据归算、过滤和分类工具增强人机结合工作效率，把更多的误差改正参数应用到最终的水深数据中以得到接近理想的精度。

4. 多波束海底地形电子成图系统（MBChart）。国内专家将多波束技术、成图技术、GIS 技术和数据库技术有机结合在微机 Windows 平台上，开发出的具有自主版权的多波束海底地形电子成图系统。该软件能够精细地处理引进的多种多波束原始数据，并在原始数据的基础上快速形成海底数字地面模型，结合环境数据和历史勘测水深数据，进行可视化管理、展示和标准化输出。

5. HiMAX MBE 多波束采集与后处理软件。HiMAX MBE 是中海达自主开发的全中文多波束采集、校准和后处理软件，可接入 GNSS、多波束测深仪、姿态传感器、罗经等传感器进行测量工作。HiMAX MBE 配合中海达完全自主研发的 iBeam8120 多波束测深仪、iPos MS11 高精度惯性组合导航系统可实现高效的海底地形测量。

（1）采集软件功能主要包括项目管理（新建、克隆）；坐标系和投影设置；设备连接及端口测试；船形设计；计划线设计，可以导入 DXF 测线文件、鼠标画测线、经纬度/直角坐标输入画测线、测线任意拉伸/旋转/平移；CAD 底图及海图导入；偏移量和校准值设置；实时导航坐标、姿态、艏向、航速等参数显示；实时 2D/3D 格网水深显示。

（2）校准模块采用半自动校准功能，手工画横摇、纵摇和艏摇剖面后，软件自动计算出初始校准值，然后再迭代计算，1～2 次迭代计算后就能获得理想的校准值。

（3）后处理软件功能主要包括声速文件导入或手动输入创建，创建潮位文件，多波束数据可存储为 GCD/XTF/ALL/HSX 多种格式，多波束姿态和导航数据编辑、声速和潮位改正，水深条带编辑，水深剖面编辑和点云编辑，多波束半自动校准功能，多波束点云数据及图像输出。

第四节　无验潮水深测量

水深测量是海道测量和海底地形测量的基本手段，也是海洋工程建设前要进行的基础工作。基于 GNSS 技术的水位改正法无需验潮站观测潮位，也称为无验潮模式。无验潮水深测量和人工验潮水深测量（传统测深模式）是目前水深测量中常用的两种方法。与人工验潮水深测量方式相比，无验潮水深测量无需进行水位观测，而且能有效消除动态吃水及波浪等因素影响，节约了作业成本并大大提高了作业效率，越来越被广泛应用。

一、测深原理

测深精度受多种因素的影响，其中吃水、上下升沉、水位、姿态等引起的在垂直方向上的变化经常交织在一起，很难截然分开，采用传统的测深模式分别进行改正时，不可避免地会带来一定的误差，最终影响测深精度。若有一种手段，可以直接测定换能器的垂直综合动态效应，将明显改善最终测深精度。

近 20 年来，GNSS 定位技术取得了长足发展，近海动态定位已达厘米级，技术已相对成熟，远海采用后处理动态甚至实时动态已可达到厘米级精度。由船载 GNSS 天线得到的大地高变化，直接反映了换能器的垂直综合动态变化。GNSS 高精度三维定位结果，为测深垂直综合动态效应改正提供了技术手段。需要注意的是，GNSS 天线得到的是大地高，其与瞬时水深值及天线高相减，得到的是海底点的大地高。若是进行水下地形测量，需将大地高转换到地形要求的高程上来，一般为正常高。海洋中正高与正常高一致（似大地水准面与大地水准面重合），不用考虑正高与正常高的差别，因此需已知该测区 GNSS 椭球面与似大地水准面的偏差模型。若为图载水深测量，需已知测深点处深度基准面对应的大地高，即已知该测区 GNSS 椭球面与深度基准面的偏差模型。偏差模型可采用高程/深度拟合或采用多源数据建立精化模型的方式得到，如果测区范围较小，距离岸边较近，可近似将该偏差看作常数，在岸边采用 GNSS 水准联测的方式获取。

这种无需验潮站观测潮位的模式，也称为无验潮模式。该方法的原理示意图如图 4-28 所示。

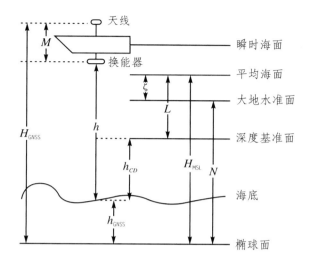

图 4 - 28 GNSS 无验潮模式测深原理示意图

在图 4 - 28 中，在任意测量时刻，由 GNSS 技术测定天线处的大地高 H_{GNSS}，测深仪测量换能器至海底的垂直距离 h，即瞬时测量水深值。M 为 GNSS 天线与测深仪换能器的垂直距离，是可测量的已知参数，则易得海底的大地高 h_{GNSS} 为

$$h_{GNSS} = H_{GNSS} - M - h \tag{公式 4 - 39}$$

公式 4 - 39 表明，由 GNSS 与测深仪的测量成果易获得海底大地高 h_{GNSS}，h_{GNSS} 是指海底在参考椭球面上的高度，图载水深是海底在深度基准面下的垂直距离。因此，需将大地高 h_{GNSS} 转换为深度基准面起算的图载水深 h_{CD}。该转换需要测深点处深度基准面、参考椭球面等垂直基准面间的关系，属于海域垂直基准面的转换问题。该转换可采用以下两种方法。

1. 平均海面高模型与深度基准面模型。平均海面高模型、深度基准面模型分别指格网化的平均海面大地高数据集、深度基准面 L 值数据集。由这两个模型分别内插出测深点处平均海面大地高 H_{MSL} 与深度基准面在平均海面下的垂直距离 L，则

$$h_{CD} = H_{MSL} - L - h_{GNSS} \tag{公式 4 - 40}$$

2. 大地水准面模型、海面地形模型与深度基准面模型。大地水准面模型、海面地形模型分别指格网化的大地水准面差距（高程异常）数据集、海面地形数据集。由这三个模型分别内插出测深点处的 N、ζ 与 L，则

$$h_{CD} = N + \zeta - L - h_{GNSS} \tag{公式 4 - 41}$$

上述两种方法，利用不同的垂直基准面模型将海底的大地高转换为图载水深。

传统测深模式需设定一定数量的验潮站，根据验潮站的潮位数据确定该水深点一定范围内的瞬时水深值，在此过程中已经存在人为的观测误差、设站误差等。无验潮测深

模式则摒弃了传统水下地形测量设置验潮站的要求，集潮位改正信息和水深数据获取为一体，直接获得水深点的瞬时高程值，较传统验潮测量模式便利。相对传统的水深测量模式，无验潮测深技术得到了广泛的应用，其显著的特点在于运用高精度的 GNSS 定位技术进行空间定位，无需根据验潮站进行潮位信息改正，减少了人为等因素引起的错误，测量精度高。其相对于验潮测量模式具有独特的优势：一是无需人工设立水尺进行水位观测，节约成本；二是可全天候作业，不受昼夜影响，有效地提高了工作效率；三是有效地消除了船体动态吃水等不确定性影响；四是避免了潮位观测建立模型带来的水位改正误差。

二、应用条件

在理论上，基于 GNSS 高精度动态测高模式支持的水下地形测量精度高于传统测量模式下的水下地形测量。但由前述基本原理可知，该方法的应用需要满足以下条件。

（一）瞬时大地高的高精度解算

瞬时大地高的高精度解算是无验潮测深模式应用的前提，通常采用 RTK 以获得厘米级的高程精度，但与岸上基准站的距离受限。离岸距离较远时，也可采用 PPK 和 PPP，垂直方向的定位精度可达到 10cm 左右。

（二）天线与换能器间垂直距离的确定

在测量载体保持静态时，天线与换能器间的垂直距离 M 为已知固定值。在测量载体动态时，载体的姿态处于变化中，此时 M 为与姿态相关的变量，需通过姿态传感器或多个接收机的方式确定载体的姿态变化。

（三）垂直基准面变换

将海底的大地高转换至深度基准面起算的图载水深，需要参考椭球面、平均海面、深度基准面、大地水准面等之间的关系。对于江河或者港口、航道等较小测区，可采用以点代面或多点内插的方式。若测区范围较大或离岸一定距离或潮汐变化复杂，则需要构建测区范围内连续无缝的垂直基准转换模型。

另外，实践应用时还将面临大地高解算成果的异常突跳处理，GNSS 与姿态传感器和测深的时间同步等问题，技术水平要求高。

三、技术问题

无验潮水深测量作业流程可分为三个步骤，即测前准备、外业数据采集和数据后处理形成成果输出。测前准备主要包括测区控制网建立、转换参数求算（如需要）及测线布设等；外业数据采集主要包括基站架设，GNSS 接收机、测深仪等的连接、配置及参数改正后进行测量；数据后处理即对采集软件获取的数据进行处理，如 GNSS、惯性导航系统（inertial navigation system，INS）和测深设备之间坐标转换、垂直基准转换等生成水深成果图，如图 4-29 所示。

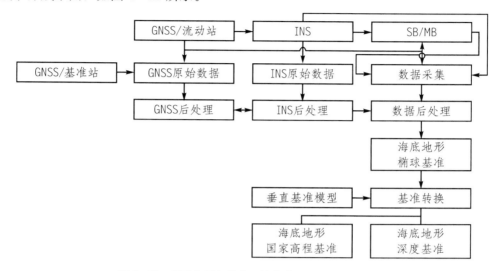

图 4-29　无验潮测深作业系统构成及工作流程示意图

为了获取精确的水深数据，需要高精度 GNSS 定位技术（GNSS RTK、GNSS PPK、GNSS PPP 等），而在海上进行水深地形测量时会受到波浪、潮汐等因素的影响，换能器探测的水深数据需要经过换能器吃水、海水声速、姿态、涌浪和水位等归算改正，利用高精度的垂直基准模型，才能得到基于某一深度基准面的水深。测量时要尽可能在风浪较为平静时进行观测，接收机天线的高度以保证 GNSS 接收机信号不受船体遮挡为原则且不宜设置过高，其姿态也要尽量保持垂直，以免因倾斜造成较大平面位置误差。具体包括以下关键技术点。

（一）GNSS 精度控制与坐标转换

根据以上理论和方法，优化后的精密水深测量模式中每个历元的 GNSS RTK 平面和高程解均需准确，故对 GNSS 的观测数据进行质量控制，同时经过框架转换和历元归算把坐标转换成 CGCS2000 坐标。

（二）时延修正

水深测量中，由于 GNSS 内部算法、数据传输与编码等问题常导致定位时间与测深仪获得定位信号时间不同步，即存在时间延迟。为确保二者严格同步，必须进行时延探测与修正。时延确定方法通常利用往返观测的方式，寻找同一特征点的两个位置，也可采用断面整体平移法等。

（三）姿态改正

确定理想船体坐标系与瞬时船体坐标系之间的关系，构建由横摇和纵摇组成的瞬时旋转矩阵，计算 GNSS 天线在船体坐标系下的瞬时坐标，再结合其瞬时定位、测深信息及垂直基准模型，最终获得海底点的高程。

第五节　水深测量精度

为了提供能使水面船舶安全航行的导航产品和服务，满足不同目的的实际要求，IHO 2020 年发布了第六版《海道测量标准》（S-44 6.0.0 版）。依据水深测量和要素探测要求，定义了以下五种不同的测量等级，并且每一种测量等级都是为满足一系列需求而设计的。

一是 2 等测量。最宽松的测量等级，适用于水深足够深，仅需要对海底进行一般描述的海域。测量区域至少需要均匀分布 5% 的水深覆盖率。建议在深度超过 200m 的区域进行 2 等测量。一旦水深超过 200m，就不太可能存在大到足以影响水面船舶航行而未被 2 等测量探测到的要素。

二是 1b 等测量。适用于对计划通过的水面船舶来说，认为对海底进行一般描述就足够的海域。测量区域至少需要均匀分布 5% 的水深覆盖率。这意味着某些要素不会被发现，尽管水深覆盖区域之间的距离会限制这些要素的大小。只有在认为富余深度不成问题时，才建议采用此测量等级。例如，如果某一区域的海底特征满足上述情况，那么该区域存在的海底要素几乎不会危及计划在该海域航行的水面类船舶。

三是 1a 等测量。适用于海底要素可能会对预计通过的水面类船舶产生影响，但认为富余深度不是非常重要的区域。为了探测到特定尺寸的要素，需要进行 100% 的要素搜寻。只要能获得所有重要要素的最小深度，且水深测量能够充分描述海底地形的性质，那么小于或等于 100% 的水深覆盖率也是合适的。随着深度的增加，富余深度变得不那么重要，因此在水深大于 40m 的区域，需要探测的要素尺寸随着深度的增加而增加。可能需要进行 1a 等测量的区域包括沿海水域、港区、停泊区、航道和海峡。

四是特等测量。适用于富余深度至关重要的区域。因此，需要 100% 的要素搜寻和 100% 的水深覆盖率，并且为谨慎起见，特等测量需要探测的要素尺寸比 1a 等测量的要求更高。可能需要特等测量的海域有停泊区、港区、重要航道和航运通道的关键区域。

五是超等测量。IHO 特等测量的延伸，具有最严格的不确定度要求和数据覆盖要求。超等测量仅限于浅水区使用（港区、停泊区及航道和海峡的关键区域），这些区域富余深度非常小且海底要素对船舶航行有潜在的危险，在此区域使用水柱信息有卓越的、最佳的效果。超等测量要求 200％的要素搜寻和 200％的水深覆盖率，为谨慎起见，需要探测的要素尺寸比特等测量要求更高。

姑且不论对海底地形测量的覆盖程度和分辨率要求，仅就水深测量精度而言，各等级的水深精度指标见表 4-8。

表 4-8　国际标准的水深测量精度指标

等级	2 等	1b 等	1a 等	特等	超等
典型水域描述	对海底进行一般描述即可以满足需要的水域	对可能通过该水域的船舶，其富余深度不认为是问题的水域	富余深度不是问题，但可能存在于通航所关注的要素的水域	富余深度是至关重要的水域	有严格的最低富余深度和操纵受限的水域
最大可接受垂直总不确定度（95％置信度）	$a = 1.0m$ $b = 0.023$	$a = 0.5m$ $b = 0.013$	$a = 0.5m$ $b = 0.013$	$a = 0.25m$ $b = 0.0075$	$a = 0.15m$ $b = 0.0075$

表 4-8 中列出的相应 a、b 值代入下面公式，可计算测深精度为

$$\pm \sqrt{\left[a^2 + (b \cdot d)^2\right]} \qquad \text{（公式 4-42）}$$

公式 4-42 中，a 为深度误差常数，即所有常量误差之和；b 为深度相关误差系数；$b \cdot d$ 为深度相关误差，即所有深度相关误差之和；d 为深度。

水深精度应理解为归算后水深的精度。在确定水深精度时，需对各误差源进行定量表示。由于水深测量的特点是测量深度数据缺少多余观测值，因而水深精度主要取决于对影响水深值的系统误差和可能的随机误差的估计精度。对影响探测水深值的所有可能误差的综合估计是提高水深精度的关键，因此要考虑所有误差源的综合影响以得到总传播误差。总传播误差由所有对测深有影响的因素所造成的测深误差组成，其中包括：

1. 与声信号传播路径（包括声速剖面）有关的声速误差；

2. 测深与定位仪器自身的系统误差；

3. 潮汐测量和模型误差；

4. 船只航向与船摇误差；

5. 因换能器安装不正确引起的定位误差；

6. 船只姿态传感器的精度引起的误差，如纵横摇的精度、动态吃水误差；

7. 数据处理误差等。

以上这些误差都会影响探测水深的精度，应当采用统计的方法，对所有已知的误差

进行考虑，以确定水深精度。经统计确定的总传播误差（95％置信度）旨在用于描述水深精度。由于上述误差可以分为误差常数和水深相关误差，表 4 - 8 中给出了经过专家论证的误差常数 a 和水深相关误差 b 值，利用所给的公式计算各级测量的水深允许误差，其置信度为 95％，依次作为约束各级测量的测深数据精度的限差。

为了解释所有的误差源，必须利用误差模型对误差大小进行估计，其估计形式为

$$\sigma_{TPd}(2d\,\text{rms}) = \pm\sqrt{\sigma_n^2 + (\tan\theta\sigma_d)^2 + (d\sigma_r)^2 + (d\sigma_p)^2 + (d\tan\theta\sigma_g)^2 + \left(\frac{\sqrt{5}\,d\tan\theta}{2v} \cdot \sigma_v\right)^2}$$

（公式 4 - 43）

公式 4 - 43 中，$2d\,\text{rms}$ 即径向位置误差（置信度为 95％），是下列误差平方和的根的 2 倍：定位系统引起的误差 σ_n、水深测量误差 σ_d、横摇误差 σ_r、纵摇误差 σ_p、航向（陀螺罗经）误差 σ_g 和声速误差（波束角分量）σ_v。等式中 d 是换能器的水深，v 是平均声速，θ 是从最下方起算的波束角。

上面讨论的是根据多波束系统获取的数据误差源及其估计公式，而对于其他测深仪器测深误差的估计，则可以根据不同仪器的实时探测情况，对一些误差进行取舍。例如，单波束测深一般情况下可以不考虑 σ_r、σ_p、σ_g 等误差的影响，但对于倾斜的海底必须进行海底倾斜改正；测量船的动态吃水影响误差在上式中并没有估计，对于大多数高精度探测而言，由于不同船速下动态吃水的影响不同，因此还必须估计测量船动态吃水误差。

总之，提高海洋测深精度的方法，一方面是尽可能利用高精度仪器监测并减小测量中的各种误差，另一方面就是利用上述误差模型进行误差估计。

我国《海道测量规范》中规定应根据航海安全需要、测区海底地形地貌复杂程度、采用的测量设备等，选取水深测量等级或测图比例尺。其中，水深测量等级共分为五个等级。

一等测量。全覆盖水深测量海底覆盖率大于或等于 200％，应探测出边长大于 0.5m 的立方体特征物。适用于水深受限、底质为岩石等硬质、对航行安全至关重要的通航水域测量或航行障碍物探测。典型水域包括泊位、港区、航道等。

二等测量。全覆盖水深测量海底覆盖率大于或等于 100％，应探测出边长大于 1m 的立方体特征物。适用于水深对航行安全至关重要、水深小于或等于 40m 的通航水域测量或航行障碍物探测。典型水域包括泊位、港区、航道等。

三等测量。全覆盖扫海测量海底覆盖率大于或等于 100％，水深点间距不大于图上 1.2cm，障碍物全覆盖水深测量海底覆盖率大于或等于 100％，应探测出边长大于 2m 以上的立方体特征物。典型水域包括锚地、船舶定线区、习惯航路（线）等水域。

四等测量。水深点间距不大于图上 1.3cm，对水深浅于 40m 且为强级的海底目标进行加密探测，适用于对海底进行一般性测量即可满足船舶安全航行、水深小于或等于 200m 的水域。

五等测量。水深点间距不大于图上 1.5cm，适用于水深大于 200m 的水域。

水深测量测图比例尺的选取应符合下列规定：

1. 港池、航道等富余通航水深较小的重要水域，锚地、分道通航区、航路上的航行障碍物区域和浅水区域，实施全覆盖水深测量，不适用比例尺限制；

2. 港口、锚地、岛礁等具有重要使用价值的海区，测图比例尺不小于 1∶5000；

3. 开阔的海湾、地貌较复杂的沿岸及多岛屿地区，测图比例尺不小于 1∶25000；

4. 地貌较平坦的沿岸开阔海区，测图比例尺不小于 1∶50000；

5. 离岸200n mile 以内海域，以 1∶100000 或 1∶250000 比例尺施测；

6. 离岸200n mile 以外海域，一般以 1∶500000 比例尺施测；

7. 为了详细显示海底地形地貌，对个别地段进行放大比例尺测量时，其控制基础按原比例尺要求。

《海道测量规范》还给出了水深测量极限误差（置信度为 95%）的规定（表 4-9），同时也对水深测量中主测线、检查测线交叉点水深比对和相邻图幅拼接重合点水深比对的限差（表 4-10）做了规定，规定超限的比对点数不得超过参加比对总点数的 10%。

表 4-9　水深测量极限误差规定

测深范围 Z/m	极限误差 2σ/m
$0 < Z \leq 20$	± 0.3
$20 < Z \leq 30$	± 0.4
$30 < Z \leq 50$	± 0.5
$50 < Z \leq 100$	± 1.0
$Z > 100$	$\pm Z \times 2\%$

表 4-10　水深比对重合点深度不符值限差规定

测深范围 Z/m	极限误差 2σ/m
$0 < Z \leq 20$	± 0.5
$20 < Z \leq 30$	± 0.6
$30 < Z \leq 50$	± 0.7
$50 < Z \leq 100$	± 1.5
$Z > 100$	$\pm Z \times 3\%$

第六节　水下地形测量工作方法与流程

水下地形测量的基本内容包括导航定位、辅助参数测量及改正、水深测量、数据处理与成图等，其中各项辅助参数包括船吃水、船姿、声速剖面、水位等。掌握科学合理的方法与技术流程对于水下地形测量而言至关重要，是获取准确数据的保障。本节概述了水下地形测量的基本流程（图4-30），较为详细地论述了其中的一些重要环节，这对于水下地形测量的规范化是有帮助的。

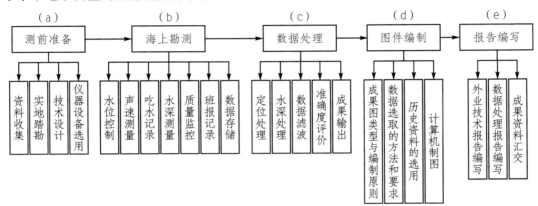

图4-30　水下地形测量的基本流程示意图

一、测前准备

全面收集、整理、评估涉及测区的测深和水文资料并进行实地踏勘，以便于测线和声速测站的合理布设，为海上勘测奠定基础，并在此基础上进行技术设计和施工设计，选用适合的仪器设备。

（一）资料收集

根据测区特点及任务要求，全面收集和分析测区有关资料，主要收集的资料如下：

1. 测区内及周边地区的 CORS、GNSS 点、水准点分布及相关资料；

2. 验潮站、潮汐模型、平均海面高程、陆海似大地水准面模型等资料；

3. 测区的自然、地理、人文概况；

4. 最新出版的海底地形地貌图和海图；

5. 其他与调查测区测量有关的资料。

对所收集的资料，应对其可靠性及精度情况进行全面分析，并对资料采用与否做出结论。

（二）实地踏勘

测区踏勘的主要内容如下：

1. 测区行政区划、社会情况、自然地理、水文气象、通信、交通运输、物资器材、医疗卫生、船舶港口、避险及避风港等；

2. 已知控制点位置、标志类型及保存情况，必要时，实地勘选所需增设的控制点；

3. 已有水位站（验潮站）的完备情况，必要时，实地勘选所需增设的水位站（验潮站）；

4. 调查了解测区内障碍物情况；

5. 测区内水产养殖分布情况；

6. 其他应调查了解的内容。

（三）技术设计

水下地形测量作业前，应进行专业技术设计，技术设计书编制的主要内容如下：

1. 任务来源及测区概况；

2. 已有资料及前期施测情况；

3. 任务总体技术要求，包括测区范围、采用基准、测量比例尺、图幅、测量准确度要求及作业技术流程；

4. 水位控制（包括验潮站布设、观测与水准联测等）技术设计和论证分析，吃水、声速、姿态等测深改正参数方案与要求，水深测量与航行障碍物探测技术方案与要求；

5. 测量装备需求（测量船和测量仪器）及仪器检定/校准项目与要求；

6. 根据测图比例尺确定测线间隔、测线数量，根据已知资料等深线的走向确定测深线布设方向；

7. 数据处理与成图要求；

8. 工作量、人员分工及进度安排、质量与安全保障措施；

9. 预期提交成果及测量报告要求、成果检查要求；

10. 资料归档与上交要求、相关图表及附件。

（四）仪器设备选用

1. GNSS 接收机。GNSS 接收机的要求如下：

（1）数据更新率应不低于 1Hz；

（2）出测前在已知点进行 24h 定位精度试验及稳定性试验，采样间隔应不大于 1min；

（3）卫星高度角不小于 10°；

（4）GNSS 天线应牢固架设在测量船的开阔位置，并避开电磁干扰。导航定位准确度要求应优于 5.0m。

2. 单波束测深仪。单波束测深仪要求如下：

（1）应根据水深测量范围选择单波束测深仪；

（2）测深仪在工作开始前应进行稳定性试验，每台测深仪连续开机时间不得少于 2h。

3. 多波束测深仪。多波束测深仪技术指标应符合下列规定：

（1）发射波束角不大于 2.5°，接收波束角不大于 2.5°；

（2）扇区开角不小于 60°；

（3）当船速≥10kn，船横摇≤10°，船纵摇≤5°，仪器能正常工作；

（4）配备声速剖面仪、姿态传感器、航向仪等辅助设备；

（5）姿态传感器横摇、纵摇精度优于 0.05°，升沉精度优于 0.05m 或实际升沉量的 5%取大者，航向精度优于 0.1°，频率不低于 20Hz。

4. 声速剖面仪。声速剖面仪要求如下：

（1）声速剖面测量准确度应优于 1m/s；

（2）声速剖面仪工作水深应大于测区最大水深，满足全水柱声速剖面测量要求。

5. 验潮仪。验潮仪要求如下：

（1）验潮仪观测准确度应优于 5cm，时间准确度应优于 1min；

（2）沿岸验潮站不能控制测区水位变化时，可利用自动验潮仪、高精度差分 GNSS 测量潮位或潮汐数值预报方法进行潮位测量。

二、海上勘测

（一）水位控制

水位控制是指确定测深成果的起算基准面，并将实测深度归算到这一基准面的过程，包括验潮站的布设、深度基准面的确定、有效作用距离的计算、水位实时观测和水深数据的改正。为得到稳定的海底地形测深数据，需要消除一些水文要素如波浪、海流和潮位的影响。波浪影响一般可用滤波方法消除，海流的影响也可在海平面中得到反映。因此，消除潮位的影响是水位改正中的核心。潮汐效应的影响，也就是将海区瞬时测深值归一到一个稳定的海底地形水深数值上来。潮位改正也称为水位改正，它在海底地形测量中对于提高测量的精度具有十分重要的意义。无验潮模式水下地形测量通过采用基于 GNSS 技术的水位改正法能够有效地消除船体动态吃水等不确定性影响，并且避免潮位观测建立模型带来的水位改正误差。

（二）声速测量

影响测深精度的一个主要因素是声波在水中的传播速度。不同季节、不同海区、不同深度的声波的传播速度差异很大，声速校正是各项校正中最重要，也是最难控制的因素。一般而言，近海与河口区水文环境复杂，声速剖面变化大，要加密测量声速；远海区域水文环境稳定，要求定期测量声速。

声速测量包括表层声速测量和声速剖面测量。声速剖面测量一般采用自容式声速剖面测量仪、CTD（conductivity temperature depth）测量仪等，表层声速测量还可以采用实时声速计测量。声速测量准确度要求≤1m/s。在水下地形测量时，声速剖面测量的基本要求如下：

1. 在每次进入测区后，开展工作前应至少进行 1 次声速剖面测量，以便初步了解测区声速特点；

2. 在作业过程中应实时监控、评估表层声速仪的采集数据情况，保证数据准确可靠；

3. 在浅水海域（水深≤200m），要求采用实时表层声速数据；

4. 在浅水海域，要求采用全深度声速数据，声速剖面的控制范围应小于 50km×50km，使用时间应不超过 10d；

5. 当测区内影响声速的水文条件（温度、盐度、浊度等）变化较大时，应增加声速剖面的测量次数，尤其在河口和近岸测量时，需要及时更新声速剖面；

6. 测量过程中，当边缘波束出现对称弯曲现象或监控界面中海底地形剖面发生畸变时，应及时更新声速数据或重新进行声速剖面测量；

7. 声速剖面在时间、空间上的具体布设应以保证多波束条带测深的边缘波束位置处水深准确度符合相关规范要求为原则。

（三）吃水记录

每次测量开始前、结束后均应测定换能器的吃水深度。测量船的吃水深度非均匀改变的事件前后，要求测量吃水深度。测量吃水深度应选择船体相对平稳状态时进行，2 次或 2 次以上测量差异应不超过 10cm。

（四）水深测量

水下地形测量或水深测量，应采用与陆地相同的空间参考系与时间参考系，并优先采用与陆地测量相同的比例尺，使陆地与水体的地形要素相互衔接，形成完整的区域地物地貌要素信息。同时，应建立深度基准面与高程基准面之间的转换关系，使之形成统一的垂直基准，从而将陆地高程模型与水下深度模型无缝连接成一体，成为一个完整的地球表面模型。

1. 船舶的航行要求。水深测量时，对船舶的航行要求如下：

（1）测量船应保持匀速、直线航行，船速小于 12kn；

（2）航向变化应不大于 5°/min，遇到特殊情况（障碍物等）应采取停船、转向或变速措施，并及时定位；

（3）更换测线时，应缓慢转弯，航向变化应不大于 5°/min；

（4）实际测线与计划测线偏离不大于测线间距的 15%，多种测量设备同步作业时，每 48h 同步到 UTC 时间 1 次。

2. 水深测量要求。水深测量的施测要求如下：

（1）测量开始前和结束后应采用内符合或外符合方式对深度测量准确性进行检查，内符合采用主测线与检查线交叉点比对方法，外符合在浅水区测量时采用与固定深度的量具（如比测板）进行比测；

（2）水深测量时，应进行定位和水深数据实时同步采集与记录，定位数据采样频率不低于 1Hz；

（3）对于海底地形地貌变化剧烈地区，应根据实际需要做加密测量，加密程度以完整反映海底地形地貌特征为原则。

3. 作业设备记录要求。采用自动化作业设备对测线定位、测深数据进行实时综合采集与记录，具体要求如下：

（1）每一测点记录的数据项应包括测线号、点号、日期、时间、经度、纬度、水深等信息；

（2）24h 内备份当天采集的原始记录数据，7d 内备份全部原始记录数据，由专人负责归档信息记载和数据管理。

4. 测线布设要求。水深测量要布设主测线和检查测线。主测线一般应采用平行等深线走向布设，检查测线与主测线的夹角（锐角）应≥70°，且应与测区内 80% 主测线相交。检查测线总长度应不少于全部测线长度的 2%。

多波束全覆盖测量中，测线间条幅重叠率应≥10%。条幅重叠率计算公式如下：

$$\gamma = \frac{L}{D} \times 100\%$$ （公式 4 - 44）

公式 4 - 44 中，γ 表示条幅重叠率；L 表示相邻测线间条幅重叠的宽度（m）；D 表示相邻测线间距（m）。测区之间重复测量的宽度应大于一个条幅的覆盖宽度。

（五）质量监控

1. 现场质量监控。现场质量监控的主要内容有以下几点：

（1）上线作业前，应对所使用的导航与数据采集软件参数设置进行检查，确保各类参数设置正确；

（2）实时监视水深测量设备工作状态，发现异常现象，应立即停止作业，对相应设备进行检测，确保设备工作的可靠性和稳定性；

（3）及时检查数据记录设备是否正常运行，数据记录质量是否良好；

（4）采用可视化测量导航与数据采集软件，实时监控测线航迹状态，确保施测测线满足要求；

（5）采用水深测量数据处理与成图软件，对每天获取的水深测量资料进行录入处理，检查获取数据的完整性，同时对当天最新获取数据与已有数据的一致性进行检查；

（6）现场技术负责人检查测量资料的质量情况，发现问题及时处置。

2. 补测或重测。在下列情况下应进行补测或重测：

（1）漏测测线长度超过图上 3mm 时，应补测；

（2）实际测线间距超过规定间距的 15% 时，应重测；

（3）主测线和检查线比对不符合水深测量准确度要求时，应重测；

（4）数据丢失的，应重测。

对于多波束测深，出现以下情况应补测：条幅重叠率＜10% 的区块及出现异常波束的区块面积累计超过测区总面积的 1%；单个空白区块的宽度大于水深的 20%。

（六）班报记录

测深线测量过程中应详细记录班报。测线开始、结束时应各记录 1 次班报，测线工作过程中无异常情况出现时，原则上每 30min 记录 1 次。所有的参数设置及其更改应在班报中记录；遇到系统故障和航向、航速、水深突变等特殊情况，应在班报中记录。

值班人员应对记录质量进行自检，现场记录字迹应清楚、整洁、准确，各栏内容应按要求填写；专业负责人要对班报记录进行定期抽查，项目技术负责人要对每个作业周期的班报记录进行检查，并签字确认。

（七）数据存储

由专人负责测量数据资料的管理。测量数据包括原始数据文件、声速剖面文件和系统参数文件，应同时保存在不同的存储介质中。专业负责人每天检查一次测量数据，确保对原始数据文件质量进行百分之百检查。外部存储介质的备份（如光盘、硬盘等），应统一标签，标明项目名称、内容、编号、编制人、日期等。

三、数据处理

（一）定位处理

当定位资料持续出现异常时，在航速均匀的情况下允许在删除异常定位点后插值推算，但出现以下两种情况时，该段资料应被视为不合格，应删除并重测：直线航行时，持续出现异常的距离超过水深的 40%；测线弯曲时，持续出现异常的距离超过水深的

20%。定位资料经过处理后，应对波束的位置重新归算。

（二）水深处理

1. 换能器吃水深度改正。根据换能器吃水记录表采取内插的方法进行吃水改正。吃水改正计算公式为

$$Z = Z_s + \Delta Z_b \qquad (公式4-45)$$

公式4-45中，Z 表示水面至海底的深度（m）；Z_s 表示多波束观测深度（m）；ΔZ_b 表示换能器吃水深度（m）。

2. 水位改正（潮位改正）。海底地形测量中，测点的高程等于工作时的水位减去水深。同一瞬间的水面是起伏不定的，严格地讲，每个测点的高程应该用测量该点时的工作水位计算。但在实际工作中，只能在有效控制范围内，采用有关的观测站的水位资料进行水位改正，其误差不超过测深精度；如超过有效控制的范围，则要用相邻两个水位站的观测资料内插得到的工作水位进行水位改正。

浅水海域应进行水位改正。深水海域原则上可不进行水位改正，但近岸区域或水位影响超过允许误差时不在此列。水位改正的准确度高于25cm。

3. 参数校正。当测深系统参数与海上作业时预设的情况发生变化时，其中纵摇偏差、横摇偏差和艏向偏差的变化>0.1°，定位延迟变化>0.1s时，应利用新的参数进行校正。

4. 声速改正。由于声速剖面导致明显水深误差的，应重新进行声速改正。

（三）数据滤波

1. 自动滤波。根据坡度门限、水深门限、信噪比、标准偏差等，采用统计的方法，由计算机自动进行滤波处理，清除不合格的波束；根据条幅重叠率的实际情况，清除不能达到准确度要求的边缘波束。

2. 人机交互编辑。人机交互编辑应遵循如下原则：短时间内水深变化幅度应在一定的区间范围之内；地形变化是连续的；一般中央部分波束水深的准确度较边缘波束高；水下若存在人工构建物可不受以上规则限制；对大量可疑测深点的删除，应做记录。

（四）准确度评价

资料经处理后，应对整个区域进行水深测量精确度评估，计算主测线和检查测线在重复测点上的水深测量值的差值，统计均方差，作为水深测量准确度综合评估的依据。计算均方差时，允许舍去少数特殊重复点，但舍去点数不得超过总点数的5%。水深变化大的区域，可以按水深值分段计算。

水深测量准确度检验方法有定点准确度检验、平行测线准确度检验、交叉测线准确度检验和综合准确度检验。检测地点一般选择在不浅于5m的平坦海底地形的海域。

对重合点进行水深比对时，比对差异应不超过表4-10的要求。

1. 定点准确度检验。在船相对静止不动时，收集足够（重复测点个数＞100 个）时间内的多波束测量数据，然后计算重复测点水深中误差，计算公式为

$$\sigma = \pm\sqrt{\frac{\sum\limits_{i=1}^{n}(h_i - \bar{h})^2}{n-1}} \qquad (公式\ 4-46)$$

公式 4 - 46 中，σ 为中误差（m）；h_i 为重复测点水深测量值（m）；$\bar{h}$ 为重复测点水深测量值的平均值（m）；n 为重复测点个数。

定点准确度检验中重复测点中误差，中误差与重复测点水深测量值的平均值的百分比反映了多波束测深系统相同或相近位置波束重复测量的准确度。

2. 平行测线准确度检验。布设两条平行测线，条幅重叠率在 10％～20％。计算两条测线重复测点水深的均方差值，计算公式为

$$\sigma = \pm\sqrt{\frac{\sum\limits_{i=1}^{n}h_i^2}{2n}} \qquad (公式\ 4-47)$$

公式 4 - 47 中，σ 为中误差（m）；h_i 为不同测线条幅重复测点水深测量值的差值（m）；n 为重复测点组数，两个重复测点为一组。

平行测线准确度检验是检查测线边缘波束重复测量的准确度。

3. 交叉测线准确度检验。布设两条垂直测线，计算重复测点水深的均方差值，计算公式同公式 4 - 47。交叉测线准确度检验既是检查中间波束与边缘波束重复测量的准确度，也是检查声速剖面合理性的重要依据。

4. 综合测量准确度检验。综合测量准确度检验一般采用"♯"形测线布设方法（图 4 - 31）。选择多波束系统工作水深范围内的海域，布设 4 条呈"♯"形的测线，纵向两条测线（A 和 B）互相平行，测量方向相反，条幅重叠率为 10％～20％；横向两条测线（1 和 2）互相平行，测量方向相同，条幅重叠率 50％。

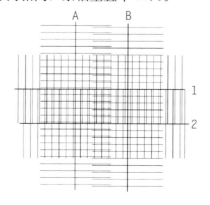

图 4 - 31　水深测量准确度检验测线布设图

综合测量准确度计算方法是在"♯"形测线测量区内，查找重复测点，并统计重复测点水深均方差值，计算公式同公式 4 - 47。

（五）成果输出

后处理成果数据包括以下两类：

1. 水深离散数据，包含全部有效的波束，以 ASC II 码形式输出，一个记录代表一个波束，至少应包含经度、纬度、水深值 3 个数据项，其中经度、纬度单位为°（精确到小数点后 6 位），水深值单位为 m（精确到小数点后 1 位）。

2. 成图数据包含规则网数据、不规则三角网数据，要求至少有其中的一种作为成图数据存档。

四、图件编制

（一）成果图类型与编制原则

水下地形测量成果图为以等深线形式的平面地形图、彩色晕渲地形图、坡度图，采用规则格网数据或不规则三角网数据编制。此外需要编制水下勘测时的测线航迹图。

（二）数据选取的方法和要求

数据选取的方法包括规则格网数据选取和不规则三角格网数据选取。

规则格网数据选取采用规定：格网间距应小于成果图上 5mm 的实际距离，同时保证每个格网单元不少于 4 个采样点；对于空白的格网点，可利用邻近的有效格网值进行样条插值填充，但填充范围应小于成果图上 10mm，否则填充区域应在成果图上标示出来，如等值线用虚线表示。

不规则三角网数据选取采用规定：不规则三角网数据选取的过程是对多波束离散数据的稀疏化，原则上，在一定的水深区间内数据分布应相对均匀，数据间距不得大于成果图上 5mm 的实际距离；在平坦地区，数据间距可适当放宽；在水深变化较大的地区，数据间距应适当减小。

（三）历史资料的选用

历史资料是不同时期采集的测深资料，包括单波束测深和多波束测深资料。历史资料引用前应查明其位置、测量仪器与技术、测量准确度，确定引用价值和引用方式。定位测量准确度不符合编图比例尺要求的历史资料不能引用。引用历史资料前，应先计算两者重复测量均方差，符合相关标准时才可引用。

（四）计算机制图

采用计算机制图，制图软件应采用常用的软件，如 ArcGIS、CorelDRAW、Map-GIS、AutoCAD 等，制图方法遵照海底地形图编绘规范。

五、报告编写

（一）外业技术报告编写

外业技术报告应真实地反映外业工作的过程和方法、完成的工作量、获得的资料质量等情况。技术报告至少要包括以下内容：

1. 前言：测量任务的来源和目的、工作量统计和工作完成情况；

2. 测区位置及概况：测量海区的范围和地理位置、海区的地质地理概况；

3. 测量设备、测量船：测量设备的主要技术参数及测量船的情况；

4. 仪器试验和工作方法；

5. 测量实施：测线布设、实施进程和完成工作量；

6. 原始资料的质量情况：原始资料的完整性、测量数据的准确度和质量评估；

7. 结论和建议；

8. 附件：GNSS 接收机的稳定性试验报告、测量区域航迹图、覆盖程度图、水深草图等。

（二）数据处理报告编写

资料后处理完成后应编写处理报告，包括任务概述、资料处理流程、资料处理参数、准确度评价等。

（三）成果资料汇交

成果资料应按调查设计要求和规定整理上交资料管理部门。成果资料内容包括任务书、合同书及调查技术设计书，测量原始数据，资料后处理成果数据，声速剖面原始数据及实际应用数据，测量记录板报，测量成果图，测量技术报告，测量资料后处理报告。汇交的资料应完整，签字手续应完备。成果资料应经项目主管部门验收合格后汇交。

《 第五章 》

近岸海域机载 LiDAR 水下地形测绘

常规区域性水深测量方法主要是指以舰船等水面移动载体为平台的声学探测技术，包括单波束测深和多波束测深。水深值小于 10m 的潮间带地区由于受到海洋潮汐的影响，往往存在滩浅、淤泥、礁石等较为复杂的作业环境，多数情况下只能依靠人工或小船作业的方式进行水深数据的采集，测量效率低、难度大、成本高，有一定危险性，故近海岸区域内长期以来存在大量测深数据空白。

近年来，以航空平台为载体的机载 LiDAR 测深技术有效地克服了传统测深方式周期长、机动性差、测深精度低、测区范围有限等缺点，弥补了以舰船为载体的传统声学测深方法在近海浅水区作业存在的技术缺陷，该技术受到了广泛关注。目前，机载 LiDAR测深技术已成功实现了产品化，其可靠、高效的作业特点不仅能满足海岸带区域的水深探测需求，同时也为相关工程问题的解决提供了全新的技术手段和思路。本章将重点介绍机载 LiDAR 测深的研究进展和基本原理，并在此基础上介绍其技术应用以及作业流程。

第一节　机载 LiDAR 测深研究概况

机载 LiDAR 测深系统是利用机载激光发射激光信号，对海面进行扫描测量，通过接收系统探测海面和海底的激光回波信号，并经过光电转换和信号处理，从而确定海底地形和海水深度的工作系统。本节对国内外机载 LiDAR 测深系统研制与应用的进展情况进行系统回顾。

一、国外研究进展

机载 LiDAR 测深系统的研制始于 20 世纪 60 年代，该阶段为技术发展的初级阶段。1969 年，Hickman 和 Hog 进行了初步的激光测深试验，主要以技术试验与理论论证为主。20 世纪 60 年代末到 90 年代初，随着卫星定位技术与惯性导航技术日渐成熟，机载激光测深系统很快被广泛应用于陆地和海洋地形测量中。这一阶段分为形成阶段（20 世纪 60 年代末至 70 年代末）和成熟阶段（20 世纪 80 年代初至 90 年代初），后者以采用更加可靠的导航定位系统与数据高速记录模块为标志。另外，早期的激光测深系统受到信号采集和存储空间的制约，一般只能记录首次和最后一次回波信号。第一台具备可操作性的机载激光测深系统是 20 世纪 80 年代设计制造的 LARSEN - 500。

目前，国内外众多机构、企业相继投入大量成本到机载激光测深系统的有关研制中。数据的全波形记录已成为系统的基本要求，在测深精度与范围方面也有了进一步提高。长期跟进该技术的主要国家包括美国、俄罗斯、加拿大、澳大利亚、瑞典、法国、荷兰、奥地利、中国等。机载激光测深系统发展过程见表 5-1。

表 5-1 机载激光测深系统发展过程

发展阶段	时间		典型系统
初级阶段	20 世纪 60 年代		—
提升阶段	形成	20 世纪 60 年代末至 70 年代末	美国：ALB、AOL 澳大利亚：WRELADS-Ⅰ 瑞典：HOSS 加拿大：MK-1
	成熟	20 世纪 80 年代初至 90 年代初	美国：ABS、NOROA、OWL、SHOALS 澳大利亚：WRELADS-Ⅱ 瑞典：FLASH、HawkEye 加拿大：LARSEN-500 苏联：Chaika、Makrel-Ⅱ
实用阶段	20 世纪 90 年代初至今		瑞典：HawkEyeⅡ、HawkEyeⅢ 加拿大：Aquarius、CZMIL 奥地利：VQ-820-G、VQ-880-G 荷兰：LADs Mk 3

CZMIL Nova 系统是加拿大 Optech 公司由美国陆军工程兵团和机载激光测深技术联合研究中心共同赞助开发的新型机载激光测深系统，主要由 Optech 公司和南密西西比大学研制并试验，系统集成了高光谱成像系统和数码测量相机，可同时生成无缝高分辨率 3D 数据及海岸带浅水水底地形影像。对于水深较浅、水质浑浊的区域，CZMIL Nova 系统采用高功率激光脉冲和较大的接收孔径，结合有效的波形探测算法，从而获取目标水域精确的水深信息。产品配备 Optech 公司开发的 Optech HydroFusion 软件，用于实现多源数据的融合处理。

HawkEye 系列产品最早可追溯到 20 世纪 90 年代 Saab 公司向瑞典海军和瑞典海岸线管理局提供的两套 HawkEye 激光雷达系统。之后该系统由瑞典 AHAB（Airborne Hydrography AB）公司继承并进一步开发，目前 AHAB 公司已被 Leica 公司并购。AHAB 公司于 2005 年成功研制了 HawkEye Ⅱ 系统，在采用全波形激光测深通道的基础上增加了 Leica RCD30RGB 相机，从而实现了 50m 以内浅水域激光回波数据与航空影像的同步采集。HawkEye Ⅲ 系统加载了高性能水深激光测量单元，其高程测量精度符合国际海道测量 1A 级测量规范。此外，该系统可自动进行折射校正，并拥有更高的数据捕获性能。

Chiroptera Ⅱ 是由 AHAB 公司研制的另一款作用于 15m 以内浅水域的激光航测系统，其基本性能与 HawkEye 系列类似，均采用了倾斜扫描和全波形捕获的方式。不同于 HawkEye Ⅲ，Chiroptera Ⅱ 只加载了 35kHz 的蓝绿光波段的脉冲激光扫描器，故其对水下测深范围相对有限，主要应用于水质较好的海岸、河道、湿地等区域的相关监测。

Fugro 公司于 1992 年开始推出自己的激光测深设备。LADs Mk 3 系统于 2011 年研制并生产，其最大的特点在于可以通过激光在海底的反射率对海床进行分类。另外，LADs Mk 3 系统仅适用于水下探测，故要实现海陆一体化测量，必须与其他陆地激光测量系统同步使用。

2011 年，由 RIEGL 公司和 Innsbruck 大学联合制造的 VQ‐820‐G 系统完成海上测试。该系统在整体设计上减小了设备的体积与重量，同时提高了设备作业续航时间。系统配备的原厂软件包 RiPROCESS 可用于复杂回波数据与激光折射数据的处理。另外，该系统标称具有一定程度的浑水探测能力，可用于条件较好的内陆水域探测。2015 年，RIEGL 公司在 VQ‐820‐G 的基础上发布了新的机载激光测深系统 VQ‐880‐G，测深性能方面有了进一步提高。

当前流行的几种主要机载激光测深系统及其相关参数对比见表 5‐2。

表5-2　主要机载激光测深系统参数对比

主要参数	CZMIL	HawkEyeⅢ	ChiropteraⅡ	LADs Mk 3	VQ-820-G	VQ-880-G
研制机构	Optech	Leica AHAB	Leica AHAB	Fugro	Riegl	Riegl
扫描方式	圆形	椭圆形	倾斜式	直线	椭圆形	圆形
作业航高/m	400~1000	水深测量：400~600 陆地测量：400~1600	水深测量：400~600 陆地测量：400~1600	360~900	水深测量：600 陆地测量：1500~2500	水深测量：600 陆地测量：2200
浅水脉冲频率/kHz	70	35	35	—	520	550
浅水模式最大测深	$2/k_d$ （水底反射率>15%）	$2.2/k_d$	$2.2/k_d$ 1.5 Secchi	—	1 Secchi	1.5 Secchi
深水脉冲频率/kHz	10	10	—	—	—	—
深水模式最大测深	$4.2/k_d$ （水底反射率>15%）	$4/k_d$	—	2.5 Secchi	—	—
测深精度/m	$\sqrt{0.3^2+(0.013d_p)^2}$ (2σ)	浅水频道：0.15 (2σ) 深水频道：$\sqrt{0.3^2+(0.013d_p)^2}$ (2σ)	0.15 (2σ)	<0.5 (2σ)	0.025 (σ)	0.025 (σ)
测点密度	—	水深测量：1.5pts/m² 地形测量：>12pts/m²	水深测量：1.5pts/m² 地形测量：>12pts/m²	(2m×2m)~ (5m×8m)	10~50pts/m²	10~50pts/m²
扫描角	±20°	前后：±14° 左右：±20°	前后：±14° 左右：±20°	前后：7°	20°椭圆	20°~40°椭圆
幅宽	作业高度的70%	作业高度的70%	作业高度的70%	79~585m	—	—
陆地脉冲频率/kHz	80	500	500	1.5	520	550

注：k_d 为扩散衰减系数，一般来说只有在 (0.1, 0.3) 区间内的激光才能够有效穿透水体；d_p 为测量目标深度；Secchi 为透明度量，采用具有黑白分隔的 Secchi disk 自沉入水中直至肉眼无法辨认时的距离。

为了提高测深系统的水深渗透性能，实现不同系统之间优势互补，可采用多系统协同作业模式。Fugro 公司 2015 年 4 月公布了旗下 LADs Mk 3 系统与 RIEGL 公司生产的 VQ - 820 - G 系统在新西兰北部 Motiti 岛周边海域进行组合试验的相关情况。VQ - 820 - G 具有较好的测深精度，但其测深能力有限，可用于近海浅水区及陆地表面地形测量；LADs Mk 3 系统的测深指标虽然优于 VQ - 820 - G，但测深精度较低且缺乏陆地地形数据。此外，两系统安置于同一平台上，具有各自独立的惯性测量单元，并采用相同的工作波段（532nm）。系统组合后可由一台笔记本电脑同时运行各自的控制软件。该试验表明，组合后的激光测深系统在浅水与近海岸区域最大限度地减少了航带间的缝隙，并同时得到地形及水深数据，这在一定程度上提高了水深测量结果的覆盖范围。此外，由于该组合系统的功率与发射频率较高，且可在多种轻型飞机平台进行搭载，因此在各种复杂测区环境条件下的测深结果优于其他低能源替代系统和单传感器系统，具有更高的适用性和灵活性。

二、国内研究进展

20 世纪 80 年代至 90 年代末，我国逐步展开对机载激光测深技术的相关理论研究工作，虽然起步较晚，且暂时还没有成熟的商业化产品面世，但该技术得到了各相关领域研究人员的广泛关注。华中理工大学（现华中科技大学）、中国科学院上海光学精密机械研究所、中国科学院长春光学精密机械与物理研究所、中国科学院西安光学精密机械研究所、中国海洋大学、西安测绘研究所等单位最早开展了激光水下探测设备的论证与研制工作。1996 年 5 月，华中理工大学对其所研制的机载海洋激光雷达系统进行了海上试验，成功接收到了 80～90m 的海底回波信息。2002 年，中国科学院上海光学精密机械研究所研制出了第一代机载激光测深系统。2004 年在国家"863"计划支持下，中国科学院上海光学精密机械研究所与中国海军海洋测绘研究所合作完成了系统样机的研制。胡善江等对我国自主研制的新型机载激光测深系统的飞行试验结果进行了分析，得出了该激光测深系统在测深精度和测量效率等方面已经接近实用化的结论。2013 年，中国科学院上海光学精密机械研究所在相关专项支持下开展了新一代机载激光测深系统的研制，国家测绘地理信息公益性科研专项基金支持了相关技术研究。国家海洋局第一海洋研究所先后通过与加拿大 Optech 公司、瑞典 AHAB 公司协商，分别于 2012 年 12 月和 2013 年 8 月引入 Optech 公司的 Aquarius 系统和 AHAB 公司的 HawkEye II 系统，并在中国南海海域进行了测深试验，试验结果表明，机载激光测深系统在中国南海能够到达标称的测深精度，证实了该技术在中国南海海域具有广阔的应用前景。通过对当前主流机载激光测深系统的分析研究，国内学者等结合中国机载激光测深技术的研究实际，分析了系统研制过程中所存在的难点与关键技术，并阐述了该技术在海洋测绘中的重要意义与作用。

第二节 机载 LiDAR 测深基本原理

机载 LiDAR 测深具有精度高、机动性好、主动性强、覆盖面积大、速度快、成本低等优势,在近岸水域,机载 LiDAR 测深系统被视为最有效的直接水深测量方法。本节介绍机载 LiDAR 测深的系统组成、工作原理及关键性能参数。

一、系统组成

机载 LiDAR 测深系统主要由两部分组成:机上系统和地面系统。机上系统包括激光接收发射器、扫描器、光学接收、数据采集、控制和实时显示等多个分系统。地面系统主要完成数据后处理,包括深度信息处理、飞机姿态校正等,最终获得海底地形数据成果,并结合其他海洋地理信息,绘制出高精度海底地形图。为校正飞机俯仰、滚动对测量结果的影响,飞机的扫描、发射、接收部件被安装在标准的航摄平台上。为精确测出飞机高度、地理位置、姿态,机上同时安装差分 GNSS(Differential GNSS,DGNSS)、INS 设备,同时采用电荷耦合器件(charge coupled device,CCD)数字摄像机实时监测海况。机载 LiDAR 测深系统主要组成如图 5-1 所示。

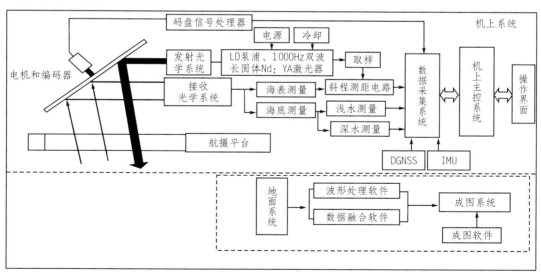

图 5-1 机载 LiDAR 测深系统主要组成(叶修松,2010)

若具体划分,机载 LiDAR 测深系统可以分为以下六大组成部分。

1. 测量系统。由激光收发器、扫描棱镜等组成。

2. 定位和测姿系统。多采用 GNSS/惯性测量单元（inertial measurement unit，IMU）组合导航系统进行定位和测姿。

3. 数据处理分析系统。由高度计数器、深度计数器、数据控制器等组成，用于记录位置、水深及其他数据。

4. 控制－监视系统。包括系统监视仪、导航显示器、控制键盘、数据显示器等，由操作员在控制平台对系统进行实时控制和监视。

5. 地面处理系统。包括计算机、系统控制台、制图系统等，对采集的数据进行处理并出图。

6. 飞机与维护设备。也属于系统的一部分，飞机主要提供飞行状态参数和工作电源。

二、系统工作原理

机载激光扫描测量原理：通过飞机上搭载激光扫描设备，沿着飞机飞行方向对地物实现激光沿航线的纵向扫描，再通过扫描旋转棱镜实现横向扫描；同时，利用 GNSS 定位系统提供的飞机精确位置信息和 INS 提供的飞行姿态数据（航向角、横滚角、俯仰角和加速度），可获取大范围带状区域内的地物点云数据。目前，陆地上的激光探测已达到相当完善的程度。然而，在海洋领域，由于受海洋环境因素制约，其应用程度尚不及陆地广泛。下面详细介绍机载 LiDAR 测深系统的工作原理。

（一）扫描测量

为提高测量效率和精度，机载 LiDAR 测深系统一般采用扫描测量方式，结合飞机的飞行速度，获得海面一条扫描带，即扫描宽度。目前，国际上常用的扫描方式主要有类圆锥扫描和直线扫描两种。类圆锥扫描的轨迹为圆形线或椭圆螺旋线，如美国的 ABS 系统和 SHOALS 系统、加拿大的 LARSEN－500 系统等；直线扫描的轨迹为横向平行线，如澳大利亚的 LADs Mk Ⅱ 系统。这两种扫描方式各有利弊，直线扫描方式机械结构复杂，但数据处理简单；圆锥扫描方式机械结构简单，但数据处理方式复杂。为了提高测量效率，扫描装置必须高速运转，机械结构复杂势必增加扫描运行的不稳定性。在计算手段相对落后的时代，人们往往采用直线扫描方式，以牺牲测量效率换取数据处理的相对简单，而在计算机技术获得极大进步的今天，快速处理数据已经不再成为问题。为确保测量点精确定位，必须保证机构的平稳运行。因此，现代的机载激光测深系统一般都采用机械结构相对简单的类圆锥扫描方式。飞行测量时，高频激光雷达采用横向扫描方式发射，在垂直于飞行方向以数百米的扫描带、很小的扫描间隔进行数据采集，从而达到全覆盖测深的目的。

以椭圆形扫描（图 5－2）为例，其系统结构比较简单，激光器输出 1064nm 和

532nm 激光，通过扩束镜后，激光束到达高速旋转的反射镜，经反射在海面形成椭圆形激光脚点。角度编码器与反射镜一起固定在反射镜驱动电机的转轴上，以便统计反射镜转过的角度。反射镜法线与驱动电机转轴呈一定夹角，反射镜转轴呈 45°倾角，激光水平入射且位于或者平行于驱动电机转轴所在的垂直面。这样水平入射的激光束经反射镜反射后会以不同的方向折向海面，从而实现大范围扫描。同时，扫描镜将海面和海底的反射信号反射给接收系统，用于计算水深。

扫描测量时，可通过设置激光发射频率和扫描角度等系统参数，调节测点密度和条幅宽度。结合飞行器高度和速度，根据测量的目的在测点密度和条幅宽度之间取得合理匹配。测点密度大，条幅宽度需变窄，飞行速度也受到限制；反之，测点密度降低，覆盖率成倍增加。

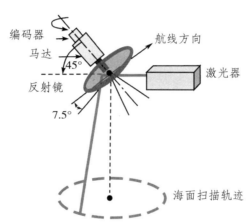

图 5-2　椭圆形扫描测量原理示意图

（二）姿态测量

姿态测量是指通过 INS 来测量飞行的姿态数据（航向角、横滚角、俯仰角和加速度）。INS 由 IMU 和导航电脑组成。IMU 包含 3 个单轴的加速度计和 3 个单轴的陀螺加速度计。加速度计用来对比力进行测量，以确定载体的位置、速度和姿态信息。陀螺仪的配置既可以建立参考坐标系，也可以用来监测载体相对于导航坐标系的角速度信号。这些信号传输至导航电脑进行系统误差补偿之后完成相对姿态矩阵、重力改正、加速度积分和速度积分等计算，从而输出载体在导航坐标系中的定位导航与姿态信息，包括 3 个位置、3 个速度及 3 个姿态。

INS 需要初始位置及姿态供加速度的转换和积分运算。载体的初始位置可通过 GNSS 给定，但初始姿态需花费一定时间进行初始校准；初始的水平姿态可由加速度计在完全静止模式下的输出来决定，而初始的方位角则要通过陀螺监测地球自转的速度来计算。初始化结束后，在飞机飞行过程中，IMU 能实时提供横滚角、俯仰角和航向角等信息，这些姿态数据都具有精确的时间标记，经记录后用于数据后处理。

（三）定位测量

DGNSS 接收机实时记录飞机的位置信息，主要作用有三个：提供激光扫描仪传感器在空中的精确三维位置；为 INS 提供外部数据，消除 INS 中陀螺系统的漂移，并同时参与陀螺系统的修正计算；为导航显示器提供导航数据。

目前，机载 LiDAR 测深系统大多采用 DGNSS/IMU 组合导航来定位，DGNSS 和 IMU 都能进行定位。DGNSS 系统可测量传感器的位置和速率，具有精度高、误差不随时间积累等优点，但其动态性能较差（易失锁）、输出频率较低，不能测量传感器瞬间的变化，没有姿态测量功能。IMU 具备姿态测量功能，具有完全自主、无信号传播，既能定位和测速，又可快速测量传感器瞬间的移动、输出姿态信息等优点，但主要缺点是误差随时间积累迅速增大。可以看出 DGNSS 与 IMU 正好是互补的。因此，最优的方法是对两个系统获得的信息进行综合，这样可得到高精度的位置、速率和姿态数据。DGNSS 和 IMU 数据的处理主要是通过卡尔曼滤波来实现的，通常将融合后的系统称为定位定姿系统（position and orientation system，POS）。其核心思想是采用动态 DGNSS 或 PPP 技术和 IMU 直接在航测飞行中测定传感器的位置和姿态，并经严格的联合数据处理（卡尔曼滤波），获得高精度传感器的外方位元素，从而实现无或极少地面控制的定位和定向，图 5-3 为 GNSS 与 IMU 组合导航示意图。

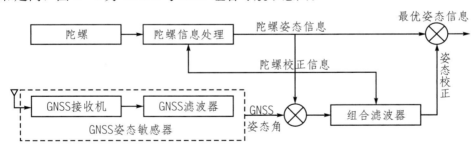

图 5-3 GNSS 与 IMU 组合导航示意图

（四）水深测量

机载 LiDAR 测深是一种主动式遥测技术。LiDAR，即光探测与测距，通过测量激光信号发射与接收的时间差，结合光速计算被测物体相对于探测器的距离。激光，即受激辐射的光放大。激光作为一种光波，属于电磁波。波长是激光的一个重要参数，激光器输出波长覆盖了紫外光（$10 \sim 400\text{nm}$）、可见光（$400 \sim 700\text{nm}$）和红外光（$700 \sim 1000\mu\text{m}$）等波段。机载 LiDAR 测深一般使用波长为 532nm 的蓝绿光进行水下信息探测。

机载 LiDAR 测深之所以使用蓝绿光，是由光在海水中的传播特性决定的。我们的地球被称为"蓝色星球"，当我们从遥远的太空俯瞰地球时，可以看到约 71％的地球表面被广袤的海洋覆盖，呈现一片蔚蓝色。这种蔚蓝色与光线和海水之间的反射和吸收作用有关。太阳光从红光到紫光，波长逐渐变短。波长较长的红光、橙光、黄光穿透能力较强，最易被水分子吸收；波长较短的绿光、蓝光穿透能力相对较弱，容易被水分子散射和反射；波长最短的紫光同样会发生散射和反射，但由于人眼对紫光不敏感，因此我们看到的海洋呈蓝色。海洋光学科学家们经过长期研究和试验测量找到了电磁波的"海水窗口"，即波长为 520～535nm 的蓝绿光，也被称为"海洋光学窗口"，海水对此波段的光吸收最弱。正是利用这一特性，科学家研制开发了利用蓝绿光进行水深测量的机载 LiDAR 测深系统，按照波段数量可分为双色和单色激光机载 LiDAR 测深系统。

1. 双色激光测深。双色激光机载 LiDAR 测深系统发展较早，其利用装在飞机下部的激光发射器斜向海面发射两种不同波长的激光束。波长为 1064nm 的红外光因无法穿透海面而被海面沿原路径反射，波长为 532nm 的蓝绿光则以一定折射角度穿透海面到达海底，并被海底沿入射路径反射，两种波长的激光束均被光学接收系统接收。

根据两种波长激光束返回的时间差和蓝绿光入射角度、海水折射率等因素综合计算，可得出测量点的瞬时水深值（图 5-4）；再与定位信息、姿态信息、潮汐数据结合，即可得到测量点在地理坐标系下的位置和基于深度基准面的水深值，最终得到 X、Y、Z 格式的数据，可导入 CAD、GIS 软件或者用其他数字地形成图软件进行成图。

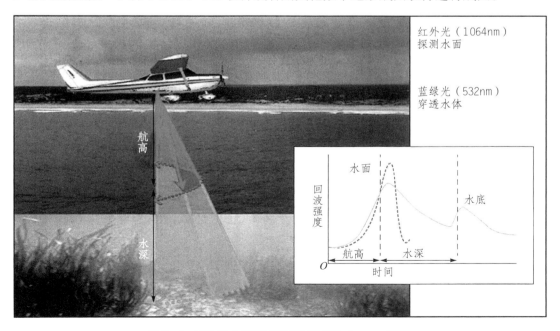

图 5-4　双色激光机载测深系统原理图（Kuus，2008）

由于是共线扫描，蓝绿光返回的时间扣除红外光返回的时间后，可得到蓝绿光在水中的往返传播时间（图 5-5）。

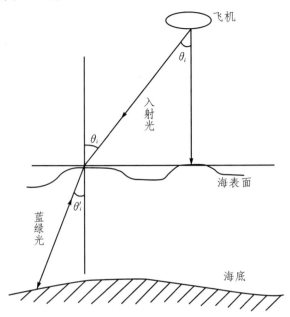

图 5-5　双色激光机载测深系统激光传播路径示意图

根据激光入射角 θ_i、激光在空气中的折射率 $n_{空气}$ 和海水中的折射率 $n_水$，可求出折射角 θ'_i：

$$\theta'_i = \arcsin\left(\frac{n_{空气}}{n_水} \cdot \sin\theta_i\right) \qquad （公式 5-1）$$

激光在海水中的传播速度为

$$c_水 = \frac{c}{n_水} \qquad （公式 5-2）$$

公式 5-2 中，海水对激光的折射率 $n_水$ 在波长 532nm 处的值为 1.334；c 为激光在真空中的速度。探测得到的瞬时水深值 D 的计算公式可表达为

$$D = \frac{c}{2n_水} \cdot \Delta t_i \cdot \cos\theta'_i \qquad （公式 5-3）$$

公式 5-3 中，Δt_i 为所接收的红外光与蓝绿光的时间差。

测深点归位涉及多个坐标系的转换，包括扫描仪坐标系、惯性导航坐标系、载体坐标系、当地水平坐标系和大地坐标系等。通过这几种坐标系的旋转变换，最终将测点归算到大地坐标系下。

对扫描仪坐标系而言，其原点位于激光发射（接收）参考点，X 轴指向飞机飞行方

向，Y 轴指向右机翼，Z 轴垂直于 XY 平面向下，O - XYZ 构成右手系。测点在扫描坐标系下的相对位置归算简单描述如下：

$$\begin{bmatrix} x_i \\ y_i \\ z_i \end{bmatrix}_{\text{SM}} = \begin{bmatrix} \dfrac{c}{2} \cdot \Delta t_i^{\text{IR}} \cdot \sin\theta_i' + \dfrac{c}{2n_{\text{水}}} \cdot \Delta t_i \cdot \sin\theta_i' \\ \dfrac{c}{2} \cdot \Delta t_i^{\text{IR}} \cdot \cos\theta_i' + \dfrac{c}{2n_{\text{水}}} \cdot \Delta t_i \cdot \cos\theta_i' \end{bmatrix} \qquad \text{（公式 5 - 4）}$$

公式 5 - 4 中，x_i、y_i、z_i 为第 i 个测点在扫描仪坐标系下的坐标，Δt_i^{IR} 为第 i 束激光的往返时间差。

2. 单色激光测深。早期的机载 LiDAR 测深系统采用双色激光的原因是，如仅采用 532nm 的蓝绿光，其在海面反射微弱，无法得到准确的海面回波的传播时间，而采用单色激光作为发射源，既能简化系统结构，又无需双色激光同步，并且能够提高测深精度，因此采用单色激光是机载 LiDAR 测深系统追求的目标和发展趋势。随着技术的进一步发展，当前出现了单色激光机载 LiDAR 测深系统。单色激光机载 LiDAR 测深系统仅采用波长为 532nm 的蓝绿光作为激光器发射光源。装载在飞机上的半导体泵浦大功率、高脉冲重复率的 Nd：YAG 激光器发射大功率、窄脉冲的蓝绿光，其一部分激光束到达海面后沿原路径反射，另一部分激光束则穿透海面到达海底，经海底反射沿原路径返回，并被激光接收器接收。根据二者到达接收器的时间差，即可计算出海水的深度，其原理与双色激光系统基本相同，只是减少了一色激光。

三、系统关键性能参数

机载 LiDAR 测深系统一般可以获得 8m×8m 密度的测深数据，在降低飞行高度情况下可获得 2m×2m 密度，甚至更密的数据，测深精度能满足 IHO S - 44 一级测深标准。

（一）最大穿透深度

相对于声波，激光在水中吸收较快，机载 LiDAR 测深系统一般最大仅能探测几十米的水深。最大穿透深度是衡量测深系统性能的一项重要指标，系统最大测深能力主要取决于水质参数（背景噪声、海水有效衰减系数等）、系统参数（如峰值功率、航高、接收视场角等），以及其他因素等影响。系统理论最大探测深度可表达为

$$L_{\text{m}} = \ln(P_{\text{m}}/P_{\text{b}})/(2\Gamma) \qquad \text{（公式 5 - 5）}$$

公式 5 - 5 中，P_{b} 为背景光功率，Γ 为海水有效衰减系数，P_{m} 为一个系统参量，其值可表达为

$$P_{\text{m}} = P_{\text{L}}RA\eta/(\pi H^2) \qquad \text{（公式 5 - 6）}$$

公式 5-6 中，P_L 为激光峰值功率，R 为海底反射率，A 为接收面积，η 为接收效率，H 为航高。P_b 和 Γ 取决于海区自然条件和海水特性，背景噪声 P_b 与阳光有关。上式计算的最大穿透深度仅仅是理论上的。首先，背景光信号功率不易估计；其次，海底反射率随海底状况的不同也有很大变化。

实际中，一般用塞齐盘透明度（Secchi Disc depth）来推算激光最大穿透深度。塞齐盘透明度是通过塞氏盘法测定的，即利用一个白色圆盘逐渐沉入水中，直至刚好看不到盘面白色时记录的深度。一般认为，对于典型的机载 LiDAR 测深系统，在清水中（塞齐盘透明度＞8m），激光最大穿透深度为 2～3 倍塞齐盘透明度；在浑浊的海水中，激光最大穿透深度为塞齐盘透明度的 3～5 倍。目前机载 LiDAR 测深系统的测深能力最大可达 80m，一般在 50m 左右，测深精度在 0.3m 以内。当然，浑水影响系统最大探测深度；反过来，利用最大探测深度也可反演海水浑浊度，其成果被生态环境部门广泛应用。

（二）最浅探测深度

对于机载 LiDAR 测深系统，由于激光脉冲宽度的限制及近海表区域后向散射信号的叠加，在极浅区域，海表面信号和海底信号"混叠"在一起，无法辨认是海水表面信号还是海底信号，从而使其存在最浅探测深度。要想实现高精度的陆海无缝拼接测量，机载 LiDAR 测深系统必须具备良好的最浅水深探测能力。对海岸带测绘等浅海测量应用来说，机载 LiDAR 测深系统的一个重要指标是最浅探测深度。能够得到较浅的水深，对于研究海岸带变化、沙滩变迁等具有重要作用。随着技术的进步，系统最浅水深探测能力已经从最初的 2m 提高到目前的 0.2m，甚至 0.15m。

降低机载 LiDAR 测深系统的最浅探测深度，关键问题在于如何从叠加的回波信号中准确分离海表面和海底的反射信号。目前的主要解决办法是采用窄激光脉冲、高速探测器、小接收视场角、窄带干涉滤光片和正交偏振方式接收信号，这样可以改善海表面和海底反射信号的叠加，使信号分离得相对简单，从而降低系统的最小探测深度，满足浅水海洋测绘的应用需求。

（三）测点密度

测点密度大小是数据质量优劣的一个关键影响因素。机载激光测深点密度 ρ（每平方米测点个数）可以表示为

$$\rho = \frac{r}{2v\left[\sin 0.5\varphi(\tan\theta d \cdot H)\right]} \qquad \text{（公式 5-7）}$$

公式 5-7 中，r 为激光重复频率，v 为飞机飞行速度，H 为飞机飞行高度，φ 为扫描角度，θ 为波束天底角。

在一定的飞行高度、速度和扫描角条件下，激光的重复频率与测点密度成正比。可见，在机载激光测深系统中，激光器的重复频率是一个非常重要的系统参数，它直接影响到系统测量点的间隔大小。因此，研制大功率、高重复频率激光器是提高测深点密度的有效方法，但这也是难点。现阶段机载 LiDAR 测深激光重复频率已达到 550kHz，测深点密度达到了 0.12m×0.12m（69 点/m²）。

（四）测深精度

测深精度是海底地形测量重中之重的关键参数。2009 年 8 月，瑞典 AHAB 公司进行了机载 LiDAR 与多波束测深比对试验，为两系统的测深精度比较及分析提供了宝贵的数据资源。

试验中，机载 LiDAR 测深采用 Hawk Eye Ⅱ 系统，测深频率为 4kHz，水深测量精度 RMS 为 0.25m，最大探测深度为 2～3 倍圆盘透明度，飞行高度为 250m 时，测深点密度能够达到 1.8m×1.8m；多波束测深采用 Simrad EM 系统。为了确保环境因素和天气状况的影响等一致，试验在相同海域、相同时间段进行，然后对机载 LiDAR 和多波束获得的水深数据进行定量比对，比对结果表明，Hawk Eye Ⅱ 系统采集的水深数据与多波束测深数据基本吻合。两系统采集的水深数据差呈正态分布，大部分集中在 10cm 之内，满足国际海道测量标准的测深精度要求。

四、系统误差

机载 LiDAR 测深系统是一个复杂的联合技术系统，削弱系统误差的影响是确保该技术有效性的基础。按照系统误差来源可分为测量误差和集成误差。机载测深系统的主要误差见表 5-3。

表 5-3　机载 LiDAR 测深系统的主要误差

测量误差	集成误差	
	设备安置误差	数据处理误差
激光测深误差	偏心距	时间同步误差
导航定位误差	照准误差	数据内插误差
扫描角误差	角度步进误差	坐标转换误差
波浪与潮汐测量误差	扭矩误差	深度归算误差

（一）测量误差

测量误差由激光测深系统在数据获取阶段产生。除了由于设备固件本身所造成的不可避免的生产误差，激光测深和导航定位所产生的误差被认为是测量误差的主要来源。

1. 激光测深误差。受大气环境的影响，激光的指向性将发生改变，造成测距误差。

激光照射对象的几何与物理性质是造成反射强度变化和传播时延的主要原因。另外，激光在海水中的散射、折射、反射特性往往难以精确确定，这是斜距测量的主要障碍之一，也是造成测深误差的主要原因。

2. 导航定位误差。POS 作为机载 LiDAR 测深系统的重要组成部分，主要功能是精确获取激光发射点的实时位置与激光光束的姿态信息。目前广泛采用的 POS 由 GNSS 和 INS 两个相互独立的模块所组成，其各自存在的误差将随着深度与位置归算传递到结果数据中。对 INS 而言，主要是陀螺仪和加速度计误差，也包括初始对准误差等。一般而言，DGNSS 的水平定位精度可达厘米级，但高程精度相对较差，约为水平精度的50%。

（二）集成误差

机载 LiDAR 测深系统整体由不同功能的设备组成，各设备之间的匹配程度对测深结果的影响很明显，如设备的空间位置校准和时间同步匹配。不同设备的功能和观测要求不同，安装在飞机上的空间位置也不同，故作业前需要进行位置校准测量，由此产生的误差称为设备安置误差。除以上误差外，为了能得到精确的水深信息，还必须考虑瞬时波浪和潮汐等对测深数据的影响。

五、系统校准

机载 LiDAR 测深系统主要由 GNSS 接收机、IMU、激光扫描仪等传感器组成，在飞机上安置各传感器后，各传感器之间因几何中心不重合，主要轴线也不平行，存在系统性误差。测深系统的最大误差就源于这些系统性误差。一般几何中心的偏移容易测量，不容易直接测量的主要是激光扫描仪与惯导系统的安置角误差，即由激光扫描仪坐标系与惯性平台参考坐标系不平行而引起的误差，包括航向角（heading）误差、俯仰角（pitch）误差、横滚角（roll）误差，这些误差会对测量结果产生系统性差异。为此，在系统工作前，必须进行系统的校准工作，精确地确定各设备之间的安置角。

机载 LiDAR 测深系统能够兼顾水部与陆部测量，由于激光在海洋中受各种地球物理环境因素的制约较大，获取的激光信息不如陆地准确；同时，考虑到陆地上特征物更加明显，因此系统校准时采用陆部校准为主，一般通过在地面布置检校场重叠飞行、平行飞行进行系统安置角参数检校，类似于多波束检校。检校场宜选择包含有尖顶房屋和平直公路的平坦路域，检校场内的目标应具有较高的反射率。

选择好检校场后，根据检校原则，确定检校场及检校方案，根据预先布设的航线进行在航检校，飞行航线规划按照图5-6所示进行。图5-6中，A、C、E、M 为飞行航线的起飞点，B、D、F、N 为飞行航线的着陆点。

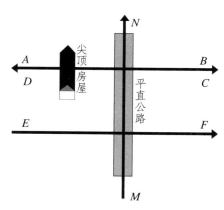

图 5-6 安置角检校飞行航线规划示意图

检校飞行航线规划具体要求如下：

1. 在垂直于平直公路方向规划飞行航线 AB 和 CD，AB 和 CD 为往返飞行的两条航线；

2. 在规划的往返飞行航线 AB 和 CD 的航迹上宜有尖顶房屋；

3. 同向飞行的 AB 和 EF 为两条平行航线，尖顶房屋应处于 AB 和 EF 航线的旁向重叠区域内；

4. 沿平直公路方向架设 MN 航线；

5. 平行航线旁向重叠度大于 60%。

根据测区情况，可选择其他飞行模式进行安置角检校。

第三节　机载 LiDAR 测深关键技术及应用

机载 LiDAR 测深已被证明是一种高精度、低成本、快速灵活的测量方法，适用于声呐作业效率较低甚至无法实施的浅水及海岸带测量。在研制开发的初期，机载 LiDAR 系统不具备扫描功能和高速数据记录功能。在逐渐增加了激光扫描、高速数据记录、卫星定位和姿态测定等功能后，才使得机载 LiDAR 测深系统变成真正的水深测量系统。由于海道测量的范围涉及水域和岸线附近的邻近陆地部分，新型的机载 LiDAR 测深系统又增加了陆地地形测量功能，使得在岸线附近测量时可同时完成水深和岸线地形测量，实现海陆地形无缝拼接测量。

一、关键技术

机载 LiDAR 测深系统涉及的技术复杂、经费投入多、研制难度大，是集激光、卫星定位、姿态测定、航空、计算机、环境参数改正、测量数据处理等多种技术于一体的主动式测深系统。下面根据国内外机载 LiDAR 测深系统的发展进程，对系统研制与数据处理过程中涉及的关键技术进行梳理提炼。

（一）大功率、高重复频率激光器的研制

激光器是机载 LiDAR 测深系统的重要部件，其质量的高低决定了整个系统的测深性能。机载 LiDAR 测深是否具有可行性，关键在于所选激光器的各种参数（激光波长、脉冲能量、脉冲宽度、重复频率等）是否能使激光束在海水中传输到能够使用的深度，并经海底反射后还有足够的能量被飞机上的探测系统探测到。根据海水存在的透光窗口，测深激光器发出的激光脉冲波长一般在 470～580nm 之间，脉宽在 5ns 左右，激光器的重复频率在 200Hz 以上。由于海水的纯净度越高，海水的透光窗口就越向短波方向移动。因此，用于沿岸水深测量的机载激光测深系统的激光脉冲波长一般选择 520～550nm。先后出现的激光器主要有铜蒸气激光器、燃料激光器（灯泵浦燃料激光器、准分子激光泵浦燃料激光器）、溴化汞（HgBr）准分子激光器、氯化氙（XeCl）准分子激光器、二极管泵浦 Nd：YLF 激光器、闪光灯泵浦 Nd：YAG 激光器、光二极管泵浦 Nd：YAG 激光器、Nd：YAG 调 Q 倍频激光器、半导体泵浦 Nd：YAG 固体激光器。其中，最适合测深应用的成熟激光器是半导体泵浦 Nd：YAG 固体激光器。这种激光器具有脉宽窄、重复频率高、出光效率高、能耗低、体积小、重量轻、稳定性高、寿命长、不怕冲击和振动等优点。这项技术的关键是如何在众多要求之间取得效益的最大化，尤其是要设法满足大功率、高重复频率的指标需求。需要突破的技术难题包括减小激光器的热效应、降低腔内器件的破坏程度、提升泵浦均匀性、提高温度控制的精确性。只有这些问题得到很好的解决，才能研制出适合水深测量的激光器。

（二）大动态范围微弱光信号提取技术

由于海水特有的光学传输性质，使得光学信号在海水中传播时衰减很快，飞机上光学接收系统接收到的海底回波信号非常微弱。根据海表面回波信号功率和海底回波信号功率计算公式不难得出，一般情况下海底反射信号与海面反射信号的动态范围可达 10^3。如果考虑到海水的浑浊度、海底底质、海况因素、观测时间以及海水深度的差异等因素，激光信号的动态范围可达 10^6，甚至更高。激光信号从海面到海底的传播时间仅有 $0.167\mu s$ 左右。因此，大动态范围的微弱光学信号检测技术成为整个测深系统研制的一大难题。解决该难题的措施主要是用不同的光学接收系统分别接收红外光回波和蓝绿光回波，采用门控技术、增益可控技术与偏振检测方法相结合来压缩动态范围，采用深水通道和浅水通道相分离的方法缩小动态范围，采用新兴的光学计数技术等。

（三）海底回波识别技术

由于海底回波信号非常微弱，因此从噪声污染的微弱信号中高精度甄别提取海底信号的测距技术直接关系到测深功能的实现效果。有很多方法可实现普通声学信号、电磁信号波形的识别，但对于机载 LiDAR 测深系统而言，由于信号强度动态范围大、回波信号微弱、背景噪声干扰多，如何将这些有效的微弱回波信号从噪声信息中提取和分离出来，并确定回波信号的返回时刻和返回强度，是系统研制过程面临的挑战。采用传统方法很难准确识别海底回波的拐点，势必会影响水深测量的精度。解决该问题的办法主要有采用自适应阈值及匹配滤波方式，提高检测准确性；采用灵敏度高的激光器元件，提高信号检测的精度。

（四）海面波浪改正技术

受风、流、浪、涌的影响，瞬时海面一直处于动态变化之中。由于激光落在海面的光斑大小有限，有可能落在波峰上，也有可能落在波谷上，而理想的情况是激光的光斑落在海平面上。因此，海平面求定准确与否是影响测深精度的关键因素之一。提高海平面的求定精度，也就是通常所说的海面波浪改正精度，涉及机载 LiDAR 测深系统的硬件配置和数据后处理方法的选择。波浪改正准确一是取决于测定飞机本身起伏的准确性，二是取决于选用数学模型的精度。通常采用的做法是自飞机向海面发射红外激光束和蓝绿光激光束，红外光由海面反射回飞机上的激光接收装置，由于其光斑足迹较大，故用于确定海平面的位置，蓝绿光则穿透海水由海底反射回飞机上的激光接收装置。在数据处理方面，充分利用激光器高重复频率和飞机姿态随机摆动的特性、扫描装置连续转动和海浪随机起伏的特点，以及定位定姿系统所提供的飞机准确的升降、纵倾和横摇等姿态信息，采用一定的数学滤波方法来确定平均海面。

（五）浅水与深水分离测量技术

要想实现高精度的陆海无缝拼接测量，机载 LiDAR 测深系统必须具备非常好的最浅水深探测能力。随着技术的发展，最浅水深探测能力已经从最初的 2m 提高到目前的 0.2m，甚至 0.15m。为了实现尽可能高的最浅探测能力，可选择以下几种方法：一是采用更高灵敏度的激光器；二是尽可能采用更窄的脉冲宽度；三是采用更高的数字采集速率；四是采用更优的激光信号提取算法。其实质性改善还需要借助于分离通道技术来解决。因为近海海面散射信号非常强，所以采用一个探测器很难兼顾浅水和深水测量。另外，测量深水水底信号时，需要加大接收视场角，以获得更强的测量信号，而大的接收视场角会造成近表层信号的叠加，影响近表层的测量，使系统无法获得小于 2m 以下的海底深度信息。采用分离通道，针对浅水和深水进行独立测量。对于浅水通道，采用小的接收视场角，正交偏振器和高速、低灵敏度探测器相结合，有效分离海表面和浅海水底反射信号。同时采用窄带干涉滤光片、小口径探测器以降低噪声，提高测量信噪比。只有这样，才有可能实现更好的最浅水深探测。

（六）高速多通道数字采集技术

为了精确测量海底深度，需要对整个激光回波波形进行数字化处理，否则无法准确识别海底回波信号的拐点。其处理过程通常称为高速多通道数字采集技术，采用的设备称为高速数字采集系统。要想获得好的处理效果，应尽可能采用速率为500MHz甚至1GHz或者更高速率的数字化仪器，对海表面和海底信号进行数字化采集。

（七）海陆分界识别技术

海陆分界的识别是实现陆海无缝拼接测量的前提。为了解决海面和陆地的识别问题，以加拿大Optech公司生产的SHOALS系列机载LiDAR测深系统为代表，特别增加了第三个光学通道，利用647nm的红光的喇曼后向散射进行海面检测及海面与陆地的区分。

（八）定位测姿技术

深度测量和测点定位是水深测量的主要工作内容。机载LiDAR测深技术初期发展缓慢，除了受激光器和扫描装置的制约，卫星导航定位系统和高精度姿态传感器尚未出现也是很重要的原因。自20世纪80年代之后，机载LiDAR测深系统的定位与测姿问题已得到很好的解决。通常利用GNSS/IMU相结合来确定飞机的位置和姿态。这种组合导航系统有利于充分发挥两者各自优势并取长补短，利用GNSS的长期稳定性和适中的精度来弥补IMU测量误差随时间而积累的缺点，利用IMU的短期高精度来弥补GNSS接收机在受干扰时误差增大或遮挡时丢失信号等不足，进一步突出捷联式惯性导航系统结构简单、可靠性高、体积小、重量轻、造价低的优势，并借助IMU的姿态信息和角速度信息，提高GNSS接收机天线的定向操纵性能，使之快速捕获或重新捕获GNSS卫星信号，同时借助GNSS连续提供的高精度位置信息和速度信息，估计并校正IMU的位置误差、速度误差和系统其他参数误差，实现对其空中传递对准和标定。

（九）水位改正技术

载体姿态改正、延时改正、光的折射改正、波浪改正、水位改正等，都是机载LiDAR测深数据处理的重要环节。由于沿岸验潮站的潮差变化大，因此水位改正的完善与否将直接影响水深测量成果能否达到测量规范要求。尤其是要求全覆盖测量的重要浅水区，水位改正更是数据处理时需要特别重视的。因此，研究确定高精度的水位改正方法成为数据处理的重要内容。如何设计和实现验潮站控制范围大、潮位计算精度高、计算过程简便的水位改正方法一直是海道测量工作者研究的问题。除了传统的时差法和潮汐数值预报水位改正方法，利用余水位法进行多波束测深水位改正的技术也日益成熟和完善，完全可以移植到机载LiDAR水深测量中。

（十）测深数据质量控制技术

影响机载激光测深精度的因素很多。由于海水浑浊度、海底底质、海况及激光测深系统本身等因素的影响，测深数据中粗差的出现不可避免。另外，由于测深系统校准不完善、测量时遇到不好的天气条件、飞行员操作不平稳、回波信号质量欠佳等原因，主测线与检查线在交叉点处的水深不符值可能会很大。以上这些因素导致的系统误差、偶然误差和粗差必然直接反映到水深测量成果中。为了提高水深测量成果的可靠性，除可采取提升测深系统本身的稳定性、完善仪器校准和比对方法、选择良好天气作业等手段外，还必须选择有效的数据处理方法，以控制和补偿系统误差，减小偶然误差，识别和剔除粗差。这些方法主要包括测线网平差、条带拼接、抗差估计、低通滤波、三维可视化检查等。

二、测深特点

（一）技术优势

机载 LiDAR 测深作为一种新型航空遥感技术，与传统船载多波束测深等技术相比，在浅水及海岸带测量中具有以下显著的技术优势。

1. 作业区域广，不受水面通行条件限制，能覆盖测量船难以通行的区域。机载 LiDAR 测深作为以飞机为平台的非接触式测量系统，既可以执行海岸带基础测绘任务，也可以执行港口、航道、近海海洋工程等测绘任务，不受水深、水下障碍物的影响，可以在测量船难以到达的浅水区域、礁石密布海域、人员无法登岛的岛礁与周边海域、滩涂、潮间带等其他作业困难海域开展测量，弥补传统船载测量的不足。

2. 作业效率高。一方面，飞机平台的作业速度更快，一般为 $140 \sim 175$ kn，而测量船作业速度仅有 $8 \sim 10$ kn；另一方面，机载 LiDAR 的航带覆盖宽度更大，一般为航高的 0.7 倍，按照 400m 航高的典型值计算航带宽度为 280m，船载多波束条带覆盖宽度为水深的 $3 \sim 5$ 倍，浅水水域一般约 100m。综合来看，在浅水区机载 LiDAR 测深单位时间作业效率是船载测量的 60 倍以上。

3. 具备海陆一体测量能力，可以实现陆地和水下地形无缝拼接。传统的海岸带测量中，陆域和海域需分开测量，然后进行海陆成果的集成，作业流程烦琐。机载 LiDAR 测深通过近红外激光获得陆地及水面高程，蓝绿光探测水底，可根据任务需要，在极短时间内完成目标区的全覆盖水陆一体化地形精密测量，尤其适用于海洋工程、环境（灾害）评估、应急保障等需要快速反应的场合。

4. 作业综合效费比（即投入费用和产出效益的比值）高。据概算，机载 LiDAR 测深的单位时间作业费用是船载多波束测深的 3 倍，但综合考虑测量速度、航带覆盖宽度等测量效率因素，机载 LiDAR 测深综合效费比约为船载多波束测深的 8 倍，是一种更高效、更低成本的技术。

（二）技术瓶颈

当然，机载 LiDAR 测深与船载多波束测深技术相比也有其缺陷。由于海水的动态性和复杂性，使得机载 LiDAR 测深在实际应用过程中还存在许多尚未解决的问题，主要技术瓶颈如下。

1. 激光能量的局限性。相比于测量地面的红外激光，机载激光测深系统所发射的绿色激光必须具有很高的能量才可保证其能够穿透水体直达海底，而在仪器功率一定的情况下，较高的激光能量所对应的激光发射频率较低，进而导致激光点云的密度变稀，为后续精确提取海底地形带来困难。此外，为了保证人眼的安全，必须限制单位面积激光的能量，通常采用扩大光斑面积的方法，但大光斑受水体散射的影响更加严重，使得传感器所接收的回波能量减少，这在很大程度上限制了激光的最大测量深度。因此，对于激光能量的选取，必须根据特定水域的水质同时考虑激光穿透力、最大测深、点云密度、人眼安全、飞行成本等诸多因素。

2. 海水导致激光传播路径的复杂性。由于海面上经常会产生白浪和大量气泡，使得激光产生更多的折射，传播路径更加复杂。此外，海水的潮汐、风浪、洋流运动也会影响激光测深的精度。海水透明度是影响机载激光测深的关键因素，浑浊的海水会使激光产生更多的散射和吸收量，使得激光能量减弱，难以保证测量精度和最大测深。随机出现的鱼群或其他水下目标也会对激光回波的分析造成干扰。海中密集的藻类和海底地质的反射特性都会对激光回波造成影响。

3. 极浅水域激光回波信号的识别问题。由于激光在海水中的传播速度很快，对于水深小于 2m 的海域来说，海面和海底两次回波的时间差极短（不足 10ns），使得两次回波很难区分。另外，浅水区运动水体中往往含有较多的泥沙，会导致激光散射加剧，使得海面和海底两次回波的波形叠加，形成一个较宽的混合波峰，以至无法测定水深。目前，加拿大的 CZMIL 系统利用最新的浅水算法（shallow water algorithm，SWA）最低可探测 0.15m 的水深，但当浅水区水体非常浑浊时，该算法也面临着巨大挑战。

综上所述，机载 LiDAR 测深适用于水陆交界地区海水透明度较高的浅水水域，作为水陆交界地区的主动式、非接触、水陆一体化测绘技术，可与传统船载多波束测深、侧扫声呐测量等技术手段相互配合、互为补充，更高效地完成浅水及海岸带测绘任务。

三、技术应用

相对于陆测型机载 LiDAR，测深 LiDAR 的脉冲频率相对较低，体积、重量都较大。

为了适应高搜索效率、高分辨率的需要，测深激光雷达系统的脉冲频率将会进一步提高，而系统的体积、重量和能耗会减小，并在一定程度上提高整个系统的机动性和灵活性。同时，将采用更先进的计算机和信号处理硬件，使信号检测、存储和显示都可以在高脉冲重复频率下完成，在飞行过程中实现海底地形的实时显示。在数据处理方面，进一步探索更加智能的滤波方法，更准确地确定水底和水面反射回波信号的算法，可有效解决海水浑浊产生的信号偏移及伪信号识别等问题，提高系统的测深精度和能力。

随着科技的发展，现代机载 LiDAR 测深技术不仅局限于水深测量，还能实现水陆一体测量。而且，先进的机载 LiDAR 测深系统不仅具备测量水下地形的 LiDAR，还集成了测量地物光谱信息的高光谱成像仪和获取地面影像的数字相机等传感器，形成一个强强联合、功能强大的多传感器集成系统，可以进行多源数据的优势互补，提高系统的探测能力和地物识别能力，并且产生多种类型的数据产品，满足各种应用。

通过机载 LiDAR 传感器产生的主要产品有机载 LiDAR 点云、海陆一体数字高程模型、等深线图等。此外，从机载 LiDAR 全波形数据也可以反演海水的光学性质，如海水衰减系数、后向散射系数等；利用机载 LiDAR 水底反射率影像可以进行海底底质分类。通过高光谱遥感传感器可以反演水体叶绿素浓度、悬浮泥沙浓度、可溶性有机物浓度等水环境参数，以及海水衰减系数，处理得到水底高光谱遥感反射率数据，用以进行高精度海底底质分类。通过数字相机，可以生产海岸带或海岛礁陆地部分高精度数字正射影像。通过机载 LiDAR、高光谱和数字相机等主动、被动遥感的融合，可开展海底底质分类、珊瑚礁识别、海洋水体要素的反演等多种应用产品的生产，从而制作海陆一体的三维模型。

截至目前，机载 LiDAR 测深技术在浅海水下地形测量、危险海域水深测量、海图绘制、航道监测、障碍物探测、区域沉积管理、海洋防灾减灾、海底生境调查、海浪特征测量、海岸带工程规划建设、海岸带环境监测、海岸线监测、水下地貌特征提取、水下目标探测、水下调查、水底分类及制图、水下考古等很多方面得到了广泛的应用。

第四节　机载 LiDAR 测深作业流程

机载 LiDAR 测深的作业流程主要包含测前准备、外业数据采集和内业数据处理三个步骤，具体的激光测深作业流程如图 5-7 所示。

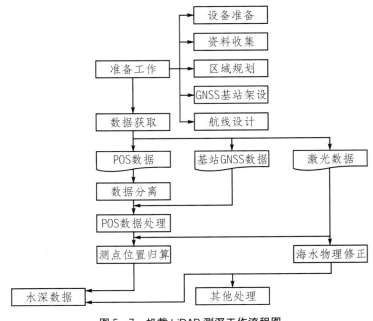

图 5-7 机载 LiDAR 测深工作流程图

一、测前准备

在外业数据采集开始前，应制订详细的工作计划，做好前期准备。

（一）资料收集

在确定测区作业范围后，首先要开展测区资料收集工作。主要收集测区概况、自然地理、人文资料等信息；水文气象、潮位、水深、底质、水体折射率、激光波长的水体漫衰减系数等信息；已有的外业控制点成果；测区及周边陆域部分的各种比例尺的地形图及相关成果，如数字高程模型、正射影像图、地形图、行政区划图、交通图等；测区及周边水域部分海图或航道图等；其他相关资料。然后对收集的资料进行分析，确定资料的准确性和可使用性，以及如何使用资料，剔除不可使用的资料。

（二）测区踏勘

在确定任务范围后，要及时到任务区进行实地踏勘，对测区的 GNSS 基准站位置进行现场踏勘；对所收集资料的可靠性和准确性进行分析和现场判断；条件允许的情况下，对测区的潮位、水体漫衰减系数等水体环境参数进行现场复核。

（三）设备准备

1. 激光雷达。激光雷达选择应符合以下要求：

（1）根据作业区域的水深概况、水底反射率和水体漫衰减系数，以及对激光点云密度和精度的要求，选择合适的飞行平台和激光雷达，根据点云密度选择设备和飞机；

（2）激光雷达应经过测距、测角和零位的检校。

2. POS 系统。POS 系统选择应符合以下要求：

（1）机载 GNSS 接收机应为高动态测量型双频 GNSS 接收机，具备高动态、高频率的数据接收能力和稳定的相位中心，采样频率应不低于 1Hz；

（2）IMU 横滚角和俯仰角精度应优于 $0.005°$，偏航角精度应优于 $0.02°$；

（3）IMU 数据记录频率不低于 100Hz；

（4）具有 PPS 输出接口，能够将 PPS 输出到激光雷达，提供时间同步；

（5）POS 系统存储器应满足长时间记录和存储 GNSS/IMU 数据、信号示标输入器数据及其他必要数据的要求。

3. 地面 GNSS 接收机。地面 GNSS 接收机选择应符合以下要求：

（1）地面 GNSS 接收机应与机载 GNSS 接收机性能匹配；应为测量型双频 GNSS 接收机，采样频率不低于 1Hz；

（2）存储器容量的选择应满足最大飞行作业时间数据完整记录存储的要求；

（3）电源的选择应满足最大飞行作业时间不断电的要求；

（4）GNSS 接收天线应带有抑径板或抑径圈，具有良好的抗干扰能力。

（四）技术设计

在资料收集和实地踏勘的基础上，分析所获取测区的详细情况，研究明确项目实施所采用的技术路线和技术方法，规划施测航线，开展技术设计书的编写，并将技术设计书提交业主（组织单位）审核通过后才能实施。

技术设计书包含的主要内容如下：通过需求分析形成关键任务指标；任务来源或目的及测区概况；已有资料及前期施测情况；任务总体要求，包括测区范围、采用基准、测量比例尺、图幅和测量精度要求等；测量装备及仪器检验项目与要求；机载激光雷达飞行计划、实施，地面基站架设的要求；数据处理的内容，包括对原始数据的处理、POS 数据处理、点云数据解算和航带拼接等；飞行数据质量检查及成果评价的方法和内容；成果提交及工作总结的要求。

1. 数学要求。

（1）空间基准。平面坐标系采用 CGCS2000。如采用其他平面坐标系，应与 CGCS2000 建立联系。

高程基准采用 1985 国家高程基准。如采用其他高程基准，应与 1985 国家高程基准建立联系。远离大陆的岛、礁，其高程基准还应给出与当地平均海平面的关系。

深度基准面应采用理论最低潮面。根据工程需要采用其他基准面的，应给出所采用的基准面与理论最低潮面及 1985 国家高程基准的关系。远离大陆的岛、礁，其高程基准应给出与当地平均海平面的关系。

（2）时间基准。日期应采用公元纪年，时间应采用北京时间。

（3）投影和分幅。投影采用高斯-克吕格投影，测图比例尺大于或等于 1：2000 采用 1.5°带投影，1：5000 至 1：10000 采用 3°带投影，小于 1：10000 采用 6°带投影。也可根据实际需要采用其他投影。

（4）点云密度要求。点云密度应满足生产数字高程模型和表 5-4 的要求。应按不大于 1/2 数字高程模型成果格网间距计算点云密度。对有特殊要求的水下地形测量，可视工程的技术要求在技术设计书中明确密度。

表 5-4　点云密度要求

成果比例尺	数字高程模型成果格网间距/m	点云密度/（点/m²）
1：500	0.5	≥16.00
1：1000	1.0	≥4.00
1：2000	2.0	≥1.00
1：5000	2.5	≥1.00
1：10000	5.0	≥0.25
1：25000	10.0	≥0.05

（5）点云精度要求。点云平面中误差、高程中误差应符合表 5-5 和表 5-6 的要求，表中 d 为水深（单位为 m）。点云平面精度、高程精度分别以点云平面中误差、高程中误差的 2 倍作为限差。特殊水下地形测量工程的精度视具体工程技术要求而定。

表 5-5　点云平面中误差

成果比例尺	平面中误差
1：500	$\leqslant 0.5 + 0.025d$
1：1000	$\leqslant 1.0 + 0.025d$
1：2000	$\leqslant 2.0 + 0.025d$
1：5000	$\leqslant 2.5 + 0.025d$
1：10000	$\leqslant 5.0 + 0.025d$
1：25000	$\leqslant 10.0 + 0.025d$

表 5-6　点云高程中误差

成果比例尺	高程中误差
1∶500	$\leqslant \sqrt{0.05^2+(0.005d)^2}$
1∶1000	$\leqslant \sqrt{0.1^2+(0.005d)^2}$
1∶2000	$\leqslant \sqrt{0.15^2+(0.005d)^2}$
1∶5000	$\leqslant \sqrt{0.17^2+(0.005d)^2}$
1∶10000	$\leqslant \sqrt{0.3^2+(0.005d)^2}$
1∶25000	$\leqslant \sqrt{0.5^2+(0.005d)^2}$

2. 航线设计。利用地形图（海图）并根据飞行区域范围、地理环境及传感器技术参数，以满足成果的技术要求和精度要求来进行航线设计。

（1）航线分区划分。航线敷设和划分分区时，应根据 IMU 误差积累的指标确定每条航线的直线飞行时间。飞行高度的设计和确定应综合考虑水下及沿岸陆地的点云密度和精度要求，兼顾激光雷达的有效测深、测距及飞行作业的有效扫描带宽、飞行安全的要求，同时应考虑激光对人眼的安全性要求。分区应基于激光有效距离及地形起伏等情况进行设计，应考虑基站布设情况及测区跨带等问题。航线分区应考虑岛屿、海岸线和湖泊的特点，合理进行航线分区。

（2）航线设计。航线设计要求：飞行航线设计兼顾 GNSS 基站布设和测区范围；检查航线垂直于采集航线，并至少通过每一条采集航线，长度不小于测区总采集航线的 1%。

航线旁向重叠设计应达到 20%，最少为 13%，应保证在飞行倾斜姿态变化较大情况下不产生数据覆盖漏洞，如在丘陵山地地区，设计时应适当加大航线旁向重叠度；航向起始和结束应超出半幅图幅范围，旁向应超出半幅图幅范围，超出部分不小于 500m，且不大于 2000m；在满足成果数据的技术要求和精度要求的前提下，在同一分区内各航线可以采用不同的相对航高。航线一般应按照东西或者南北直线飞行，特殊任务情况下，则应按照公路、河流、海岸线、境界等走向飞行，项目执行时可以按照飞行区域的面积、形状，并考虑到安全和经济性等实际情况选择飞行方向。每个测区应至少设计一条构架航线，航高保持一致。如需基础地理信息数据数字正射影像图的生产制作，在满足点云数据精度要求的前提下，还应符合数字航空摄影相关标准的规定。

（3）航高与航速设计。数据获取的飞行航高、飞行速度与激光点云密度，应满足以下关系式：

$$P_d = \frac{f}{dhv} \qquad (公式 5-8)$$

公式 5-8 中，P_d 为点云密度（点/m²），表示每平方米单位面积上激光测量点的平均数量；f 为测量速率（点/s），表示单位时间获取的水底地形测量点数；d 为条带宽度，表示作业时垂直于飞行航线的测量宽度（用航高的倍数表示）；v 为飞行速度（m/s），表示飞机平台的作业飞行速度；h 为飞行航高（m），表示飞机平台的作业飞行高度。

3. GNSS 基站布设。当采用差分 GNSS 定位技术时应布设地面基站，无法布设基站时采用 GNSS 精密单点定位技术；地面基站应靠近作业飞行区域，并与测线两端点的距离保持大致等距；测区内任意位置与最近基站间距离应符合表 5-7 的规定。

表 5-7　测区内任意位置与最近基站间距离要求

成图比例尺	1∶25000	1∶10000	1∶5000	1∶2000	1∶1000	1∶500
测区内任意位置与最近基站间距/km	300		100		50	

二、外业数据采集

机载 LiDAR 测深系统外业同步测量的数据包括地面基站的 GNSS 观测数据、激光扫描数据（得到水深或高程）、飞行姿态数据（俯仰角、横滚角、航向角）、载体定位数据及数码相机的影像数据等。由于系统实时获取的水深数据为瞬时水深数据，还需要在测区布设合理的验潮站同步获取测区潮位数据，以便进行潮位改正。外业数据采集时，尽可能选择气象、水域情况和光照条件最有利的飞行时间，应选择水域无结冰、无雨雪、三级及以下海况等时间，同时兼顾飞行时的云高、云量、能见度等因素。

（一）GNSS 基站数据采集

根据基线长度确定观测时间。确认 GNSS 基站电池和其他设备的准备，设置采样率和卫星截止高度角。在做好准备工作后，进行数据采集工作。

（二）机载系统数据采集

机载系统数据采集前，将飞行计划导入飞行控制系统，并设置相关设备参数。通知基准站开启 GNSS 接收机，然后 POS 系统记录 5~10min 静态 GNSS 数据，进行测量初始化和 IMU 姿态置平初始化。对于可自动寻北的 GNSS/IMU，可在静态观测后直接进入测区；对需要激活的 GNSS/IMU，在进入测区前 5~10min 应飞行一个"8"字形航线完成寻北，作业完成后 5~10min 再飞行一个"8"字形航线。

飞机进入测区后，按照预定航线飞行，实时监视设备工作状态，保证设备状态正常。整个飞行过程获取激光点云数据、水平位置数据、飞行姿态数据及其他传感器数据。

获取激光点云时，应明确作业飞行区域、面积、水质和水下地形情况；明确点云密度、平面精度和高程精度的数据质量要求；明确 GNSS 信号和有效卫星数要求；根据飞行环境、作业要求、激光雷达技术指标，确定作业飞行高度和速度；根据测区内影响激光探测的水体光学参数变化，设置激光雷达的参数；航带旁向重叠度不小于 10%，并根据航带内水下地形起伏情况适当提高航带旁向重叠度。

数据获取飞行中航高保持、飞行速度、飞行过程中姿态、飞行过程实时监控及其他要求应符合规范，具体要求如下。

1. 航高保持要求。在一条航线内航高变化不应超过相对航高的 5%～10%，实际航高变化不应超过设计航高的 5%～10%。

2. 飞行速度要求。飞行速度应根据机载激光雷达在不同航高和不同激光光线强度等情况下的标称精度要求、项目对精度要求、地形起伏情况、激光频率、系统的最大瞬时视场角（Instantaneous Field Of View，IFOV），以及载体的性能等参数确定；整个作业区域内，飞行速度应尽可能保持一致；在一条航线内，飞机上升、下降速率不大于 10m/s。

3. 飞行过程中姿态的要求。航线俯仰角、横滚角一般不大于 2°，最大不超过 4°；飞机转弯时，坡度一般不大于 15°，最大不超过 22°；航线弯曲度不大于 3%；需要时，为避免 IMU 误差积累，每次进入测区前，飞机应先平飞 3～5min，再做个 "8" 字形飞行；当次飞行结束后，飞机应先做 "8" 字形飞行后再平飞 3～5min。

4. 飞行过程中实时监控的要求。实时监控系统各配套设备的运行、数据记录等工作状态，根据实际情况及时处理出现的问题；当检测到不符合飞行数据获取要求时，或系统发生故障，应立即停止作业。

5. 数据获取飞行的其他要求。飞机停稳后，先关闭激光雷达和 POS 系统电源，再关闭飞机电源；每个飞行架次后，应及时解算并检查数据情况，发现问题应查明原因并调整飞行计划；结束飞行后，应及时将获取的所有数据备份于安全的存储介质。

（三）潮位观测

在飞机作业期间，需要根据测区范围及测区的潮汐特点等设立验潮站，同步进行潮位观测，其目的是对瞬时测深值进行潮位改正，以获得基于某一垂直基准面的水深值或高程值。

（四）数据补测

机载 LiDAR 测深时，需要根据实际情况决定是否进行数据补测。其中，需要进行航线补测的情况：由于激光雷达、POS、水域情况等原因，无法获取该条航线内有效的激光点云数据或 POS 数据；激光点云数据无法满足该条航线成果点云密度或精度要求。需要进行遗漏补测的情况：GNSS 短时失锁引起航线内局部数据无法满足要求；因飞行姿态引起激光点云航线数据拼接时出现局部数据缺失；因水下复杂地形变化引起激光点云航线数据拼接时出现局部数据缺失。

三、内业数据处理

机载 LiDAR 测深系统最终需要获得测量点在地理坐标系下的位置、高程或基于深度基准面的水深值，然而，在外业采集后，直接获得的是各传感器的测量数据，需进行各项归算，得到激光点云，并改正系统误差的影响，因此，需要对获得数据进行相应处理。机载 LiDAR 测深内业数据处理的主要流程如图 5-8 所示，必要时可根据实际需求进行适当调整。

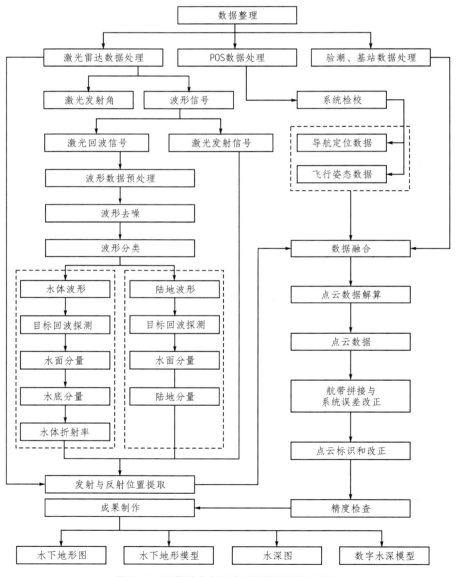

图 5-8 机载激光水下地形测量数据处理流程

机载 LiDAR 测深系统所获取的数据主要有激光测距数据、GNSS 数据、姿态数据和潮位数据，其数据处理的基本流程是，首先从激光波形数据中提取飞机到海面及海底的相对斜距等信息，计算海面点和海底点在扫描仪坐标系下的相对位置；接着联合 GNSS 数据、姿态数据共同解算出激光在海面点和海底点的绝对地理位置；然后改正海面波浪的影响；最后根据潮位观测数据，将海面至海底的瞬时斜距归算成海图图载水深或计算出海底点的高程。

（一）数据整理

数据获取后，应对激光雷达、移动站 GNSS/IMU、基站 GNSS、飞行记录等数据进行整理并检查数据的完整性。整理后的数据应包括激光雷达原始数据、移动站 GNSS/IMU 数据、基站 GNSS 观测数据，以及水体漫衰减系数、折射率、潮位等与数据处理及成果质量检核相关的其他数据信息。

（二）波形数据处理

1. 波形数据预处理。按照激光发射时序、航高、水深及回波强度等统计特性，从回波波形数据中截取包含激光发射、海表面反射、水体散射和水底反射信息的有效部分。

2. 波形去噪。采用数字信号滤波等方法（如小波去噪处理）将系统硬件、传播介质及背景等因素对回波波形强度所造成的随机干扰消除，确保处理后的回波波形平滑唯一，为水深测量精度的提升和水质反演等其他方面的应用奠定基础。

3. 波形分类。按照回波波形的时域、频域等特征，将回波波形分成陆地波形和水体波形。

4. 发射和反射位置提取。根据激光发射信号的波形特征，提取激光发射位置。根据反射信号的波形特征，提取陆地波形的地表反射位置，以及水体波形的海表面和水底反射位置，按照陆地、水体表面和水底对反射位置特征进行标识。

（三）POS 数据处理

对 GNSS/IMU 和基站 GNSS 数据进行后处理，获得传感器高精度的位置和姿态数据。POS 数据处理的要求如下。

1. 在飞行区域内有全球导航卫星系统连续运行基准站，并且其采样频率符合要求，收集这类基站的观测数据，联合机载 GNSS 观测数据，按照后处理精密动态测量模式进行处理，获取飞行过程中各时刻 GNSS 天线的基准坐标。

2. 如果在飞行区域布设地面 GNSS 基站，可采用国家已知的 GNSS 坐标点联测方式得到基准站坐标，或收集基准站周围国际 GPS 服务（International GPS Service，IGS）站观测数据、IGS 站精密星历和精密钟差等相关数据，解算获取 GNSS 基准站坐标，联合机载 GNSS 观测数据，按照后处理精密动态测量模式进行处理，获取飞行过程中各时刻 GNSS 天线的基准坐标。

3. 选择该架次距离摄区最近的基站数据进行解算或采用多基站数据联合解算，确保采用最优解算结果。

4. 剔除姿态不佳的编号卫星数据，保证最终差分数据质量。

5. 基于差分 GNSS 结果与 IMU 数据进行 POS 数据联合处理，并考虑系统检校已测量的偏心分量值。

6. 若 GNSS 数据采用精密单点定位后处理模块进行处理，按照精密单点定位数据处理流程解算飞行过程中各个时刻飞机的准确位置。

7. 通过双向解算差值、GNSS 定位精度（差分 GNSS 解算结果）和数据质量因子等指标进行综合评定。

8. 导出航迹文件成果。

9. 参照 GNSS/IMU 辅助航空摄影相关标准填写 POS 数据处理结果分析表。

（四）数据融合

1. 数据同步。数据同步是将各个传感器采集数据的时间统一到参考的标准时间下，实现多源数据按时标一一对应，以保证数据的统一性，这是多传感器集成的基础，是数据融合的关键，如果时间同步没有控制好，会导致后续点云错位、变形。一般采用 GNSS 秒脉冲信号作为标准时标，实现各传感器的时标同步。

除确定标准时标外，还存在各传感器测量频率不同或时延的问题。当前激光测深的测量频率已达 550kHz，测深数据量巨大，GNSS/INS 更新频率相对有限，一般不超过 200Hz。因此，机载 LiDAR 测深数据与 GNSS 定位、姿态数据同步处理时，需要进行 GNSS、姿态数据内插，从而实现机载 LiDAR 测深数据与 GNSS 定位、姿态信息一一对应，为接下来的空间配准提供数据源。各传感器的时延通常较小，在系统校准后时延误差可忽略不计。

2. 空间配准。空间配准的实质是利用多源数据实现坐标转换，将原始激光数据与 GNSS/IMU 数据计算结果相结合，并加入检校参数进行校正，计算出每束激光测点的三维地理坐标，由此获得所需的点云数据。空间配准的过程中实现了载体姿态效应改正。机载 LiDAR 测深属于高动态条带式测量系统，这种动态效应无疑增大了数据后处理的复杂性。因此要通过对这种动态测深技术涉及的空间结构进行分析研究，建立起严密的测深数学模型，并在此基础上通过引入惯导坐标系和当地水平坐标系来描述载体的姿态，以载体的姿态角、激光扫描装置的扫描角来计算确定测点位置和深度值。

机载 LiDAR 测深系统最初获得的点云数据是扫描仪下的坐标，需要通过坐标转换，将扫描仪坐标系下的坐标经惯导坐标系、当地水平坐标系转换到大地坐标系下，以此获得地理坐标系下的点云数据。

（五）点云数据处理

1. 点云数据解算。根据激光的传播过程与系统内部各数据采集单元间的空间位置关系，在采集时间同步的条件下经过水体折射率改正计算测区范围内所得目标反射界面的空间位置，形成点云数据。

2. 航带拼接和系统误差改正。机载 LiDAR 测深系统是由多个传感器组成的综合性测量系统，由于系统整合、水质、水团、海藻、鱼群、漂浮物等因素的影响，测深信号难免因各种因素的影响而产生异常数据和系统误差。为了获得高质量、高精度的探测成果，必须对整个测量过程进行质量监测和质量控制。异常数据（粗差）是影响测深数据质量的关键，需要对测深数据进行粗差定位与剔除，在数据处理阶段可综合应用曲线移动判别法、抗差估计判别法和立体仿真判别法等，对测深数据进行质量控制，并进行各种系统误差的处理。

机载 LiDAR 测深属于条带状作业模式，为了满足全覆盖测量要求，要求相邻航带之间必须有一定宽度的重叠部分。由于受各种干扰因素的影响，在相邻航带重叠区域内的公共点上，必然存在一定大小的交点深度不符值。可以通过以下措施来处理相邻航带测深数据的融合问题：一是通过对机载 LiDAR 测深系统中各个传感器的误差特征进行分析，进而建立合理的系统误差模型；二是通过相邻条带重叠区内的公共点，建立包含随机噪声和系统误差在内的带有附加参数的自检校平差模型；三是在有约束的条件下，通过最小二乘法合理选权，求解平差模型，从而消除各类误差的综合影响，最终达到提高测量成果整体精度水平的目的。

3. 点云标识和改正。

对解算后的点云数据进行标识：一是根据激光雷达反射位置特征标识，对点云数据按照水面、水底及陆面进行标识；二是将明显低于水底/陆地地表的点、明显高于地表目标的点和明显高于水面且标识为水底的点进行剔除；三是根据海面点云拟合波浪形态，进行水底点云位置环境参数改正。

4. 精度检查。经过数据编辑及各项改正后，采用检查航线和采集航线交叉比对的方式，检查水下激光点云对应的高程精度，高程中误差应不大于表 5 - 6 中高程中误差的 $\sqrt{2}$ 倍。

（六）成果制作

机载 LiDAR 测深数据的点云非常密集，要形成最后的成果还需要对经过各项环境参数改正的数据进行点云抽稀和格网化，才能用于建立海底 DEM，或者生成水深成果图。通常点云抽稀可采用道格拉斯方法、距离倒数加权方法或者其他方法。

　　成果图的绘制可采用随机软件或者自主研发的软件，主要有水下地形图、水深图、水下地形模型、数字水深模型四种产品形式。其中，水下地形图是按照一定投影标准与比例尺编绘，并以等高线表示水下地形起伏与地理空间位置的地图产品；水深图是按照一定投影标准与比例尺编绘，并以等深线表示区域水深变化与地理空间位置的地图产品；水下地形模型采用格网及其交点上的高程数据描述区域范围内水下地形形态的空间分布；数字水深模型采用格网及其交点上的水深数据描述区域范围内水深变化及其空间分布。

《 第六章 》

数字水深模型构建

水深是反映海底地形起伏形态的基本要素，是人类认识和利用海洋并进行科学决策的重要依据。长期以来，海底地形的起伏形态主要是通过离散水深数据（水深点）表示的，即将海底地形表面这一连续的空间曲面离散化，通过有规律地选择一定数量呈离散分布的水深点，利用其位置和水深值来描述海底地形的起伏变化。在海洋测绘领域，早期常借鉴 DEM 这一概念，将其从陆地引申到海洋，采用海底 DEM 来表达海底地形表面。由于水深所采用的起算基准——深度基准面（如理论最低潮面、略最低低潮面等），不仅与陆地高程所采用的高程基准面不同，而且还随时间、地点、确定方法等因素的不同而变化，可见水深所表示的空间意义与高程是存在一定差异的，因此专家学者开始采用数字水深模型（digital depth model，DDM）来反映水深变化。

数字水深模型是用离散水深数据实现对海底地形起伏变化的一种数字化表达。数字水深模型建模技术与所构建模型的质量、特点及应用领域密切相关，直接决定了海底地形表达的真实可靠性和精度，并将对舰船航行的安全性及其他相关应用产生重要影响，一直是海道测量和海图制图人员科学研究与海洋测绘地理信息产品生产实践关注的核心内容。为了更好地促进海洋测量数据的表达和应用，本章将详细介绍数字水深模型的含义、建模方法及生产过程等基础知识。

第一节　数字水深模型的含义

数字水深模型是对海底表面高低起伏形态的数字化模型表达，直接决定了海底地形地貌表达的准确性和舰船航行的安全性。数字水深模型是海洋基础地理信息数字成果的重要内容，是海洋经济建设、海洋灾害防治、海洋生态环境及海洋科学研究等的基础地理信息资源。

一、数学定义

数学意义上的 DDM 是定义在二维空间上的一个连续函数 $D=f(x,y)$。由于连续函数的无限性，DDM 通常以有限的水深采样点按某种规则连接成的一系列空间小曲面片来逼近原始海底曲面，因此可给出以下 DDM 的数学定义：DDM 是区域 S 的水深采样点或待插点 P_j 按规则 ξ 连接成的面片 M_i 的集合，即

$$DDM=\{M_i=\xi(P_j)|P_j(x_i,y_i,D_i)\in S\} \tag{公式 6-1}$$

公式 6-1 中，i 为面片 M_i 的序号（$i=1,2,\cdots,m$），j 为水深采样点或待插点 P_j 的序号（$j=1,2,\cdots,n$）。连接规则 ξ 作为构成 DDM 的数据结构，可以是呈规则分布的格网或不规则分布的三角网。特别地，当 ξ 为正方形或矩形时，相应的 DDM 称为规则格网 DDM（GRID_DDM）。由于正方形或矩形的规则性，格网点的平面位置 (x,y) 隐含在格网的行列号 i、j 中，此时的 DDM 就相当于一个 $n\times m$ 的水深矩阵，记为 B_{DDM}，即

$$B_{\mathrm{DDM}}=\begin{bmatrix} D_{11} & D_{12} & \cdots & D_{1m} \\ D_{21} & D_{22} & \cdots & D_{2m} \\ \vdots & \vdots & \ddots & \vdots \\ D_{n1} & D_{n2} & \cdots & D_{nm} \end{bmatrix} \qquad \text{（公式 6-2）}$$

当 ξ 为三角形时，实质上是用互不交叉、互不重叠的连接在一起的三角形面片组成的三角网来逼近海底地形表面。此时的 DDM 称为不规则三角网 DDM（Triangulation Irregular Network DDM，TIN_DDM），可表示为三角形 T 的集合，即

$$\mathrm{DDM}=\{T_i, T_i=\tau(P_j,P_l,P_k)\} \qquad \text{（公式 6-3）}$$

公式 6-3 中，τ 为三角剖分准则，P_j、P_l、P_k 为构成三角形面片的离散水深点。如图 6-1 所示，GRID_DDM 和 TIN_DDM 是目前最常见的两种不同结构的 DDM。

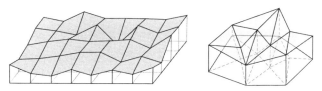

图 6-1　GRID_DDM（左）和 TIN_DDM（右）（彭认灿等，2022）

二、分类、特点与应用

DDM 作为一种能有效实现海底地形表面数字化表达的新型海洋测绘产品，其应用领域遍及航海图、海底地形图应用所涉及的各行各业。它既可作为海洋领域科学研究、经济活动和国防建设等的基础数据，又可作为海洋地学研究、规划设计、工程建设等成果的表达形式，同时各种不同分辨率的 DDM 又可成为海图制图的基本数据来源。尽管 DDM 应用所涉及的行业、领域众多，但从模型构建方法、特点及其应用的显著差异来看，可分为服务于航海应用的航海 DDM 和服务于非航海应用（航海以外的其他应用）的非航海 DDM 两大类型。其中，对于航海 DDM，其应用的首要需求是保证舰船的海上航行安全，次要需求是满足航行资源的有效利用；对于非航海 DDM，其应用则以准确表达海底地形地貌为基本需求，即类似于对一般陆地 DEM 的需求。

航海 DDM 专门服务于舰船海上航行，其以深度基准面为水深点深度的起算基准，

且在建模时主要按"取浅舍深"的原则进行水深点的选取。在利用建模数据进行内插、推估等处理时,考虑到水深不确定度对航行安全的影响,以及在选择水深点时的"深浅兼顾"要求,即适当选取一些能充分反映航道深度和宽度的较深的水深点与能有效反映出海底地形变化的特征水深点,因此,航海 DDM 除了具备一般 DDM 的共性,由其描述的海底地形还具有"扩浅缩深"和能较好表示出可航区域等特点。航海 DDM 的这些特点正是保证舰船海上航行安全和满足航行资源有效利用所必需的。因此,随着数字海图,尤其是电子航海图(electronic navigational chart,ENC)的广泛应用,航海 DDM 作为一种面向舰船航海应用的专用三维数字模型,与传统的纸质海图上以水深注记为主、等深线为辅表示的二维模拟模型相比,能够更为准确、可靠地服务于舰船航海,已被电子海图显示与信息系统(electronic chart display and information system,ECDIS)、船舶交通服务系统(vessel traffic service,VTS)等各类电子海图应用系统普遍采用。

非航海 DDM 全面服务于海底地形分析与应用,由于其深度以高程基准面为起算基准,且严格以真实、准确反映海底地形为原则进行建模,因此,非航海 DDM 与陆地 DEM 具有相同或相近的特点,是海底地形在某种空间尺度下的一种客观反映。这决定了非航海 DDM 具有更广泛的适用性,甚至可以利用非航海 DDM 生成航海 DDM,其应用主要包括以下 3 个方面。

一是海洋工程建设。凡是和海底地形有关的工程项目,几乎都对非航海 DDM 有着不同程度的应用需求。例如,海底矿产资源勘探和开发、海底管线敷设、港口建设、航道疏浚、围海造田等海洋工程建设的规划、论证、设计和施工阶段,均对相关海域的海底地形信息有着十分迫切的需求,因此都离不开对不同空间尺度非航海 DDM 的应用。

二是海洋科学研究。非航海 DDM 在海洋科学研究中的作用也是显而易见的。例如,在生态学研究中,为了揭示海洋生物种类及其分布与周围环境的关系,就要用到海底地形和底质等信息;在地貌学研究中,为了弄清各种海底地貌的成因与演化过程,也离不开不同时期的海底地形信息。

三是海上军事活动。海底地形要素是海战场环境基础地理空间信息极其重要的组成部分。非航海 DDM 作为真实海底地形的一种十分有效的三维数字模型,其对于海战场环境建设、战场规划、作战指挥、水下导航定位、水下目标探测、水雷布设与探测,以及水下航行器的作战辅助等均具有重要意义。

第二节　数字水深模型的建模

地形表面千变万化，形态各异，我们只能通过所获取的一系列离散的高程数据点，采用点的表达方式和结构模型来构建地形表面，这个过程可称为地形表面重建或建模。DDM 是对离散的水深数据的建模，是海底地形地貌表达的基本内容和基础框架。其中，航海 DDM 的服务，以舰船的安全航行为目标，主要以深度保证率、表达度作为评估航海 DDM 的质量指标；非航海 DDM 的服务，与陆地 DEM 相似，主要是准确地表达真实海底地形，以中误差作为评估非航海 DDM 的质量指标。

一、建模方法

数字水深建模的基本环节主要包括水深源数据的获取、水深模型结构的确定、水深模型点的选取（或内插）、水深模型表面的内插等。

在这些环节中，水深源数据在建模前是已经确定的。水深模型点的选取，可采用人工选取和计算机自动选取的方式。水深模型的结构主要包括不规则三角网、规则格网和等深线三种结构。在数字水深建模中，内插主要应用于两个方面：一是由水深源数据点生成水深模型点；二是由模型点计算推估区域内任意点的水深。

航海 DDM 的数据源主要包括航海图水深数据，或者从高密度水深数据中按照海图水深综合原则选取的原始水深数据。对于同区域内的系列海图比例尺的海图水深数据，一般由较大比例尺的海图水深数据按照"取浅舍深"等制图综合原则进行选取，此时，小比例尺的海图水深可看作是由大比例尺海图水深数据按照"取浅"的制图综合原则选取获得。

航海 DDM 采用的水深数据一般为不规则分布排列，为了保证舰船的航行安全，一般采用原始测量水深数据，而格网和等深线结构模型需要通过内插获得模型点（或线），三角网结构一般使用的是原始水深数据，因此，构建航海 DDM 基本上都是采用基于不规则三角网的模型数据结构。

非航海 DDM 的数据源主要包括单波束测深数据、多波束测深数据和机载 LiDAR 测深数据等。非航海 DDM 可采用基于不规则三角网或规则格网的模型数据结构，但目前较为常用的是规则格网模型数据结构。

（一）数字水深建模的插值方法

1. 最近点法。最近点法是指对某一局部区域 D 而言，存在水深源数据集 R，从水

深源数据集 R 中选取与区域 D 中心平面距离最近的原始水深点 $q=(x_q,y_q,z_q)$，然后将最近点处的水深 z_q 移至区域 D 中心，作为格网水深模型点处的水深值。

2. 最浅点法。最浅点法是指对某一局部区域 D 而言，存在水深源数据集 R，从水深源数据集 R 中选取水深值最小的水深点 $q=(x_q,y_q,z_q)$，然后将最浅点处的水深 z_q 移至区域 D 中心，作为格网水深模型点处的水深值。

3. 移动曲面法。移动曲面法作为 DDM 内插中的一种常用方法，即以内插点为中心，利用内插点周围一定区域内（简称"邻域"）已知数据点的水深值，建立一个多项式的拟合曲面，进而根据这个曲面求取内插点的水深值。一般情况下，当数据点个数大于 8 时，应用完整的二次项，当数据点个数在 6 和 7 之间时，可舍去 x、y 项；当数据点个数在 4 和 5 之间时，舍去平方项，而仅有 3 个点时用线性项等。

4. 双线性曲面法。双线性曲面法（双线性多项式内插法）作为移动曲面法的一种简化形式，具体计算方法与移动曲面法相类似。但需要注意的是，双线性曲面法在规则格网水深模型的应用中，可利用内插点所在格网区域的 4 个顶点水深及其相对位置，直接计算内插点水深值。

5. 加权平均法。在移动曲面法中，通常需要采用最小二乘法进行求解，计算相对复杂。因此目前水深内插中，更为常用的是直接根据已知水深位置和深度来计算内插点水深的加权平均法。使用距离反比平方权的加权平均法具有较高的内插精度和计算效率。

6. 克里金（Kriging）插值法。克里金插值法是建立在变异函数理论分析基础上，对有限区域内的区域化变量取值进行最优无偏估计的一种方法，既考虑了地形变化的随机性，又考虑了各离散点的相关性。将内插点水深值 z_q 看作邻域内 n 个已知点水深值的线性组合，利用离散点值的加权来推估格网点的数值，其计算权重的过程较为复杂。一是空间结构的分析，由已知点的数值来分析数据间的大小差异及其空间分布的关系，并产生一个变差图来判断内插法的适用性；二是以平均法或滑动窗口法来计算每个格网的数值，样点的权重由变差图的空间连续方程来决定。

需要说明的是上述方法在数字水深建模中应用的基本情况：最近点法、最浅点法主要应用于数字水深建模的水深模型点的内插；移动曲面法、双线性曲面法、加权平均法、克里金插值法在数字水深建模中的水深模型点的内插、水深模型表面的内插中均可使用。实验结果表明，在当前数字水深建模常用的内插方法中，加权平均法是较适合多波束水深源数据内插格网水深模型点的方法，双线性曲面法是较适合格网水深模型点推估模型表面任意点水深的方法。

（二）基于多源水深数据融合的模型融合方法

由于多源水深数据的密度差异较大，利用常规插值法在沿航迹分布的单波束水深及密度较大的多波束水深区域附近极易出现地形假值，因此好的融合方法体现在既能够保留高密度水深数据的细节信息，又能够避免稀疏数据区域插值方法导致的异常假值。移去-恢复法的应用可解决上述问题。该方法首次由 Forsberg 和 Tscherning 进行详细的论证和推导，并应用在重力场模型构建中，随后 Hell、Jakobsson、Smith 和 Sandwell 将其应用在多源海底地形模型构建中并取得了较好的效果。移去-恢复法主要采取两个步骤：一是移去阶段，利用所有水深数据构建一个低分的水深格网，目的是为保证数据稀疏区的插值结果的准确性；二是将其重采样变换至所需分辨率作为基准格网，由于此阶段低分插值移去了数据稠密区的细节信息，因此在恢复阶段中，单独将稠密数据移去的部分（残差模型）进行恢复叠加至基准格网上。利用该方法，既能保证低密度数据不受高密度数据影响的独立性，又能克服高密度数据受低密度数据限制而无法保留细节信息的缺点。这种方法针对数据密度只分为两种类型，如果测绘区域的数据密度有多种，则可以采用叠加融合方法，即采用一种叠加多分辨率格网的方法建立恒定格网大小的模型，该方法是在移去-恢复法的基础上发展而来的。

叠加多分辨率格网方法根据研究区数据密度分成多个不同分辨率的格网，将不同分辨率格网模型进行叠加融合，再次内插生成高分辨率的格网。具体方法如下：

1. 分别利用源数据生成不同分辨率的模型，在稀疏数据源处，高分辨率格网中会存在大量的空值，随着格网的增大，空值会逐渐减少，直到填满源数据包围的所有空隙。

2. 把这些格网叠加成多分辨率的格网，最后插值生成高分辨率的格网模型。在叠加的过程中，要求保留高分辨率的数据，在没有高分辨率值的空值节点，采用低一级分辨率的格网节点值，具体流程如图 6-2 所示。这种方法可以针对多源不均匀数据获得更高分辨率格网模型，格网分辨率可以由具有最高源数据密度的区域确定，最大限度地保留高密度数据的细节，又尽可能减少稀疏数据源区域内插值伪影的产生。因为当稀疏的数据直接生成高分辨率的模型时，一些标准的插值算法无法产生可靠的结果。如果先根据数据稀疏程度生成与之匹配的格网大小的模型，再采样，则出现假数据的概率会降低。

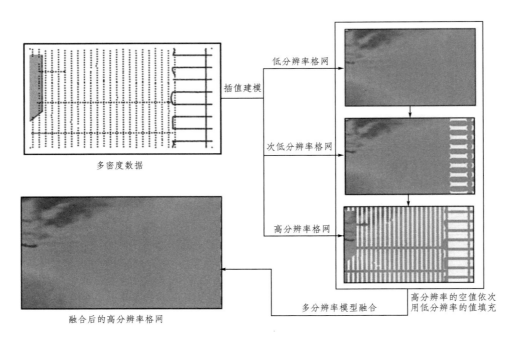

图 6-2　叠加融合多分辨率格网流程图（陈义兰等，2021）

　　源数据密度、地形特征和插值方法都对 DDM 精度有显著影响。DDM 的建立精度与数据密度直接相关，数据密度大，插值精度高。地形对 DDM 建立精度有影响，地形复杂区，插值精度低。建立地形复杂度、密度和插值误差的关系可以帮助更好地选择插值方法。

二、模型转换

　　航海 DDM 主要是对离散的原始水深数据构建不规则三角网结构的数据模型，以保证舰船航行安全；非航海 DDM 则通常采用处理后的内插值作为模型点水深值，并且构建规则格网结构的数据模型，以表达真实的海底地形地貌。非航海 DDM 一般采用当前主流的格网模型数据结构，在海洋工程、海上考古、海洋地质调查与资源开发等领域具有广泛的应用。

　　目前，航海 DDM 和非航海 DDM 在水深选取和模型构建上有不同的方法，导致两者之间不能真正实现水深数据的共享。当前，由于海上水深测量具有高投入、长周期等特点，在不同部门、行业之间进行水深数据的共享、互用是一个必然的趋势。长期以来，为非航海领域服务的水深数据一般采用的是内插水深，并未考虑在航海应用中所选取的水深需要遵守"取浅舍深"的水深综合原则；此外，非航海 DDM 所采用的格网模型数据结构本身具有削峰填谷的性质，而且随着格网尺度的增大，削峰填谷程度越甚，从而导致所构建的非航海 DDM 表面存在水深漏浅的现象，给舰船的安全航行带来重大隐患。本节介绍非航海 DDM 向航海应用时的转换方法，使之能够较大程度地提高转换后非航海 DDM 的深度保证率，以满足舰船的安全航海需求。

（一）基本思想

非航海 DDM 向航海应用转换方法的基本思路如下：

1. 基于国际标准化组织制定的《测量不确定度表示指南》（GUM）中推荐的不确定度合成方法，计算原始水深不确定度对非航海 DDM 建模点的传递不确定度，采用测试点检验法依次计算非航海 DDM 每个格网的地形描述不确定度，进而合成非航海 DDM 建模点的综合不确定度。不确定度表示在某一明确的置信度下，包含测量真值（关于某一给定的值）的区间，表示由于测量误差的存在而对被测量值不能确定的程度。一个完整的测量结果，不仅要给出测量值的大小，而且要给出测量不确定度，以表示测量结果的可信程度。

2. 基于模型格网双线性法对非航海 DDM 建模点的综合不确定度构建每个格网的不确定度拟合面，实现非航海 DDM 向航海应用时的转换。

（二）非航海 DDM 不确定度的计算

1. 非航海 DDM 建模点传递不确定度的计算。非航海 DDM 采用基于距离反比加权平均法的格网建模方法，计算方法为

$$z_q = \frac{\sum\limits_{i=1}^{n} p_i z_i}{\sum\limits_{i=1}^{n} p_i} \qquad \text{（公式 6-4）}$$

公式 6-4 中，z_q 为点 q 的内插水深值，z_i 为第 i 个点的水深值，p_i 为第 i 个点的权函数，n 为参考点的个数。这里选用距离平方的倒数作为权函数，即

$$p_i = d_i^{-2} \qquad \text{（公式 6-5）}$$

公式 6-5 中，d_i 为参考点 i 到内插点的距离。

将公式 6-4 中的内插点水深值看作函数值，将参考点权函数 p_i 中的距离 d_i 和水深值 z_i 看作自变量。根据 GUM 法，得到参考点 i 的距离 d_i 和水深值 z_i 引起内插点 q 的垂直标准不确定度分量为

$$\frac{\partial z_q}{\partial z_i} = \frac{1/d_i^2}{\sum\limits_{j=1}^{n} 1/d_j^2}$$

$$\frac{\partial z_q}{\partial d_i} = \frac{(2/d_i^3)\left[\sum\limits_{j=1}^{n}(z_j/d_j^2) - z_i \sum\limits_{j=1}^{n}(1/d_i^2)\right]}{\sum\limits_{j=1}^{n}(1/d_j^2)^2} \qquad \text{（公式 6-6）}$$

根据 GUM 法，对公式 6-6 进行整理得到内插点 q 的垂直标准不确定度 u_{Dep_z} 为

$$u_{\mathrm{Dep}_z}^2 = \sum_{i=1}^{n} \frac{1/d_i^4}{\sum\limits_{j=1}^{n}(1/d_j^2)^2}u_{\mathrm{Dep}_i}^2 + \sum_{i=1}^{n} \frac{(4/d_i^6)\left[\sum\limits_{j=1}^{n}(z_j/d_j^2)-z_i\sum\limits_{j=1}^{n}(1/d_j^2)\right]^2}{\sum\limits_{j=1}^{n}(1/d_j^2)^4}u_{\mathrm{Pos}_i}^2 \quad (公式 6-7)$$

公式 6-7 中，u_{Pos_i}、u_{Dep_i} 分别为参考点 i 的水平标准不确定度和垂直标准不确定度，进而得到内插点 q 的垂直不确定度为

$$u_r = 1.96 \times u_{\mathrm{Dep}_z} \quad (公式 6-8)$$

由于内插点 q 的平面位置已经给定，故其水平标准不确定度为 0。

2. 非航海 DDM 每个格网地形描述不确定度的计算。在非航海 DDM 的每个格网区域中均匀地选取 n 个原始水深数据作为测试点，根据格网区域顶点水深，采用双线性曲面法内插这 n 个检查点的水深值 $z'_i(i=1,2,\cdots,n)$，并且与测试点原始水深 z_i 做比较，采用公式 6-9 评估格网区域内的水深模型描述不确定度为

$$u_s = 1.96 \times \sqrt{\sum_{i=1}^{n}\frac{(z_i-z'_i)^2}{n}} \quad (公式 6-9)$$

因此，非航海 DDM 建模点的综合不确定度为

$$u_i = \sqrt{u_{ri}^2 + u_{si}^2} \quad (公式 6-10)$$

（三）不确定度拟合面的构建和模型转化方法

2012 年，IHO 在公布的《S-102 水深表面产品规范》中定义了航海表面的概念，并且指出航海表面是可以保障舰船航行安全的海洋表面，主要包括实测水深值和不确定度估值两个方面。因此，下面采用上述方法确定航海 DDM 水深数据。

不确定度拟合面的构建方法如下。首先，利用公式 6-8、6-9 分别计算非航海 DDM 模型点的垂直不确定度和每个格网的地形描述不确定度，其中模型点的垂直不确定度信息标注为格网点的一个属性值，每个格网的地形描述不确定度信息标注为该格网的一个属性值；其次，按照 GUM 法对每个模型格网点的垂直不确定度和相应格网的地形描述不确定度进行拟合，从而得到每个模型格网点的总不确定度；最后，对于每个模型格网中的 4 个点的总不确定度信息，基于格网双向性法构建非航海 DDM 中每个格网不确定度拟合面。

非航海 DDM 向航海应用时的转换方法：首先，基于格网双线性法内插非航海 DDM 中任一点的水深值 z'；其次，利用不确定度拟合面法计算出该点的垂直不确定度值 u_z；最后，将 $z'-u_z$ 作为该点调控后的水深值应用于航海上，以实现非航海 DDM 向航海应用的转换。

三、质量评估

评估 DDM 质量指标模型的数学方法较多，其中，检查点法是一种最为常用的评估

质量指标模型的数学方法，即事先在模型区域内均匀地选取有限的检查点集，将检查点的实际水深值与在该位置的模型值进行比对，进而计算模型质量指标。

（一）深度保证率和表达度

当 DDM 应用于航海时，通常关注的定量指标是深度保证率和深度表达度。

水深模型的深度保证率 Ω，是指在建模区域内的各点上，模型化水深浅于（或等于）真实水深的平均概率，也就是水深模型在建模区域内各点的深度保证率的平均值，其计算公式为

$$\Omega = \frac{\sum\limits_{i=1}^{n} \omega_i}{n} = \frac{\sum\limits_{i=1}^{n} \int_{-\infty}^{v_i} \frac{1}{u_{\mathrm{Dep}_i}\sqrt{2\pi}} e^{-\frac{x^2}{2u_{\mathrm{Dep}_i}^2}} dx}{n} \qquad \text{（公式 6-11）}$$

公式 6-11 中，n 为检查点的个数，ω_i 为单个水深的深度保证率，$v_i = z_i - z'_i$ 为水深点 i 的偏差值，z_i 为水深点 i 的观测值，z'_i 为水深点 i 内插推估值，u_{Dep_i} 为水深点 i 的垂直标准不确定度。

水深模型的深度表达度 η，是指水深模型的表达空间资源与实际可利用空间资源的百分比，其计算公式为

$$\eta = \frac{\sum\limits_{i=1}^{n} z'_i}{\sum\limits_{i=1}^{n} z_i} \times 100\% \qquad \text{（公式 6-12）}$$

公式 6-12 中各参数的意义同公式 6-11。

（二）中误差和模型的整体偏差值

当 DDM 应用于非航海时，通常关注的是采用中误差理论的精度指标，水深模型的中误差 σ 反映了模型的精度，其计算公式为

$$\sigma = \sqrt{\frac{\sum\limits_{i=1}^{n} (z_i - z'_i)^2}{n}} \qquad \text{（公式 6-13）}$$

公式 6-13 中各参数的意义同公式 6-11。

为了反映 DDM 表达海底地形准确程度的差异，模型的整体偏差值 ρ 的计算公式为

$$\rho = \frac{\left[\sum\limits_{i=1}^{n} (z_i - z'_i)\right]}{n} = \frac{\sum\limits_{i=1}^{n} v_i}{n} \qquad \text{（公式 6-14）}$$

公式 6-14 中各参数的意义同公式 6-11。

由于构建航海 DDM 所采用的水深数据主要是从原始水深数据采用"取浅舍深"综合原则而来的，采用这种水深构建的 DDM 将会导致模型表面在水深以浅方向上系统性地偏离真实海底表面，从而造成航海 DDM 的模型中误差相对较大，模型产生了系统性

偏移，应用于非航海时模型质量会相对降低，且这种降低的程度随着比例尺的缩小而增大。非航海 DDM 未考虑航海安全性需求，会引起模型深度保证率指标明显偏低，且随比例尺不断缩小偏低更明显，从而不能直接应用于航海。

第三节　数字水深模型的生产

数字水深模型成果由数字水深模型数据、元数据及相关文件构成。相关文件指需要数字水深模型数据同时提供的其他附件及说明信息，如水深推测区范围、空白区域等。数字水深模型成果按精度分为两级，精度一级的代号为 A，精度二级的代号为 B。本节描述数字水深模型成果生产与质量控制的过程与要求。

一、数据生产

首先，对各种来源的水深数据进行前期预处理。船载单/多波束测深数据和机载 Li-DAR 测深数据经各项改正处理，剔除异常值；海图数据经过扫描、纠正和矢量化。其次，对所有水深数据统一空间基准、数学基础，统一数据格式，数据数学参考统一至 2000 国家大地坐标系，理论深度基准面数据格式均处理为 ASCII XYZ。再次，对上述水深数据进行清理，去除异常值直至满意，最终输出为 ASCII XYZ 格式。最后，根据多源水深数据的特点，选择合适的插值方法和模型融合方法构建数字水深模型。

二、成果要求

数字水深模型是国家基础地理信息数字成果的重要组成部分，其成果应满足以下要求。

（一）数学基础

坐标系采用 2000 国家大地坐标系，确有必要时，也可采用依法批准的独立坐标系。

地图投影采用高斯-克吕格投影，1∶500、1∶1000、1∶2000 数字水深模型采用 1.5°分带，1∶5000、1∶10000 数字水深模型采用 3°分带，1∶25000、1∶50000、1∶100000数字水深模型采用 6°分带。

高程基准采用 1985 国家高程基准，确有必要时，也可采用当地平均海平面。

深度基准采用当地理论最低潮面。

（二）分幅与编号

根据成图比例尺对数字水深模型进行裁切，生成标准分幅的数字水深模型单元。数字水深模型成果的分幅与编号应符合国家基本比例尺地形图分幅和编号的有关规定。

（三）格网尺寸

1：500、1：1000、1：2000、1：5000、1：10000、1：25000、1：50000、1：100000成果宜采用的格网尺寸见表6-1。

表6-1　数字水深模型的格网尺寸

比例尺	格网尺寸/m
1：500	1，1
1：1000	2，2
1：2000	4，4
1：5000	5，5
1：10000	10，10
1：25000	20，20
1：50000	50，50
1：100000	100，100

（四）精度指标

数字水深模型成果的精度用格网点的深度中误差表示，精度要求见表6-2。1：500、1：1000、1：2000数字水深模型水深值应取位至0.01m，1：5000、1：10000、1：25000、1：50000、1：100000数字水深模型水深值应取小数位至0.1m。水深值存储时可以采用浮点型或放大至整型。

表6-2　数字水深模型的精度指标

比例尺	深度中误差/m	
	一级	二级
1：500	0.15	0.30
1：1000	0.15	0.30
1：2000	0.15	0.30
1：5000	0.20	0.40
1：10000	0.20	0.40
1：25000	0.30	0.50
1：50000	0.30	0.50
1：100000	0.30	0.60

（五）水深推测区与空白区域

数字水深模型中达不到规定精度要求的区域应划为水深推测区。空白区域是指无法获取水深数据的区域。位于空白区域的格网水深值应赋予-99999，对空白区域的处理应完整地记录在元数据中。

（六）格网定位

数字水深模型的格网坐标原则上平行于平面坐标系，如图 6-3 所示。格网坐标以水平方向为行，顺序从上至下排列；以垂直方向为列，顺序从左至右排列。数字水深模型格网数据以左上角第一个格网的左上角点坐标（0，0）对应的高斯平面坐标（$X_起$，$Y_起$）为起始点。

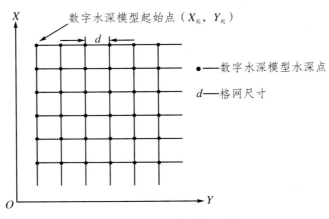

图 6-3　数字水深模型格网定位

（七）数据覆盖范围

数字水深模型分幅数据以矩形覆盖范围为单位提供数据。起止点与图廓关系如图 6-4所示。

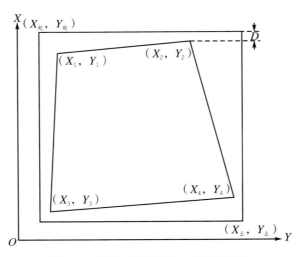

图 6-4　数字水深模型起止点与图廓关系

数字水深模型分幅数据起止格网点坐标计算方法如下：

$$X_起＝INT\{[MAX(X_1,X_2,X_3,X_4)+D]/d+1\}\times d \qquad （公式 6-15）$$

$$Y_起＝INT\{[MIN(Y_1,Y_2,Y_3,Y_4)-D]/d\}\times d \qquad （公式 6-16）$$

$$X_止＝INT\{[MIN(X_1,X_2,X_3,X_4)-D]/d\}\times d \qquad （公式 6-17）$$

$$Y_止＝INT\{[MAX(Y_1,Y_2,Y_3,Y_4)+D]/d+1\}\times d \qquad （公式 6-18）$$

公式 6-15 至 6-18 中，$X_起$、$Y_起$、$X_止$、$Y_止$ 为起止格网点高斯坐标（m）；X_1、Y_1、X_2、Y_2、X_3、Y_3、X_4、Y_4 为内图廓点高斯坐标（m）；D 为数字水深模型外扩实地尺寸（m），且 $D=0.01M$，M 为数字水深模型对应的比例尺分母；d 为格网尺寸（m）；INT 为将数字向下舍入到最接近的整数；MAX 为返回给定参数列表中的最大值；MIN 为返回给定参数列表中的最小值。

（八）接边

相邻数字水深模型应接边，接边后数据应连续，相邻图幅重叠范围内同一格网点的水深应保持一致。

相同比例尺数字水深模型拼接与裁切应满足三个要求：

1. 不同数字水深模型拼接时，应保证不少于 2 排重合格网点。

2. 不同数字水深模型拼接时，应对重合格网点水深不符值进行统计，计算不符值的平均值、最大值和最小值及中误差；当不符值中误差大于 2 倍水深数据中误差时，应对重合格网点水深不符值进行分区统计偏差，并结合原始测深数据，分析形成系统偏差的原因，以消除不同数字水深模型间的系统偏差；当不符值中误差小于 2 倍水深数据中误差时，取重合格网点水深平均值作为格网点的最终水深值。

3. 对数字水深模型进行拼接时，检查有无漏洞，确保拼接无缝。

（九）数据存储与文件命名

数字水深模型存储时，应由起始格网点起，按从左向右、从上向下的顺序排列。数据格式要满足地理空间数据交换格式的要求。数字水深模型的模型数据、元数据、相关文件等命名应符合基础地理信息数字成果数据组织及文件命名的有关规则。

三、质量检验

按照数字测绘成果质量检查与验收的有关规定对数字水深模型及其元数据等成果进行质量检验，形成检查报告和验收报告。数字水深模型成果质量的检查内容见表 6-3。

表6-3 数字水深模型成果质量检查内容

质量元素	质量子元素	检查项	检查内容
空间参考系	大地基准	坐标系统	检查坐标系统是否符合要求
	高程基准	高程基准	检查高程基准是否符合要求
	深度基准	深度基准	检查深度基准是否符合要求
	地图投影	投影参数	检查地图投影各参数是否符合要求
位置精度	水深精度	水深误差	检查水深误差是否符合中误差要求
		同名格网水深值	检查同名格网水深值（接边）不符合要求的个数
逻辑一致性	格式一致性	数据归档	检查数据文件归档是否符合要求
		数据格式	检查数据文件格式是否符合要求
		数据文件	检查数据文件是否缺失、多余、数据无法读出
		文件命名	检查数据文件名称是否符合要求
时间精度	现势性	原始资料	检查原始资料的现势性
		成果数据	检查成果数据的现势性
格网质量	格网参数	格网尺寸	检查格网实地尺寸是否符合要求
		数据覆盖范围	检查格网的起始坐标、结束坐标及图幅范围是否符合要求
附件质量	元数据	项错漏	检查元数据项错漏个数
		内容错漏	检查元数据各项内容错漏个数
	图历簿	内容错漏	检查图历簿各项内容错漏个数
	附属文档	完整性	检查单位成果附属文档的完整性
		正确性	检查单位成果附属文档的正确性
		权威性	检查单位成果附属文档的权威性

四、成果标记

数字水深模型成果标记用于成果外包装及成果标签等处。成果标记应包含成果名称、所采用标准的标准编号、成果分级代号、图幅分幅编号、格网尺寸、最新生产时间等内容，根据需要也可标识版本号，示例见表6-4。

表6-4 成果标记示例表

标记项	标记内容	备注
成果名称	数字水深模型	
所采用标准的标准编号	CH/Z 9026—2018	本成果所采用的标准编号
成果分级代号	A	
图幅分幅编号	F50G080003	
格网尺寸	(10, 10)	单位为 m
最新生产时间	2023 年 6 月	年月
版本号	1.5	整数位代表重测次数，小数位代表修测次数

《 第七章 》

近岸海域测绘工程案例

海洋测绘是人们认识海洋、开发海洋、经略海洋的一个重要手段。随着我国国民经济的快速发展及国防建设的需要，对近岸海域水上、水下的测绘任务需求不断增加且愈加迫切。本章在前述章节近岸海域垂直基准建设及水下地形测绘相关理论与技术方法的基础上，通过海道测量、海底地形测量、海岛礁测量、海岸线测量等几方面的实际项目案例，对这些技术方法在近岸海域测绘工程中的具体应用进行探讨与交流。

第一节　海道测量

一、概述

海道测量是以测定与地球水体、水底及其邻近陆地的几何与物理信息为主要目的，为获取海底地形、地貌、水文、底质等数据资料，对海洋和海岸特征进行的相关测量与调查技术。海道测量是数据获取与处理的实用性和基础性测量工作，主要服务于船舶航行安全和海上军事活动，对于航道质量的控制和维护都起到了至关重要的作用，更为以后航道施工维护及管理提供了有力的数据支撑，同时也为国家经济发展、国防建设和科学研究等提供水域和部分陆域的地理和物理基础信息。

（一）海道测量的分类

海道测量按照测量区域分为港湾测量、沿岸测量、近海测量、远海测量和内陆水域（江河湖泊等）测量。

1. 港湾测量。对港口、海湾、锚地、进出港航道水域及其毗邻陆地实施的海道测量，为出版大比例尺港湾海图、海湾与港口管理与规划、港湾建设、海上人工建筑物建设与维护等提供基础信息。

2. 沿岸测量。距海岸 10n mile 之内的水域及其毗邻部分陆地实施的海道测量，为出版大比例尺沿岸海图与地形图、陆海划界、海岸与海域管理与规划、港口设计、航线设计、海上人工建筑物建设与维护等提供基础信息。测图比例尺通常采用 1∶1000 至 1∶50000。根据需求程度及特殊要求应实施更大比例尺或全覆盖海底地形测量。

3. 近海测量。距海岸 10～200n mile 内水域实施的海道测量，为出版中比例尺近海海图、划定功能区、航线设计、海上工程建设、海洋科学研究和海上资源开发等提供基础信息。通常是为出版 1∶50 万至 1∶10 万海图而实施的海道测量。

4. 远海测量。距大陆海岸约 200n mile 以外水域实施的海道测量，为船舶远洋航行、划定功能区、资源勘探和海洋科学研究等提供基础信息。一般用于出版小于 1∶50 万比例尺的海图。

5. 内陆水域测量。以江河湖泊水体及其边界为对象进行地形、水文等要素的测量技术，获取水域地理信息与水沙要素信息，为内陆水域管理、开发、治理、利用及环境保护服务。

（二）海道测量的主要内容

1. 控制测量。在高等级大地测量控制点的基础上加密平面和高程控制点，为水深测量、扫海测量、海岸带地形测量和助航标志测定等提供平面控制和高程控制基础。对远离大陆的岛屿地区，利用卫星定位技术来确定平面控制点，并利用当地的平均海面作为高程起算面。利用声学应答器在海底建立控制点（网），也可为海道测量提供控制基础。

2. 水深测量。水深测量是海道测量的一项主要工作，包括定位、深度测量及航行障碍物的位置、深度、分布的测定。

3. 扫海测量。对海区进行面的详尽探测，查明航行障碍物的位置、深度与性质及区域水深净空。

4. 海底底质探测。测定水底地质结构和表层沉积物特征，可用机械采泥器、水砣获取底质样品，或结合回声测深仪、侧扫声呐、多波束测深系统等回波记录，分析海底不同底质的分布情况。

5. 海岸带地形测量。测定海岸带地貌和地物，包括确定海岸线位置和海岸性质，测量显著航行目标、港口建筑、沿海陆地和干出滩的地形。

6. 海洋水文观测。测定海域的水文要素，主要包括水位观测和测流。水位观测为海道测量提供平均海面、深度基准面和水位改正数据，测流是测定海水的流向、流速及其变化的情况（分为表层测量和水体剖面测量）。

7. 助航标志测定。测定岸上和水上各种助航标志位置，目的是获取助航标志如导航台、灯塔、灯桩、立标、浮标、罗经校正标和测速标，显著的人工与天然目标如电塔、大厦、岛礁、山峰等的精确位置和高度数据，以及形状与颜色特征。

8. 海区资料调查。对测区区域内自然、人文和地理信息的收集和分析，包括地形、气象、交通管理、港口管理、行政归属的现时情况或历史情况，用于辅助海图图形表示和编制航行参考资料。

从海道测量分类和主要内容来看，海洋重力测量和海洋磁力测量并不属于海道测量专业范畴，海洋测量包含了海道测量，海道测量仅仅是海洋测量的一部分。海道测量与水下地形测量也是两个不同的概念，前者对水深采取舍深取浅的原则，以保证船只航行安全；后者则要求能客观地反映水下地形，不能舍深取浅。此外，两者要求的最终产品也是不一样的。

二、广西沿海港口公共航道测量项目

（一）项目概况

北部湾港位于广西壮族自治区南部，北靠云、贵、湘、川、渝等内陆腹地，东邻粤、港、澳大湾区，南濒海南岛，西接越南，由防城港区、钦州港区、北海港区三大港区构成，是西部陆海新通道的枢纽。位于钦州港海域的项目测区是北部湾港的中心位置，项目的实施对保障北部湾沿海公共航道通航安全具有重要意义。本项目通过对沿海港口公共航道进行水下地形测量，形成测量成果，为清淤工程量的计算、掌握沿海港口公共航道淤积分布及特征、航道年度疏浚计划安排、施工量统计等重大工作提供基础数据。

（二）项目范围

项目位于钦州港海域，作业面积约为 $550km^2$，其中按 1∶2000 比例尺测量面积约为 $50km^2$，按 1∶10000 比例尺测量面积约为 $500km^2$。

（三）项目内容

项目的主要工作内容是对钦州沿海公共航道区域开展水下地形测量，测量范围总体要求：航道范围及航道两侧加宽（0.5 倍航道宽度）采用多波束测量并绘制 1∶2000 测量图，各航道边线外采用单波束测量范围延伸至航道边界以外 2.5km 部分，绘制 1∶10000测量图，并确保沿线航标测图覆盖周边 2km，水域宽度不足 2.5km 的测至陆地边界，航道端部向海侧延伸 3km 进行测量。

（四）项目前期准备

1. 确定技术路线。通过已有资料结合实地踏勘分析测区详细情况，综合考虑项目目的、测绘方法、质量控制等因素，研究确定项目实施所采用的技术路线和技术方法，编写技术设计书，审核通过后按设计要求开始实施。

2. 资料准备。收集最新控制测量成果资料、最新地形图、最新遥感影像资料和广西北部湾高精度陆海一体垂直基准转换模型成果等资料。

3. 软硬件设备准备。项目投入的主要软硬件设备及其参数指标等信息见表 7 - 1。

表 7-1　广西沿海港口公共航道测量项目投入仪器设备及其参数情况

设备名称	数量	规格型号	用途	性能描述
多波束 测深仪	1 套	SeaBat T50-P	多波束扫测	工作频率：190～420kHz 波束数量：512 大扫宽角度：等距模式下 150°、等角模式下 165° 测深分辨率：6mm
	2 套	Sonic 2024		工作频率：200～400kHz 波束角：0.5°×0.5°/0.5°×1.0° 测深范围：0.5～500m 测深分辨率：12.5mm
	1 套	SeaBat 7125		工作频率：200～400kHz 波束角：0.5°×0.5°/0.5°×1.0° 测深范围：0.5～500m 测深分辨率：6mm
单波束 测深仪	8 套	HY 1600	水深测量	工作频率：208kHz 测深范围：0.3～300m 测深精度：1cm±0.1%所测深度 分辨率：1cm
自容式 潮位仪	5 套	Level Troll 700	水位观测	测量精度：±0.05%水深值
	10 套	DCX-25PRO	水位观测	测量精度：±0.05%水深值
光纤罗经 姿态仪	4 套	iXSEA OCTANS Ⅲ	定向姿态测量	姿态：涌浪精度 2.5cm，纵横摇精度 0.01°，指向精度 0.1°
声速计	6 套	HY 1203	剖面声速测量	测量范围：1400～1600m/s 精度：±0.3m/s
信标差分 GPS 接收机	4 套	Trimble SPS351	水深测量定位	差分模式内符合精度：0.3m 动态定位精度：0.75m
	2 套	Trimble SPS356	水深测量定位	差分模式内符合精度：0.3m 动态定位精度：0.75m
双频 GNSS 接收机	4 套	Trimble R6	水深测量定位	实时动态精度：水平±（1cm＋1ppm）/垂直±（2cm＋1ppm）

续表

设备名称	数量	规格型号	用途	性能描述
水准仪	2 套	Trimble DINI03	高程控制测量	每千米往返测高程精度：0.3mm
绘图软件	4 套	南方 Cass	绘图	
多波束软件	4 套	QINSY	多波束数据采集	
	1 套	PDS2000	多波束数据采集	
多波束数据处理软件	4 套	Caris HIPS	多波束数据处理	
单波束数据采集及处理软件	4 套	华测 D390	单波束数据采集	
水准数据处理软件	2 套	清华山维 NASEW2003	水准平差	

投入项目生产的所有测量仪器，均需按规定由经国家认证的计量站检校合格并在有效期内。GNSS 接收机在工作开展前需进行稳定性测试，测试时间均不少于 8h。水准仪测量前进行必要检测，包括水准仪 i 角及水准尺检测等。所有仪器检测均进行检测结果统计，其指标值均符合规范要求方可投入使用，以确保项目测量成果的准确性。

4. 设备安装与调试校准。

（1）GNSS 接收机安装与调试。水深测量导航定位采用 DGNSS 定位技术，测量开始前选择在地域开阔、周边无大面积遮挡的场地，对 GNSS 接收机的稳定性进行测试。仪器测试定位的最大中误差需满足 1：2000 比例尺与 1：10000 比例尺测图导航定位精度要求。

（2）多波束安装与调试。多波束的换能器采用舷侧安装法安装，以船体重心作为参考点建立船体坐标系，定义船右舷方向为 X 轴正方向，船头方向为 Y 轴正方向，垂直向上为 Z 轴正方向，量取各传感器相对于参考点的位置，往返各测量一次，并取其中值。各项仪器安装完毕后，测定各仪器的工作状态，如 GNSS 接收卫星和差分信号的状况、换能器发射和接收信号强度的状况、数据采集软件的数据采集状况和舵手导航屏幕接收的信息状况等，并逐一进行调试。开机运行各设备及软件，观察设备运行、数据质量、软件采集状态等情况，经过测试，各设备运行正常、测深数据稳定、软件运行正常，方可进行扫海作业。

工作前使用声速计测定水域的声速剖面曲线并输入采集软件系统中，然后在测区内选取平坦和地势变化较大的区域分别布设一条和两条平行的测线进行多波束安装校正。

（3）单波束设备安装与校准。测深杆安装对测深过程的影响主要体现在测深杆（换能器）安装的竖直度，换能器的竖直度直接影响测深精度。项目作业时，一方面根据船舶自身尺寸、结构、船舷特点等定制加工测深杆安装架，并通过定期校准来保证其稳固性，确保测深杆最下方换能器竖直向下；另一方面，每次测量前采用悬吊重锤校核法进行现场校准，即利用重锤因重力自然竖直向下原理对测深杆进行校准，校准后对各缆绳进行拉紧，彻底固定测深杆姿态。

（五）项目外业测量

1. 控制测量。

（1）平面控制点复核。测量前需对本项目使用的控制点平面精度进行检核，检核方式采用 GNSS RTK 方式连接广西 CORS 系统，观测过程采用三脚架，强制对中杆对中、整平，每次观测历元数为 60 个，采样间隔 5s，每个控制点观测采集 3 次以上，各次测量的平面较差均小于 4cm 后取其平均值作为检核点最终结果，与原控制点进行比对，当最大较差符合要求后，各已知控制点方可作为本次测量平面基准控制点。

（2）转换关系获取。将收集的平面坐标转换关系，结合控制点成果，依据点位分布，求取坐标转换参数。

（3）高程控制点复核。本项目的高程起算点等级均为四等水准以上，采用电子水准仪按四等附合水准路线方式引测复核控制点精度。测量过程中，按照规范要求对水准仪及水准标尺进行全面检测。经检测，水准仪在整个测量期间的 i 角绝对值最大为 5.5″，小于规范规定的 20″ 的限差要求，四等水准测量采用往返观测的方法，按 "后—后—前—前" 的观测顺序引测至工作水准点。观测技术参数为视距长度≤100m，测站前后视距差≤3.0m，前后视距累积差≤10.0m，视线高度满足三丝能读数。经复核无问题后，各已知控制点方可作为本次测量基准控制点。

（4）工作水准点高程联测。高程控制的主要目的是对临时水位站的工作水准点进行高程联测，工作水准点联测均采用四等水准测量方式，且水准测量精度需满足《国家三、四等水准测量规范》（GB/T 12898—2009）中四等水准测量要求。

2. 水位控制。

（1）水位站布设。本项目水位观测采用沿岸临时水位站和离岸临时水位站相结合的方式进行，水位站均采用自容式潮位仪进行水位数据采集。自容式潮位仪采用座底式安装方式，投放位置选择坚实平坦的海底，以减小仪器整体沉降对水位观测的影响。依据水位站布设原则，结合本项目特点，测区共布设临时水位站 6 处。

其中沿岸临时水位站 3 处，均布设有临时校核水尺，水尺零点高程由工作水准点通过四等水准测量的方式测得，水位改正值利用校核水尺在水面平静时测得。离岸临时水位站 3 处，其水位改正值由其沿岸临时水位站利用同步观测法通过平均海面推算求得。

（2）水位观测。测深前测量船应与水位观测站校对时间，各水位站均采用压力式自容潮位仪进行水位数据采集，采集间隔为每 10min 一组，每组采集 30s 数据，取其平均值为该时刻水位值。近岸水位站在岸边设立校核水尺进行定期水尺观测，以人工读数形式，定期进行水位观测，用以计算自容式潮位仪的改正数、检核自容式潮位仪是否存在飘零现象。在自容式潮位仪工作期间，每 3.5 天对对应的校核水尺进行一段时间读数，并尽量选取水面平静时段每 10min 读数一次，连续读数不小于 6 次，水尺读取水位精确至 1cm。

3. 测线布设。

（1）多波束测线布设。多波束扫海测量主测深线方向平行于航道轴线，锚地平行于等深线总方向，主测深线间距能保证有效扫宽重叠并覆盖全测区，检查线布设垂直于主测深线且总长度不少于主测线总长度的 1%。

（2）单波束测线布设。

①主测线布设。为详细反映水深变化趋势，测量时主测深线按垂直于等深线总方向布设，根据搜集的海图资料，本项目湾口区域测线垂直于航道走向，其他区域测线方向垂直于岸线布设。1∶10000 主测线间距为 100m，定位点间距为 75m。

②重复测线布设。不同测深作业组的相邻测段布设不少于 1 条（或 1km 长）重合测深线，同一作业组不同日期相邻测深段布设不少于 2 条（或 1km 长）重合测深线。

③检测线布设。在每天工作结束或每个小组工作结束后，对所完成的主测线部分布设检测线进行比对检测，检测线按垂直主测线方向布设，检测线长度不少于主测线长度的 5%。

测量工作之前，采用计算机绘图软件，根据测区范围及岸线大致走向，绘制 dxf 格式主测线文件，供水深测量时导入。

4. 动吃水测定。换能器吃水测量的准确性直接关系到测深数据的精度，准确测量换能器吃水，减小吃水误差是提升测深精度的重要技术内容。换能器吃水包括静吃水与动吃水两种，静吃水在测量之前可通过钢尺准确丈量，动吃水是由于船舶运动造成船体下沉而引起的，与船舶运行速度、船舶尺寸等多个因素有关。

本项目测量船动吃水测定采用 RTK 定位法，测定每艘测量船不同航速情况下的动吃水值，并构建每艘测量船"动吃水－航速"的关系，用以修正测深数据。测量方法如下：

在测区内，选择风浪较小的平潮时段，把流动站 GNSS 天线固定于换能器正上方，在测量船自由漂浮状态下记录 RTK 定位数据 1min，定位更新率 1Hz，测量船加速至正常测量时的速度，再记录 RTK 定位数据 1min，测量期间同时观测水位，计算时消除水位变化的影响，所有测量船动吃水值均在内业数据处理时进行了改正。RTK 测量动吃水原理如图 7-1 所示。

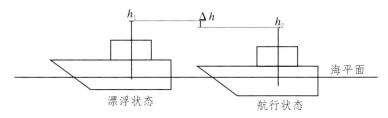

图 7-1 RTK 测量动吃水原理示意图

动吃水改正数按下式计算：

$$\Delta h = h_1 - h_2 \qquad\qquad （公式 7-1）$$

公式 7-1 中，Δh 为动吃水改正数；h_1 为测量船自由漂浮时 RTK 高程读数平均值；h_2 为测量船以测深速度运动时，RTK 高程读数平均值。

5. 声速测量。海水声速测量的精度直接影响测深精度，依据相关规范要求，本次测量单个声速剖面的控制范围不大于 5km，声速剖面测量时间间隔小于 4h，且声速变化大于 2m/s 时重新测定声速剖面。为初步掌握声速变化趋势，测量前需对测区声速进行调查。调查结果及测量期间声速采集结果显示，测区范围内的声速基本维持在 1525～1540m/s 之间。

6. 水下地形数据采集。

（1）多波束数据采集。外业测量时多波束系统采用 110°波束开角的扫宽，在计算机采集软件上调入已设计的测线和格网，并使系统的各仪器进入运行状态，当测量船进入测区并沿着计划测线航行时，开始多波束测深系统各种仪器测量数据的实时采集，并形成一定格式的数据文件记录在计算机内。

每天测量前后，对多波束测深系统进行测深比对，比对限差满足相应规范要求，同时分别量取多波束换能器的静态吃水，如发生变化，及时进行相应的调整。在测量过程中测量人员应实时观察测线的重叠情况和测区有无漏测情况及测深信号的质量，对漏测和测深信号不好的区域及时进行补测。每天测量结束后，及时备份所测数据，核对系统的参数并检查数据质量，如发现因水深漏空、水深异常、测深信号等引起的数据质量不符合精度要求的，须进行补测。

（2）单波束数据采集。单波束水深定位导航及数据采集使用南方测绘仪器公司开发的水上测量导航软件，软件的导航图像可显示出正在施测的测线，从中能够看出船偏离测线的左右距离，供操船者随时修正航向，以保证测量船沿测线航行。同时航迹图还可以随时反映已测测线及测量船在图上的位置、航行方向，是否有漏测和需要补测的地方，以便更好地完成工作。定位的同时，测深仪根据预先设置的打标间距自动进行同步定标，并记录测点号、测量时间、测深数据和测点坐标。测深过程中外业技术员需时刻注意测深仪工作是否正常、测深仪数据采集状况是否良好、水深卷上的回波信号是否清晰、吃水线是否漂移等情况，保证测深仪在稳定的情况下测量水深。现场发现遗漏或数据记录不清晰等问题，应及时进行现场补测。

（3）助航标志物测定。为了满足本项目编制水下地形图的需要，外业施测过程中，将灯标、浮标等助航标志物通过 GNSS 进行定位测量，并记录助航物编号及颜色等属性信息，内业编绘时在图上进行绘制。

（六）项目内业数据处理与成图

1. 水位资料整理与分析。为消除大气压变化对自容式潮位仪的影响，测量时，在沿岸码头位置布设相同类型的自容式潮位计，专门进行大气压数据的采集。

首先，将各站感压式自容潮位仪采集的数据，依据实测海面气压进行气压改正；其次，将各站改正后的压力值换算为水深值；再次，将转换后的水深值生成过程曲线，通过对过程曲线进行合理性审查与分析，对个别因风浪影响的跳点进行人工修正，以使过程曲线连续平滑；最后，对港域水位资料分别进行整理分析。

2. 水下地形数据处理。

（1）多波束数据处理。多波束数据处理先将 Qinsy 软件采集的原始数据转换成多波束通用格式 *.XTF 文件，然后在 CarisHips 软件中进行内业处理，处理过程如下：

①建立船型文件，将各传感器的相对位置关系、探头校准角度及各仪器设备的精度指标输入船型文件中。

②编辑声速文件，将外业采集的声速文件按 Caris 软件格式要求输入，建立声速改正文件。

③编辑潮位文件，将外业采集的潮位文件按 Caris 软件要求输入，建立潮位文件，潮时采用 UTC 标准时间。

④将 *.XTF 数据导入 Caris 软件。

⑤对数据进行潮位改正、声速改正及 Merge 合并。

⑥编辑水深数据，利用 Caris 软件的 SwathEditor、SubsetEditor 等编辑模块对数据进行粗差剔除。

⑦计算总传播误差，并建立实测地域图（FieldSheets），然后采用 CUBE 加权平均算法建立加权平均水深数据曲面（BaseSurface）。

⑧采用 BaseSurface To ASCII 方式输出水深格网数据到 ASCII 文件。

⑨根据出图比例尺 1∶2000 要求，用 Hypack 软件进行数据抽稀，设定抽稀间隔为

20m×20m，生成成果数据，供调图使用。

（2）单波束水深数据处理。

①测深数据整理。对所采集的定位数据、测深数据，结合外业观测记录进行详细检查。主要检查声速、坐标系统参数、吃水等是否设置正确，外业记录是否清晰有效，航迹线是否偏离主测线，是否存在漏测或重测区域。

②数字信号修订。根据测深信号模拟卷，对模拟信号模糊不清、多重信号等测深数据进行审核，判定数字信号值是否与模拟水深一致，并对问题数据进行修订。

③波浪效应的消减。结合航迹线，对定位文件进行分析，判定在测量过程中，GNSS定位是否因周边信号遮挡等因素造成跳动情况发生，如有，结合上下定位数据进行修订。根据测深信号模拟记录，按"1/3波高消减"原则进行适当修正以消减波浪效应。

④水位改正。利用测区布设的水位站水位数据，根据测区水位站的分布，针对不同区域采用不同水位改正方法。

（3）成果图编绘。水下地形测量数据处理完毕形成最终的水深测量成果数据后，再由内业人员进行数据的调入及草图的绘制，将所有高程注记点数据进行拼接，删除压盖的高程注记点，通过删除互相压盖数据，保证最终成果图数据高程注记点密度均匀美观，将本项目测区内的助航浮标按照图式要求进行标注，最后将测区内所包含航道的航道中心线进行标注。

1∶2000比例尺测图等深线按照基本等深距为1m进行勾绘，1∶10000比例尺测图等深线按照基本等深距为5m进行勾绘。等深线勾绘根据水下地形数据进行TIN自动勾绘，以实际地形对TIN进行初步约束生产约束TIN，再根据约束TIN进行等深线的自动勾绘。作业人员以生产的等深线作为参考，手动勾绘等深线，确保等深线光滑，等深线的走势需与实际水下地形相符。

成果图按以下制图参数编绘：

①成图比例尺：1∶2000、1∶10000；

②坐标系统：2000国家大地坐标系；

③投影方式：高斯-克吕格投影，中央子午线108°E，3°分带；

④高程基准：1985国家高程基准；

⑤深度基准：当地理论最低潮面；

⑥分幅原则：50cm×50cm标准分幅。

（七）项目质量控制、检查

本项目作业完全依照通过ISO 9001认证的相关体系文件执行，项目前期集合所有参与人员进行培训并召开了动员大会，将项目概况与详细技术方案进行介绍，对各人员分工进行明确，对各重点质量环节进行强调。

项目测量工作过程完全依据相关标准规范执行。各类测绘成果资料经项目组自查、质检部门及技术主管检查，最终成果由总工审核。对外业、内业所有作业过程实行下列检查。

1. 在项目开展前，对所有拟使用的仪器设备及软件进行联机测试，并确保所有仪器设备均经过相关机构的检验校准，且在有效使用期内。

2. 进行水位比测、定位精度及稳定性检查、测深仪比测及所有设备时间同步检查等。

3. 作业过程中检查测线偏航情况及测量范围，避免漏测；检查数据采集情况，避免数据缺失等。

4. 对内业数据处理过程的各个环节进行全面检查和核对，排除数据处理阶段可能产生的差错。

5. 通过分析、统计重复测线、检测线与主测线有效比对点的水深互差，确认无系统误差、无连续粗差现象，并统计测深精度。

6. 成果图件检查，通过人工检查和程序检查相结合的方式，确保成果图件在逻辑上和数学上都符合精度要求。

质检及技术主管检查分为生产过程检查和最终成果检查。生产过程检查主要包括检查起始资料的可靠性和正确性、作业方法和程序的正确性、计算是否经过校对。最终成果检查主要包括过程检查中发现的问题是否已解决、成果资料是否达到规范和技术设计书要求、成果图件检查等。

质检过程中，对发现的问题及时整改和修正，所有外业操作及内业处理均需符合相关测量规范。

本项目生产精度主要体现在控制测量精度、设备检测精度、水位观测精度、水深测量精度等方面。水深测量精度主要通过检测线与主测线的对比来体现，选取检测线或重复测线与主测线相交或重合点位置水深点的深度值进行比对。本次测量对 1∶2000 多波束测区与 1∶10000 单波束测区分别进行精度统计。项目严格实行"二级检查、一级验收"检查制度，发现精度超限等问题及时整改。

（八）项目成果提交

成果资料主要包含比例尺 1∶2000、1∶10000 的水下地形图及分幅图、测量技术报告等。

第二节 海底地形测量

一、概述

海底地形测量是利用声波或激光等探测信号，测定海底地形起伏变化的技术和方法。海底地形测量是海洋测量的重要组成部分，包括水深测量与海底地貌测量，通常对海域进行全覆盖探测，确保详细测定测图比例尺能显示各种地物和微地貌，为编制海底地形图和建立海底地形模型、海洋工程设计与施工、水下潜器导航定位提供基本资料。水深测量是海底地形测量的重要组成部分，目前主要采用单波束测深、多波束测深系统和机载 LiDAR 全覆盖测深等技术。单波束测量一次只能获取一个测深点，适用于中小比例尺或小区域大比例尺水下地形测量；多波束测量一次可在航行正交扇面内获得上百到几百个测点，实现对海底全覆盖扫测。无论是单波束测量还是多波束测量，我国都已具备自主研发能力，目前已形成国内外设备联合使用的格局。

海底地形测量的主要方法有三种。

1. 船载测深技术。目前的水下地形测量呈现传统与现代测量模式并存的态势。GNSS 一体化水深测量技术（无验潮测深模式）是现代船基水深测量的代表，集单波束、多波束测深技术，GNSS RTK、PPK、PPP 高精度定位技术，POS 技术和声速测量技术于一体，在航实现多源数据采集与融合，最大限度地削弱各项误差影响，提高海底地形测量的精度和效率。GNSS 三维解在该技术中起着为测深提供平面和垂直基准的重要作用。联合 GNSS 三维解、船姿、船体方位及换能器和 GNSS 天线在船体坐标系下的坐标，实时获得换能器的三维坐标。GNSS 一体化测深技术的优势在于无需开展验潮站潮位观测，较彻底地补偿了波浪和声速等因素对测量的影响。在航实现海底测点三维坐标确定，因此显著提高了测量精度和效率。船基海底地形测量的无人化和自动化充分体现在无人船海底地形测量技术中。除此之外，无人船还配备自动操控、避碰、无线电等系统。无人船地形测量降低了作业成本，提高了效率，在海况良好的大水域测量、浅滩等危险或困难水域测量中作用明显。

2. 机载测深技术。该技术适用于水深小于 50m、海水透明度较高海区的海底地形测量。按照探测原理，分为激光测深和多光谱摄影测量两种。激光测深是由机载激光测深系统发出双色（或单色）激光，利用从海面和海底回波信号的时间差计算出深度；多光谱摄影测量是在飞机或其他航空器上使用多光谱摄影仪，根据不同光谱渗透海水能力差异原理，获得不同深度层的图像，进而计算出相应的水深。

3. 水下测量技术。一是以自主式水下潜器（autonomous underwater vehicle，AUV）、遥控无人潜水器（remote operated vehicle，ROV）等为平台，利用搭载的超短基线（ultra-short baseline，USBL）定位系统、INS、压力及姿态传感器等设备获取平台的绝对位姿信息，同时利用多波束测深系统与侧扫声呐系统获取海底地形地貌；二是由潜水员携带水下经纬仪、水下摄影机、水下电视摄像机等在海底进行地形测量，适用于狭窄水道、礁区等航行危险区的小范围探测。

海底地形测量对于海洋勘探、海洋资源开发、海洋环境保护及海上交通等方面都具有重要的意义，是海洋测绘方面的重要内容，主要包括前期工作准备、外业测量、数据处理、图形绘制、质量控制、成果提交等工作环节。

二、广西北部湾近岸海域水下地形测量项目

（一）项目概况

广西围绕 21 世纪海上丝绸之路和西部陆海新通道重大战略建设，急需实施一系列涉海基础设施的建设和升级改造，对海洋测绘数据、技术和产品的基础性保障作用提出了更高的要求。国家机构改革后，自然资源管理范围由陆地延伸到海洋，为更好地推进"两统一"职责的落实，进一步加强了海洋测绘工作，强化了海洋地理信息数据支撑能力。根据《广西基础测绘高质量发展"十四五"规划》的要求，广西自然资源主管部门积极推进北部湾近岸海域 1∶10000 海底地形图测绘，以获取 0～10m 水深浅海区域 1∶10000 水下地形测绘产品。本项目在此大背景下开展北海市廉州湾部分区域的 1∶10000 水下地形测量。

（二）项目范围

测区位于广西北海市廉州湾内，东至北海市海城区海岸，南至海城区海岸，西至 5m 水深海域，北至合浦县近岸海域，测区面积约 40km²。

（三）项目内容

结合广西北部湾高精度陆海一体垂直基准转换模型，采用无验潮测深模式完成北海市廉州湾测区约 40km² 海域 1∶10000 水下地形测量工作，形成 1∶10000 水下地形图及分幅图和相关文字成果资料。

（四）项目前期准备

1. 确定技术路线。本项目结合广西似大地水准面精化和广西北部湾高精度陆海一体垂直基准转换模型成果，采用无验潮水深测量技术进行水下地形数据生产。项目主要使用有数字记录的单波束、多波束测深仪开展测量，局部区域由于水位浅无法行船测量，

将采用 GNSS RTK 连接广西 CORS 作业方法进行人工测量或采用小型渔排进行水深测量，对低潮时露出的滩涂利用机载 LiDAR 方法测量，具体作业流程如图 7-2 所示。

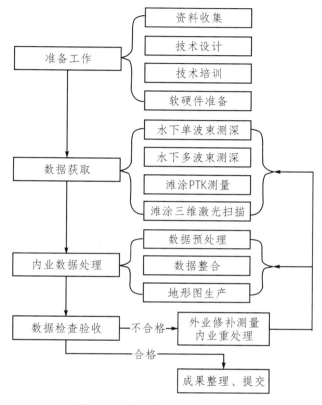

图 7-2　水下地形测量技术流程图

2. 资料准备。收集资料及其用途：广西似大地水准面精化和广西北部湾高精度陆海一体垂直基准转换模型，可采用似大地水准面改正和陆海一体垂直基准转换来获取正常高，以提高作业效率；沿海区域附近的 E 级以上 GNSS 点、四等以上国家三角点、水准点等，可作为检测成果精度使用；最新沿海正射影像数据，可用于技术设计、外业踏勘和控制点布设的工作底图。

3. 软硬件设备准备。项目软硬件投入情况详见表 7-2 和表 7-3。

表 7-2　项目软件投入情况表

序号	软件类型	数量	用途
1	测深仪配套导航定位测深软件	2 套	导航定位系统控制
2	水深测量软件	2 套	测深系统控制软件
3	数据处理软件	2 套	采集数据后处理
4	AutoCAD 软件	12 套	地形图数据生产
5	清华山维 EPS5.0	12 套	地形图数据生产

表 7-3 项目硬件投入情况表

序号	硬件类型	数量	用途
1	测深仪	3 套	测量水深
2	自记式验潮仪	2 套	验潮
3	声速剖面仪	2 套	声速测量
4	发电机	2 台	供电
5	无人测量船	1 套	测量水深
6	GNSS RTK	5 套	测量、精度检查
7	图形工作站	12 套	地形图采集
8	绘图仪/打印机	2 台	图纸、资料打印
9	船只	2 艘	海上作业
10	橡皮艇	2 艘	浅水区域作业
11	车辆	6 辆	设备运输、外业通勤

4. 设备安装与调试校准。仪器设备在安装前应根据仪器说明和相关技术规程的有关规定进行检验校准；安装过程中严格按厂家推荐程序进行，尤其注意换能器的位置，以减少船只推进器、机器噪声及气泡等因素干扰；安装完成后，进行试验和校准，内容包括每台仪器的性能和不同仪器间的相互作用和相容性，同时在模拟实际工作情况条件下检测数据采集处理系统。

北海市廉州湾测区水深较浅，单波束、多波束系统宜采用船舷便携式安装的方法，采用旋臂方式将仪器安装于船的左右舷，通过可旋转的支杆连接仪器。仪器安装好之后要调试校准，各项数值稳定后方可进行作业。

5. 测线设计与布设。

（1）多波束测线布设。测深线间距视测量船只、水下地形、作业目的及仪器标称指标等多种因素综合考虑。本项目设计主测线间距为 80m，测点间距为 50m，测深条带间的重叠应不小于 10%。

（2）单波束测线布设。根据技术要求与相关规范，本项目主测线按照南北方向布设，对于狭窄水域、锯齿形岸线，测深线方向可与等深线成 45°角，当遇到航行障碍时，适当调整测线。

（3）检查测线布设。检查线垂直于主测深线布设，单波束检查线长度不小于主测深线总长度的 5%，多波束检查线长度不小于主测深线总长度的 1%，检查线的定位点间距可以根据测量比例，加密至在规定范围内与主测深线保证有重合点，检查线测点点距小于主测深线测点点距的 1/2。

（五）项目外业测量

1. 控制测量。

（1）平面控制测量。本项目测区全域在广西 CORS 信号覆盖范围内，采用基于卫星导航定位基准站网的网络 RTK 测量定位模式，平面定位精度已达到项目要求，不再布设平面控制网。

（2）高程控制测量。本项目利用广西似大地水准面精化和广西北部湾高精度陆海一体垂直基准转换模型成果，检核其精度符合项目成果要求，不再布设高程控制网。

2. 水位控制与验潮。为保障水下地形测量的准确性和区域范围稳定性，全面测量开始前需进行常规验潮模式和无验潮测量的比对测试。由于测区附近已有长期海洋站，无需设立临时验潮站，利用海洋站收集的验潮资料进行潮位改正。经检验，历史潮位计算精度和广西北部湾似大地水准面精化的精度相近。

3. 导航定位。

（1）根据设备和工作水域的情况，本项目定位使用 GNSS 接收机，采用 RTK 技术，并配备定位显示器，便于测线的控制，系统的定位精度均为 ±10mm～±5ppm，满足该项技术设计的要求。

（2）作业前将流动站架设到未参与转换计算的控制点上进行检测比对，平面坐标互差应不大于 50mm，高程互差应不大于 0.1m。

（3）测深定位中，应实时监控流动站状态，保证对 4 颗以上卫星的连续跟踪，一旦失锁，则需要等待重新锁定并收敛后再开始测量，流动站的数据更新率不应小于 10Hz。

（4）在测量过程中，定位系统通过导航软件与测深仪连接，实现同步定位，并按照测量比例尺选取固定间隔，所有定位数据均采用计算机自动记录存盘，定位人员按时备份定位数据。测区调查过程中的导航定位示意图如图 7-3 所示。

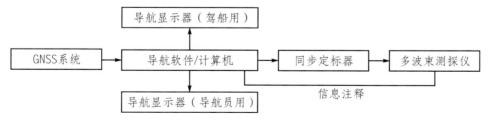

图 7-3　测区定位导航示意图

4. 声速测量。每次作业前应在测区内有代表性的水域测定声速剖面，每个声速剖面的控制区域半径不宜大于 20km，每个声速剖面数据使用时间不大于 1 天，特殊水文条件下应适当增加声速剖面的测量。

5. 单波束测深。检查测量船的水舱和油舱的平衡情况，确保船舶的前后及左右舷的吃水一致；开启自动采集系统，并对系统的投影参数、椭球体参数、坐标转换参数及校准参数等数据进行设置；采集数据前，船只应按预定的航速和航向稳定航行不少于1min，采集数据过程中，应实时监测测深设备的运行状态，发生故障时应停止作业并及时纠正；工作结束后由专人负责及时备份全部原始数据及其归档数据管理，并对获取的原始数据和资料进行全面检查，对有疑义的数据和资料应查明原因并改正，对需补测或重测区域及时做好记录。

6. 多波束测深。首先，仪器、系统安装完成后，通电测试检查各个设备单元正常；其次，进行系统安装偏差校准，主要是测定和校正换能器的安装横摇、纵摇和艏向偏差等参数；再次，作业过程中，实时监控多波束测深系统各传感器工作状态，注意查看系统各项波束数、实时姿态、位置、方位等信息及返回波束质量是否正常，注意相邻测深线测量条幅覆盖是否符合要求，确保条幅覆盖不小于 10%，还需注意定位数据是否出现异常等；最后，工作结束后由专人负责及时备份全部原始数据及其归档数据管理，并对获取的原始数据和资料进行全面检查，如果出现测量区域内水深漏空或相邻测深线的重叠度宽度不符合规定和相邻测深线或不同测量日期所测数据拼接误差超限等情况，要及时纠正和做好记录并及时补测或重测。

7. GNSS 三维水深测量。本项目实施 GNSS 三维水深测量，采用广西似大地水准面精化和广西北部湾高精度陆海一体垂直基准转换模型成果，坐标转换的点位精度优于5cm，垂直基准转换的精度优于 5cm；实施 RTK 测量时，应保持数据链的连续稳定，PDOP 值应小于等于 6；姿态传感器和罗经宜安装在换能器旁，并测定其与换能器、GNSS 接收机天线相位中心之间的位置关系，建立船体坐标系；测量应准确测定 GNSS 接收机至换能器的垂直距离，读数到 1cm，以便计算测深点的大地高。

8. RTK 测量。对于船只难以抵达的养殖区域、滩涂区，包括沿海岸滩涂和小岛礁的滩涂，采用 GNSS RTK 连接广西 CORS 的作业方法进行人工滩涂测量或采用小型渔排进行水深测量，测量方法按照陆上地形碎部点测量方法施测。

9. 机载 LiDAR 测量。对于浅淤泥滩涂等适宜区域可采用机载 LiDAR 测量获取地形数据，操作流程一般有以下几步：一是根据实地踏勘和潮汐数据，确定可使用无人机搭载 LiDAR 测量的区域，计划安排好施测时间；二是使用无人机航线规划软件设计好飞行路径，航线规划原则上优先按照垂直等深线进行设计，选择最佳的飞行高度和飞行速度，本任务航线间点云重叠度应不小于 20%，以保证数据采集的覆盖度和精度；三是在无人机上安装激光雷达设备并进行必要的设置和校准，根据潮间带的特点，设置合适的扫描角度、扫描频率等激光雷达参数；四是按照预先规划的飞行路径进行数据采集，飞行采集过程中实时监控系统状态显示和各传感器回传参数，观察点云回波信息和飞机实时回传图像，根据实际情况及时处理出现的问题，测量结束后及时备份和检查数据。图7-4所示为机载 LiDAR 正在进行滩涂测量作业。

图 7-4　机载 LiDAR 测量滩涂

（六）内业数据处理

1. 水位改正。水位改正方法按相关规定中的要求执行。

2. 吃水改正。外业测量时，如果没有对水深数据进行实时吃水改正，后处理时应根据所记录的换能器吃水值对水深数据进行吃水改正，吃水改正应精确至±0.01m。

3. 声速改正。当设计声速（水深测量时输入测深仪的声速）与测点的平均声速差大于3m/s时，应对水深测点进行声速改正。声速变化不大时，可用平均声速进行声速改正，否则应分层改正。

4. 单波束数据处理。内业需要用到 HydroSurvey7 软件对数据进行处理，大致流程如下：

（1）将测量数据导入 HydroSurvey7 软件安装目录中的 Project 文件夹，打开 HydroSurvey7 软件，启动待处理数据中的工程文件。

（2）水深取样。选择处理的原始文件（dep 文件），调整好横宽、水深纵高，查看测线有没有错误数据，把明显的错误数据（假水深）用鼠标拖回到正常的"断面"上。待测线数据处理好后，设置好按距离采样间隔，部分特征点可以选择手动采样或者特征点采样，最后生成 *.htt 文件，依次取样所有的测线数据。

（3）水深文件格式转换。待测线数据采样完成后把 *.htt 文件转换为 *.dat 格式数据。

5. 多波束数据处理。内业用到中海达的 HiMAX 多波束采集后处理软件进行处理，主要内容是对原始数据进行声速改正、潮位改正、数据过滤、噪点删除及点云输出等编辑操作，基本流程如下。

（1）打开 HiMAX 多波束采集后处理软件，进入"项目设置"模块，新建工程。

（2）进入"坐标参数"模块，设置椭球、投影、中央子午线等坐标转换参数，已有转换参数的可以直接选择"椭球转换"进行设置。

（3）进入"数据处理"模块，单击"新建项目"按钮新建项目，再点击"添加数据"按钮导入需要处理的数据，选中已添加数据右键选择"滤波设置"，输入过滤参数后运行处理。

（4）点击"潮位改正"按钮，选择无验潮模式，对潮位进行改正。

（5）点击"声速改正"按钮，选择表面声速模式，对声速进行改正。

（6）选中需处理的测线数据，点击"数据融合"按钮，进行数据融合。

（7）点击"生成格网"按钮，设置格网尺寸、格网名称，生成格网。

（8）噪点删除，一般是单条测线编辑，选择对应的条带，选中需要删除的噪点并删除，所有噪点删除后点击保存，系统会自动更新格网文件，依次循环进行下一条测线编辑。

（9）导出数据。选中格网后右键导出，选择 *.dat 格式进行导出。

图 7 - 5 所示为中海达的 HiMAX 多波束采集后处理软件的数据处理界面。

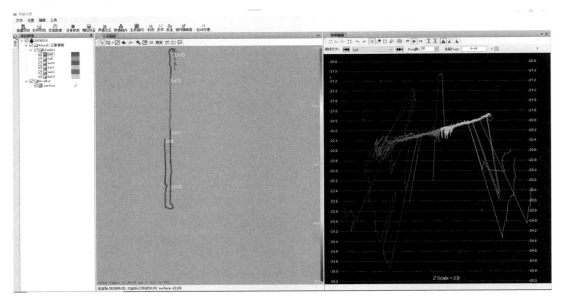

图 7 - 5　HiMAX 多波束采集后处理软件的数据处理界面

6. 点云数据处理。

（1）点云数据解算。航飞获取的 LiDAR 原始数据采用配套软件进行解算，其主要步骤如下：①添加 LiDAR 数据和基站定位数据；②设置任务坐标系、点云精度、点云密度等技术参数；③解算获得 2000 国家大地坐标系坐标的点云数据文件。

（2）点云数据编辑。经解算的点云数据还要进行除噪、分类、抽稀等编辑后，才能用于地形图绘制，其主要步骤如下：①将点云数据文件导入数据编辑软件；②将点云数据进行除噪操作，去除质量不佳的噪点；③将点云数据进行分类操作，用算法分出地面点、植被点、建构筑物点；④将大块点云数据进行分幅操作，逐幅人工检查，删除水面回波。

7. 水下地形图绘制。水下地形图的绘制软件是南方 CASS，处理操作步骤与一般地形图绘制相近，但需注意以下内容：

（1）总体要求。①水下地形图的要素及其相关注记，图廓整饰要素具体内容应符合有关规定；②地形要素之间应关系协调、层次分明，综合取舍合理；③图面需清晰易读，符号、注记密度配置合理，且不应出现压盖现象，各符号之间的间隔不应小于图上 0.3mm。

（2）要素分层。要素分层按《基础地理信息 1：10000 地形要素数据规范》（GB/T 33462—2016）要求执行。

（3）要素分类。要素分类按《基础地理信息要素分类与代码》（GB/T 13923—2022）要求执行。

（4）水深地形图绘制。①控制点名称，符号在图上无法表示时（不影响水深、岸线的绘制），可不表示。②文字注记和水深注记的书写一律朝图幅的正北方向。③水深注记以 m 为单位，小数用拖尾小号数字表示，水深的实测点位在整数中心。④在不影响真实反映海底地貌的前提下，为使图面清晰易读，应合理地取舍深度点，但不应舍去如下情况的点：能确切地显示礁石、特殊深度、浅滩、岸边石坡等障碍物的位置、形状（及其延伸范围）及深度（高度）的点，能确切显示测区的地貌特征点，特殊深度和反映其变化程度的特征点，能正确地勾绘零米线、等深线及显示干出滩坡度的特征点。⑤明礁、干出礁的面积在图上大于 0.2m² 时，应绘出实测形状；小于或等于 0.2m² 时，应用符号表示，在明礁旁注记高程点，在干出礁旁用右斜等线体注记干出高度，并加括号，如（28）。⑥暗礁和水下障碍物，要注记最浅深度、底质或性质。⑦底质用汉字表示，当其位置与深度点重合时，可稍向下移动。

（5）干出滩绘制。①干出滩上的深度点，应在其位置上写干出数字；②干沟，用虚线绘出其形状，并注记沟深。

（6）等深线绘制要求。①同一幅图内宜采用一种等深距。②当水底平坦，基本等深线不能明确反映水底地貌时，可加绘助曲线和间曲线。计曲线间距小于图上 3mm 时，不插绘首曲线。③等深线可在测深精度两倍范围内移动，勾绘成平滑的曲线。④计曲线以图上 0.2mm 的实线表示，首曲线以图上 0.1mm 的实线表示，辅助等深线以图上 0.1mm 的虚线表示。⑤平坦水域有若干相同高程点时，等深线宜通过靠深的一侧勾绘，当等深线不符合地貌形态时，个别点的高程允许调整 0.1m。⑥当两条等深线之间的距离小于图上 1mm 时，应保持较浅等深线的完整，将较深的等深线中断在较浅的等深线附近；当近岸侧等深线无法精确勾绘时，等深线可在距岸图上 1～2mm 位置中断在岸线附近。

（7）与陆域的地形图接边。①图幅地物最大接边误差应小于水下地形点中误差的 $2\sqrt{2}$ 倍，接合处等深线的误差为高程中误差的 $2\sqrt{2}$ 倍，并保证地物、地貌的相对位置和正确走向，地物、地貌拼接不得产生变形；②陆地等高线、水涯线与水下等深线用实线表示，根据项目需求水下等深线可用不同于陆地等高线的颜色实线表示。

（七）质量控制、检查

在作业前必须做好所使用仪器及设备的检校工作，并做好检校记录。作业过程中严格按照《测绘成果质量检查与验收》（GB/T 24356—2009）执行，做到"二级检查、一级验收"。项目全体成员要牢固树立对测绘产品终身负责的观念，各级质量管理人员对成果成图质量严格把控。特别强调作业初期的质量检查和监控，生产过程中及时了解质量情况，对出现的问题进行研究处理，并认真制定纠正和预防措施，确保产品质量，主要检查内容如下：

1. 控制测量资料的合理性、完整性和正确性；

2. 仪器选择的合理性及检定证书的完整性，仪器设备安装的正确性；

3. 水位站布设的合理性及设备的安装可靠性；

4. 测深线趋势、测深线间距及测点间距设置与测量的符合性；

5. 静吃水与动吃水、声速剖面、姿态改正及测量系统时延检测方法、记录及设置文件的正确性与合理性，水深处理、验算情况和计算结果的正确性；

6. 观测数据记录和处理的完整性、正确性；

7. 水深粗差剔除点及特征水深点选取方法的正确性、符合性；

8. 成果重测与取舍的正确性、合理性，重复观测成果的符合性；

9. 水下地形图绘制的正确性；

10. 技术总结内容的全面性；

11. 提供成果资料项目的完整性。

（八）项目成果提交

提交成果主要包括数据成果、文字成果、其他成果等，电子成果按汇交要求整理好刻录光盘提交。

1. 数据成果。1∶10000 水下地形图及分幅图、图幅接合表。

2. 文字材料。广西北部湾近岸海域水下地形测量项目技术设计书、广西北部湾近岸海域水下地形测量项目技术总结、广西北部湾近岸海域水下地形测量项目实施方案。

3. 其他成果。仪器检定（校准或自检）资料，水深测量、数据文件和处理记录，检查报告和验收报告，其他资料。

第三节　海岛礁测量

一、概述

海岛是指四面环水并在高潮时高于水面的自然形成的陆地区域，按照不同的属性，海岛有多种分类方法，可分为大陆岛、列岛、群岛、陆连岛、特大岛等。海岛作为人类开发海洋的远涉基地和前进支点，具有重要的经济、政治、军事和生态价值，是国内外十分关注的焦点。礁，这里主要指的是明礁，即平均大潮高潮面时露出的孤立岩石。明礁测量主要测定其性质、范围及最高点的位置和高程。我国作为一个拥有将近 473 万 km² 主张管辖海域、约 1.8 万 km 大陆海岸线的海洋大国，海岛礁数量多、分布广。

海岛礁测量作为海洋测绘的重要组成部分，不仅能获取精准的岛礁地理位置、地形地貌等基础地理信息，而且在陆海基准的统一、数字海域建设、海岛礁资源开发与保护等方面发挥着重要作用。海岛礁测量主要包括海岛行政区域位置和地理坐标位置、海岛海岸线、沙滩及水深等重要的海岛资源、海岛地形地貌（重点特殊地质或景观的地形地貌）、海岛使用权界址坐标、高程、用岛区块面积、海岛建筑物和基础设施、航标、名胜古迹等人工建筑物等内容测量。

测量海岛时，坐标系统采用 2000 国家大地坐标系。测量精度要求：①界址点坐标的点位中误差不超过 $\pm 0.5\text{m}$；②建筑物和设施边长中误差不超过 $\pm$（$0.1\text{m}+D\times10^{-5}$ ppm），D 是指建筑物和设施边长或者高度（m），高度中误差不超过 $\pm$（$0.1\text{m}+D\times10^{-3}\text{ppm}$）。

由于海岛远离陆地，为了建立陆海统一的大地测量空间基准框架，海岛需要与陆地进行坐标、高程联测。对于这些岛屿，特别是远海岛屿与大陆之间的大地网联测，是常规大地测量方法所不能解决的问题。随着卫星大地测量技术的发展，GNSS 技术被广泛应用于海岛礁联系测量。在海岛联测中，由于联测距离较远，陆岛控制点间因水路交通条件限制，传统静态 GNSS 测量方法存在作业效率低、工作量大、技术方案复杂、成本高等问题，而 CORS 系统在海岛礁联测中发挥出越来越重要的作用。

海岛与陆地隔水相望，利用大地测量技术建立陆海一体化的控制网存在许多技术问题，特别是海岛联测中的高程问题。所谓高程，就是地面点到我国大地水准面的正高差，这个正高差是无法根据卫星测量结果用转换参数求得的，但如果知道地面点的大地水准面差距，则该点的高程可通过卫星测量求得的大地高和转换参数求得。海岛上的大地水准面差距，既可以采用已测地区外推的方法求得，也可根据重力场模型的计算和卫星测高仪资料求得，但这些方法应用比较困难，而且至少有几米，甚至十多米的误差，因此，海岛联测中不宜采用，但反过来利用卫星测量求算大地水准面差距可实现高程的转换。

为了求得联测点的高程，可以采用海岛验潮求得当地平均海水面并加入海面地形改正的方法。我国大地水准面，即我国高程基准面是通过黄海平均海水面的一个等位面。由于不同海域海水的温度、盐度分布不同，以及大气压力的静力影响、风的影响、动力异常扰动分布和日月引力的影响等，平均海水面不是一个等位面，它相对于与之相近的一个等位面（标准海参考面）来说是起伏不平的，这就是所谓海面地形。在全球范围内，海面地形的起伏最大可达 2.8m，如被联测的海岛与我国高程起算点相距较远时，就必须考虑海面倾斜的影响。可以根据海洋调查资料，借助于"海洋水准"的方法，求得平均海水面的倾斜度。如果被联测点到当地平均海水面的高程加入这项改正，即可把国家统一高程基准面传递到岛屿上去了。

二、海岛礁地形地貌测绘

我国海岛礁数量众多、分布很广，且海岛礁测绘事业起步较晚，当前我国岛礁的地形地貌方面数据比较缺乏，获取并完善海岛礁地形地貌基础地理信息数据是做好海洋自然资源保护开发工作的基础和前提。海岛礁地形地貌测绘以全球卫星定位测量、航空摄影测量、卫星遥感、激光雷达测量等技术为主。

（一）RTK 测量

RTK 是卫星动态相对定位的一种技术，其方法是至少在一个已知点（固定站）上安置卫星定位接收机和无线电发射装置，将接收到的卫星观测数据和已知点的坐标等有关信息按照一定的编码格式进行发射。另外，在待测位置的流动站上安置便于移动的接收机、无线电接收装置和控制器，利用接收到的数据和已知点发射的数据在控制器上进行实时处理，现场解算出流动站的坐标，精度可达到厘米级。

海岛礁地形地貌测绘的传统测量方法，需从大陆引控制点到海岛上，再开展精细测量。由于海岛与大陆有一定距离，实施起来非常困难，也给工程增加不少难度。在进行碎步测量的过程中，应用传统仪器如平板仪、经纬仪、全站仪测图法对地形图进行绘制，仪器之间需要通视，并且仪器需要频繁地移动、重新架设，测量效率极低。RTK 技术的应用很好地解决了上述各种弊端，不需要考虑通视问题、天气问题，一般情况下一名工作人员就可以操作仪器对各地区的位置点进行测定及信息的采集，且测量速度快、精度高，大大降低了作业强度，外业工作完成之后将数据导入专业软件中，经处理得出最终数据并绘制地形图，从而有效地减少了地形测绘工作中人力、财力、时间的花费。

RTK 进行海岛礁地形测量的流程如下：

1. 前期准备。收集测区已有控制点成果及 GNSS 测量资料并对其准确性进行检测；收集测区的坐标系和高程基准的参数，包括椭球参数、中央子午线精度，纵、横坐标的加常数、投影面正常高、平均高程异常等；收集 WGS-84 坐标系与测区地方坐标系的转换参数及 WGS-84 坐标系的大地高与测区的地方高程基准的转换参数。

2. 控制测量。控制测量时需注意在测区中选择在无各种强电磁干扰源、远离高压线、视野开阔、相对条件良好的控制点上架设基准站，打开 GNSS 接收机，选择所需坐标系，设置好参数就可以进行控制点测量，控制点的数量和位置应该足够覆盖整个测量区域。

3. 细部测量。在基准站架设完毕，使用 RTK 移动站对海岛坡地、采石地表、裸地、海岸线等测区进行精细测量。在以往传统的海岛地形测量的过程当中，一般都是需要提前建立图根控制点，然后在图根控制点上架设经纬仪或者全站仪进行测图，还需要考虑野外的天气情况，控制点之间和细部点都需要通视，每个工作组需要 3～4 人一起协同作业。而 RTK 测量时仅需 1～2 人就能完成工作，一般测量 1 个细部点仅需 2～3s，1 天能够采集 600～700 个细部点，此外 RTK 作业范围大，不需要频繁地移站和重新架设仪器，仪器架设好后，全力跑点即可，效率较高。

4. 数据成图。外业测量工作完成后，从 RTK 手簿导出测量数据，经过清理、校正、配准等处理后导入绘图软件，按技术规范要求生成地形图，包括高程图、等高线图等。

（二）航空摄影测量

摄影测量是测绘科学的重要组成部分，它通过摄影、量测影像实现对物体的测量。根据对地面获取影像时摄像机搭载的不同平台，摄影测量可以分为航空摄影测量、航天摄影测量、地面（近景）摄影测量。

航空摄影测量一般是将摄影机安装在飞机上对地面摄影，是摄影测量最常用的方法。摄影时，飞机沿预先设定的航线方向进行摄影，相邻影像之间必须保持一定的重叠度，称为航向重叠，重叠度一般必须大于 60%，相互重叠部分构成立体相对。完成一条航线摄影后，飞机进入另一条航线进行摄影，相邻航线影像之间也有一定的重叠度，重叠度一般必须大于 20%，否则不合格。

无人机航空摄影测量系统由硬件系统和软件系统组成。硬件系统主要包括无人飞行平台、飞行控制系统、数字遥感设备（高分辨率 CCD 数码相机）、测姿测速设备、地面控制系统等，其中，数字遥感设备是整套硬件系统的关键，其分辨率的高低直接决定了成图的比例尺和精度。软件系统包括地面站控制软件、航线规划软件及影像后处理软件等。其中，影像后处理软件是内业成图的关键。

近年来随着多旋翼无人机控制技术的不断成熟，无人机航空摄影测量技术得到迅猛发展。无人机航空摄影测量具有自动化程度高、成本低廉、操作便捷灵活等优点，用于海岛礁测量，不仅能够大大降低海岛礁测量的工作量，提高测量效率，而且合成的三维模型中岛礁部分也具有较高的精度，能够满足实际测量需求，是实现海岛礁精细化测量的重要技术手段。

海岛礁无人机航空摄影测量的作业流程如图7-6所示。

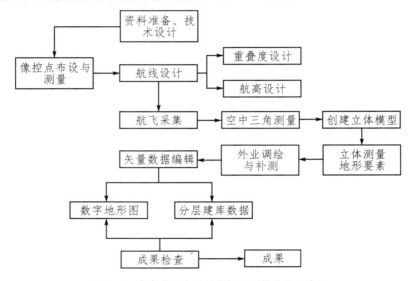

图7-6 海岛礁无人机航空摄影测量的作业流程

1. 前期准备。

（1）航摄空域申请。确定航摄任务后，核实测区范围内及附近是否有保密单位、军事管理区和机场等禁飞区，了解清楚测区是否要办理申请空域飞行许可，以便开展后续的工作。

（2）资料收集。收集测区范围的正射影像、海图、地形图等已有成果资料，以便用于无人机航线设计和控制点布设分析等工作。

（3）实地踏勘。必要时还需现场实地踏勘，了解当地海岛地形、地貌及天气等状况，以便确定起落点和选用对应型号的无人机等，详细制订航飞工作计划。

（4）确定技术路线。综合考虑项目内容和成果精度要求及生产作业成本等因素，确定项目的技术方法和路线。

2. 像控点布设与量测。像控点是在实际地物中选定或人工设置的具有较高辨识度的特征点，通过野外控制测量得到其准确的地理坐标，主要用于空三加密和测图提供坐标控制基准。像控点布设与量测包含平面控制点（只具备平面坐标）、高程控制点（只具备高程值）及平高控制点（既有平面坐标，也有高程值）。像控点既是解析空中三角测量的必须前提，也是数字制图的根本，它所布设的位置会直接决定外业测量的工作量，它所测量的坐标精度会影响加密精度，继而对生成的数字产品的精度产生重大影响。

目前，无人机航测作业的像控点布设一般采用航带网法布点和区域网法布点两种方案进行布设。布设完成后进行像控点测量，当前近海域部分区域可以实现 CORS 信号覆盖，基本使用单基站 RTK 的手段进行测量，如果在通信条件比较困难的海岛礁，可以采用 PPK 后处理的方式来进行动态测量。

3. 数据采集。

（1）航线设计。根据飞行任务和低空数字摄影规范，通过地面站软件进行航线设计，主要包括航线本身设计和飞行参数设计。航线本身设计是根据实际飞行任务区域规划设计航线，包括起飞点、紧急降落点和降落点设计。飞行参数设计是指重叠度（旁向重叠和航向重叠度）设计、航高的设计。

（2）航飞采集。航线和参数设定后开始采集影像数据，飞行采集过程中实时监控系统各配套设备的运行、数据记录等工作状态，根据实际情况及时处理出现的问题。飞行采集过后注意对飞行质量和影像质量进行详细检查，现场进行影像快拼查看是否有漏拍情况。

4. 数据处理。

（1）空中三角测量。为影像纠正、立体采集等提供相片加密点大地坐标及相片的外方位元素成果。

（2）创建立体模型。将三维坐标数据融合影像数据转换成立体模型，为三维立体数据采集做准备。一般建模软件有 AutoCAD、SolidWorks、SketchUp 等。

（3）三维立体数据采集。内业三维立体采集模型上所见的地物、地貌要素，原则上由内业定位、外业定性，对内业把握不准的要素（包括隐蔽、阴影部分），则需进行外业定位补调。

（4）数据编辑及建库。对立体测图成果、调绘成果数据进行图形编辑、属性录入、图幅接边、符号化处理等操作。数据编辑好后需对数据进行全面检查，修改好拓扑错误、图层错误、属性错误等问题后，按建库标准进行入库。

5. 成果检查。主要包括对空间参考系、位置精度、属性正确性、完整性、逻辑一致性、表征质量和附件质量等的检查。

第四节　海岸线测量

一、概述

海岸线是多年平均大潮高潮所形成的海水和陆地分界的痕迹线，是划分海洋与陆地行政管理区域的基准线，既是确定领海内水和陆地的分界线，也是区分海洋深度基准和陆地高程基准的分界线。作为一个地理的实体概念，海岸线具有位置、形态、特征、演化等几何属性和物理属性，其痕迹线的实地判别主要根据海岸土壤、植物的颜色、湿度、硬度，以及流木、水草、贝壳等冲积物来确定。

海岸线不是一成不变的，它会随人类生产生活或自然外力而改变，因此海岸线数据需要进行动态更新，海岸线测量是一项长期的基础性工作。海岸线测量是地图测绘、海岸带调查、海岸演变研究、海岸和海域管理等的重要内容。作为重要的基础地理数据，精确快速地提取出海岸线并实时监测其变化对我国海岸带的开发规划与利用具有重要的意义。

在实际生产中，海岸线的确定还存在很多问题。根据海岸线的定义，生产中所测得的海岸线只能是一条近似于平均大潮高潮面与岸滩相交的线。不同的海岸类型，海岸线的位置确定原则不同。海岸线按性质可分为基岩海岸、砂质海岸、粉砂淤泥海岸、生物海岸、人工海岸5类。基岩海岸由岩石组成，岸线比较曲折；砂质海岸一般比较平直；粉砂淤泥海岸滩面坡度平缓，滩面宽度可达数千米甚至更宽；生物海岸又可分为红树林海岸、珊瑚礁海岸、芦苇海岸；人工海岸是人工建筑物形成的，一般包括防潮堤、防波堤、码头、凸堤、养殖区和盐田等。

根据不同的作业方法，海岸线的位置确定方法也不同，遇到的困难也不尽相同。在目前的实际作业中，海岸线探测手段有人工实地测量法、摄影测量法和基于 LiDAR 技术的海岸线提取方法。

（一）人工实地测量法

人工实地测量通过测量拐点坐标，顺序连接后形成岸线。可以利用传统光学测量仪器交会的方法采集特征点，或利用 GNSS 定位测量。但不管用何种方式都存在以下缺陷：

1. 只能根据当地的海蚀坎部、海滩堆积物或海滨植被来确定高潮潮位线，采集者对海岸线实地痕迹的理解判断不同，会造成一定的测量误差；

2. 只有人工海岸、砂质海岸、砾质海岸容易进入实地进行测量，其他海岸类型难以到达，无法进行实地测量，而实测拐点的疏密影响海岸线位置的准确性；

3.外业测量成本高、效率低、工作周期长，难以快速反映海岸线的动态变化。

（二）摄影测量法

摄影测量法有两种：一是利用摄影相片人工调绘海岸线；二是利用遥感影像进行室内人工判读采集或计算机自动提取岸线。人工调绘海岸线跟实地测量一样需要大量野外工作，成本高、效率低。基于遥感影像提取海岸线，不管是人工判读采集还是计算机自动提取，都需给出具体的海岸线遥感解译标志及提取原则，目前关于海岸线遥感解译标志及提取原则并没有统一的规定或规范。受潮位影响提取的是瞬时水涯线，并不是严格意义上的海岸线。

目前摄影测量内业判读的海岸线都需要进行校正，结合验潮数据才能获取高精度的海岸线。下面介绍两种实际生产中应用较广的方法。

1.基于瞬时水涯线修正的方法。基于正射影像提取瞬时水涯线，结合验潮数据进行修正生成海岸线。如图 7-7 所示，首先分别提取两幅在不同潮位时刻获取的瞬时水涯线影像，设水涯线为 C_1、C_2，量出影像上两瞬时海岸线的距离 L_1，同时确定两幅影像摄影时刻的潮位高度，设为 h_1、h_2，计算岸滩的坡度 $\alpha = \tan^{-1}[(h_1-h_2)/L_1]$，然后根据多年潮位观测资料确定平均大潮高潮位的潮位高度 H，最后计算瞬时水涯线至海岸线的距离 $L_2 = (H-h_2)/\tan\alpha$，将提取的瞬时水涯线 C_2 向陆地方向移动 L_2，即得到真正意义上的海岸线位置。

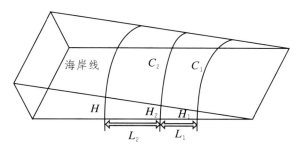

图 7-7　瞬时水涯线修正的方法示意图

这种方法的原理简单，且不要求必须有三维立体，但存在以下缺点：

（1）适用范围较窄，要求地形起伏小、坡度缓，仅适用于砂质海岸、粉砂淤泥海岸。人工海岸、没有或仅有很狭窄的干出滩的基岩海岸可以认为瞬时水涯线就是海岸线，生物海岸线则无法按这种方法进行修正。因此大规模测图时，涉及人工判读，需要按性质将海岸线进行分段处理。

（2）需要多幅不同时期的正射影像及详细的验潮数据，资料收集成本高。

（3）如果自动提取问题不能很好地解决，瞬时水涯线的人工提取工作量依然很大。

2. 三维立体判绘法。根据海岸线高程为常数这一特性进行测绘，一般情况下，同一区域内海岸线应处于同一水平面上，在三维立体测图下，可以根据海岸线的高程反推海岸线位置。根据验潮数据计算海岸线高程的过程：根据验潮数据、图幅的中心坐标及曝光时刻，推算相应曝光时刻该区域海岸线距离瞬时水涯线的高差，以图幅为单位，依据公式（海岸线＝瞬时水涯线量测平均值＋高差）计算每个曝光时刻的海岸线高程，再将多个曝光时刻的海岸线高程平均，得到该图幅的海岸线高程。以图幅为单位，依据海岸线高程值在立体环境下跟踪采集海岸线。不同图幅的海岸线，其高程限差在 1m 以内，按各自高程采集，平面位置正常接边。当图幅内无法提取瞬时水涯线时，以最近图幅的海岸线高程作为该图幅的海岸线高程；当图幅内瞬时水涯线的高程大于或等于海岸线高程时，按瞬时水涯线位置采集瞬时水涯线，同时拷贝海岸线。当海岸线与附近地物出现矛盾时，可在高程限差 0.4m 范围内，调整海岸线，以消除矛盾。

该方法的优点是不管哪种性质的海岸线都适用，缺点是需要在立体环境下跟踪采集海岸线，技术要求高、工作量大；要求有详细的验潮数据。

比较两种方法，如果自动提取的瞬时水涯线能够满足大规模生产的精度要求，则基于瞬时水涯线修正的方法能较快捷地生成海岸线；如果自动提取问题不能解决，三维立体判绘法相对而言工作量小、精度高，在有立体环境的情况下，更适用于大规模生产。

（三）基于 LiDAR 技术的海岸线提取方法

近年来 LiDAR 技术飞速发展，其测量速度快、抗干扰能力强、精度高的特点为海岸线的精准测量带来新突破。LiDAR 技术能够全天候在目标范围内直接采集海岸的三维坐标数据点，形成点云，其不受阴影、天气影响，且能够实现无控测量，尤其是对戈壁荒漠、无人海岛、悬崖峭壁、核污染区及其他人类无法到达的危险地区的数据采集，LiDAR 系统搭载不同的平台之后都可以完成。LiDAR 测量技术是继 GNSS 技术以来在测绘领域内的又一场技术革命，它的出现为海岸线测量带来了新的研究热点，其与人工实地测量和摄影测量等技术优势互补。机载或船载 LiDAR 可快速获取海岸线附近高分辨率、高精度的点云数据，为精确测绘海岸线奠定了坚实的数据基础。

相对于传统的人工实地测量与遥感影像判绘等测量模式，基于 LiDAR 技术的海岸线的测量需相应转为基于潮汐基准面的方式，即海岸线的提取将转变为潮汐基准线的提取。因此实现海岸线的提取首先要精确计算潮汐基准面的高程（与点云一致的高程系统下），然后依据潮汐基准面的高程，从点云中提取对应的潮汐基准线。

典型的 LiADR 系统由 GNSS、IMU、激光测距单元、扫描单元、控制处理存储单元等构成，将其安装在移动平台上，对目标进行探测扫描，获取目标表面的三维坐标信息及回波强度、回波次数等信息，部分系统还集成了相机等传感器，可为点云数据添加相关信息，如图 7 - 8 所示。

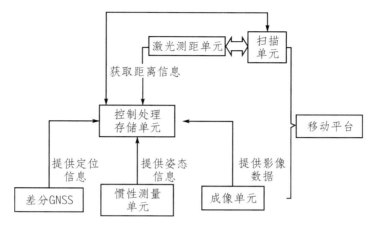

图 7 - 8　典型 LiDAR 系统的组成单元

当前 LiDAR 技术提取海岸线的方法主要有两种：交叉海岸剖面法与等值线追踪法。

1. 交叉海岸剖面法。海岸线是指特定潮汐基准面与海岸的交线，交叉海岸剖面法的基本思路是通过确定潮汐基准面与离散海岸剖面的交点，以离散交点的连接线来近似代替该交线。具体原理是从原始点云数据中沿岸每隔一定距离提取海岸剖面，然后利用线性回归模型拟合每个剖面，根据潮汐基准面的高程内插出其与剖面的交点，最后依次连接各个剖面的交点即得海岸线。交叉海岸剖面法的精度主要取决于以下两个近似处理：

（1）根据微分思想可知，离散交点间的距离越小，以离散点连线代替曲线的精度就越高。这意味着应尽量减小海岸剖面间的距离，增加剖面的个数。由于每个剖面都需由原始点云数据历经提取、拟合与内插交点的过程，运算量大，因此，从效率角度出发，剖面的个数需适中，两者的平衡点取决于海岸线的曲折变化程度，在相对平直的岸段可选择较少的剖面，而在曲折变化复杂的岸段应选择较多的剖面。

（2）以线性回归模型拟合海岸剖面，海岸地形越复杂，拟合精度越低，该方法在淤泥粉砂质海岸与砂（砾）质海岸的适用性相对较好。交叉海岸剖面法工作流程为先利用机载 LiDAR 点云数据沿海岸等间隔提取出 N 个海岸剖面，然后利用线性回归模型拟合每个剖面，再结合潮汐数据计算出海岸线高程，并利用此高程平面与 N 个海岸剖面进行交叉处理得到一系列交点，最后依次连接这些交点即得到海岸线。

2. 等值线追踪法。结合潮汐数据利用等值线追踪法在海岸带 DEM 上提取高潮线、平均大潮高潮线、平均高高潮面线。等值线追踪法的具体原理：一是由预处理后的点云数据生成 DEM；二是通过等值线跟踪法提取潮汐基准面所对应的等值线。

点云数据的坐标转换、粗差剔除与滤波分类等通常视为 LiDAR 数据的预处理过程，而由 DEM 提取等值线的算法已十分成熟，是 GIS 软件的基本功能。因此，等值法的关键是构建 DEM，主要有 TIN 和 GRID 两种基本方法。一般情况下，当数据密度低时，可通过插值生成 GRID；当数据密度较高时，一般采用 TIN 模型，且 TIN 构建的 DEM 能真实地反映不规则区域的地形，以及精细地描述地形的起伏程度。LiDAR 点云属于高密度、高精度的数据（点云平均间距可达米级，甚至毫米级），且海岸地形复杂，变化多样，因此一般选择 TIN 构建高精度的海岸 DEM。采用 TIN 对点云数据进行建模时，相互连接最近的 LiDAR 点云生成三角形，并保证三角形的唯一性和独立性（不交叉、不重叠），且尽量保证接近等边三角形。

等值线追踪法提取的海岸线过于曲折、抖动、破碎，且会出现错误的线段（或封闭多边形）问题，这也是等值线追踪法不可避免的缺陷，主要原因是水边线附近的 LiDAR 数据受到波浪和潮汐的影响、浅滩的藻类海草沉积过厚、LiDAR 信号的噪声（粗差）及海峡和洪水洼地的数据空缺等因素的影响。

总之，在水陆交界处相对复杂的地形条件下，一方面应充分利用 LiDAR 点云数据的高密度、高精度的优点；另一方面应生成平滑、可靠的海岸线，等值线追踪法需要在这两方面间找到合适的平衡点。

二、广西无居民海岛岸线勘测项目

当前，海洋资源保护开发受到广泛关注，海岛礁及其周围 12n mile 领海及 12n mile 以外的 200n mile 经济专属区，蕴藏着丰富的资源，已成为各国争夺的重要目标。海岛礁岸线勘测在维护国家海洋权益，建立海洋资源保护开发综合协调机制，统筹协调用海秩序，集约节约使用海域，完善沿海岸线规划，提升海域、海岸线使用效率和效益等方面都起着重要作用，是海岛礁测绘中重要的内容。目前海岸线测量主要采用 GNSS 技术、遥感技术、LiDAR 测量技术和地理信息系统等技术。

（一）项目概况

本次勘测的范围为广西 629 个无居民海岛岸线及周边区域，采用无人机航摄结合人工实地测量的技术方法。主要工作内容：无人机获取航摄影像，开展海岛岸线测量点的测量，统计分析无居民海岛已开发利用海岛岸线的位置、长度、类型等。

（二）技术路线

项目具体的技术流程如图 7-9 所示。

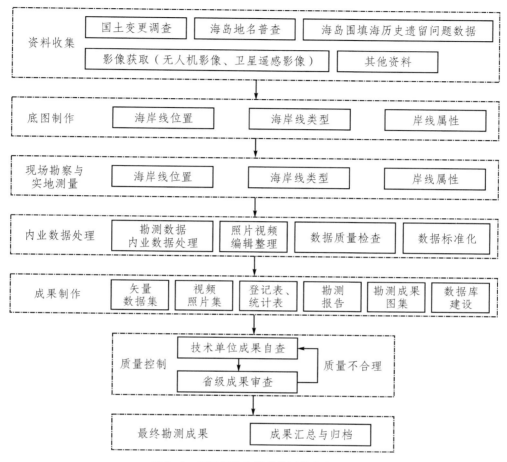

图 7-9　无居民海岛岸线勘测技术路线图

利用无人机进行航摄，获取无居民海岛高分辨率影像数据，收集国土变更调查成果、海岛地名普查等相关资料，制作工作底图，通过内业预判识别与现场勘测的方式确定无居民海岛岸线的位置、类型、长度等信息。数学基础方面，坐标系采用 2000 国家大地坐标系；地图投影采用高斯-克吕格投影，按 3°分带；高程基准采用 1985 国家高程基准；深度基准采用理论最低潮面。

（三）作业流程

1. 资料收集。需收集的资料及用途：沿海区域附近的 E 级以上 GNSS 点、四等以上国家三角点、水准点等，以上各点可作为本项目的平面和高程控制的起算成果使用；区域似大地水准面模型，可以用于海岛上控制点的高程测量及海岸线的高程测量；最新沿海正射影像数据，可用于控制点布设分析、计划制定和人居海岛的岸线测量；最新广西海岸线修测成果的海岸线类型和分布，以及各类地理信息数据，可为无居民海岛岸线勘测工作进行分析参考；广西海域权属数据、围填海历史遗留问题数据、沿海国土"三调"数据成果、广西海洋功能区划、海洋生态保护红线、海岛保护规划沿海各县（市、区）级行政区域陆域勘界和海域勘界协议书附图的图件及界址点坐标成果和电子数据等相关数据，可为无居民海岛岸线位置、类型、利用情况、分布等属性提供参考。

2. 获取影像。利用无人机进行航摄获取影像数据，并对影像数据进行影像纠正、融合、匀光匀色等处理，制作分辨率优于 0.2m 的正射影像，采用标准分幅或按县级行政区进行镶嵌。获取的影像总云量不应超过 10%，且影像接边处、海岛岸线区域不得有云。影像需清晰，信息丰富，无明显噪声、斑点和坏线，影像格式为标准产品格式或其他能为通用遥感图像处理软件读取的数据格式。对无人机无法获取影像的区域，收集空间分辨率优于 1m 的遥感影像作为补充。遥感影像应经过辐射、几何处理，可采用多光谱影像或全色多光谱融合影像，可为标准 1 万分幅或整景影像。

3. 底图制作。采用大比例尺（不小于 1：5000）地形图，结合无居民海岛开发利用和海域使用的权属数据、海岛调查和海岛地名普查数据、规划数据、行政区划数据及其他相关的调查数据成果，叠加最新高分辨率正射影像，制作无居民海岛岸线勘测工作底图。

外业调查测量前，采用人机交互法，根据遥感影像色调、纹理、尺度和形态等图像特征，在工作底图上提取海岛岸线位置、类型、属性等信息，并标出受填海造地工程影响、与历史资料海岛岸线位置偏移超过 5 个像素的岸段，作为外业调查测量的参考。

4. 现场勘察测量。对已开发利用的、具有砂质岸线的无居民海岛和可登海岛的无居民海岛，开展登岛现场勘察和测量，现场判定海岛岸线位置、类型，确定海岛岸线测量点。对不易于登岛的无居民海岛，采用遥感解译与已有资料相结合的方式，判定海岛岸线位置、类型。

对岸线重要拐点、分界点等特征点进行照片拍摄、视频资料采集，反映岸线类型和利用现状，作为反映调查岸段现状和判定岸线类型的证明资料。根据勘察情况，以测量点为最小单元，填写海岸线勘察测量信息表。

实地测量投入设备主要为双频 GNSS 接收机、笔记本电脑、外业手机、测量渔船等。

（1）测量点布设。依据工作底图，初步判定海岛岸线位置，开展海岸线测量点布设，具体要求如下：

①测量点应沿岸布设，选取海岛岸线位置拐点、海岛岸线类型分界点、遥感解译点等特征点，以及海岸工程建设情况、海岛岸线利用类型或权属情况等有变化的测量点。

②测量点布设与测量应满足成果比例尺 1：5000 的要求；对于直线型海岛岸线，原则上测量点间最大间距不超过 50m（河口岸线除外）；对于弧线型海岛岸线，测量点间

距应控制在能体现其弧线形态的范围内；对于折线型海岛岸线，测量点的布设应能体现其折线形态；根据现状实地测量时，对于长、直且属性一致的防潮堤、港口码头等岸段，可以测量两个端点，并进行记录。

③在变化复杂及有特殊现象的岸段，如特殊地貌类型处、海岸侵蚀区、潮间带湿地类型分界点、人为因素对海岸线有特殊影响处等，应适当加密测量点。

（2）测量内容。

①依据调查工作底图数据和现场勘查情况，对需实地测量的海岛进行登岛测量，确定海岛类型，测量最高点位置和高程，根据海岛基础地理调查登记表开展相关的测量和调查。在边远海岛，无法实测绝对高程时，可测量相对高程（以海岛岸线为起算面）。当无法人行抵达最高点时，可引用大比例尺地形图、无人机正射影像、高精度遥感影像或其他权威出处的数据。

②沿海岛岸线进行观测和特征点位置测量，填写海岛岸线测量登记表，记录各测量点的岸线位置、类型、属性等，人工岸线要标明岸线的性质、构筑物特征，如海堤名称、防御等级、堤顶高程等。

（3）测量要求和方法。

①一般情况下，位置测量中误差不大于±1m，高程测量误差不大于±0.1m。在边远海岛，原则上位置测量中误差不大于±2m，高程测量误差不大于±0.5m。

②对工作底图上标注的岸段进行实地逐一调查测量。

③海岛岸线及使用调查、无居民海岛开发利用调查的基本比例尺为1∶5000，对面积较小的海岛，比例尺适当加大，以满足海岛岸线和海岛面的成图要求；其他调查要素的成图比例尺介于1∶5000至1∶50000。

④对内业易于正确判读解译的一般岸段，进行外业验证测量，误差超过相应比例尺限差时，应全面复测。

⑤测量点的连线形成的无居民海岛岸线，应可以形成一个闭合的环。

⑥对遥感影像判读解译时存在疑问的海岛和岸段进行重点调查与测量。

5.内业数据处理。

（1）整理外业记录，进行站位校核，根据观测记录对照片等影像资料进行编号等。

（2）为满足海岛岸线调查精度的要求，对遥感影像进行几何精校正与配准，选取合适的方法进行数据融合，利用实测点进行验证，对无法实测的海岛岸线特征点、无居民海岛开发利用界址点等进行信息提取图斑勾绘。

（3）在调查工作底图的基础上，综合现场观测数据和遥感影像提取的信息，编辑形成海岛岸线类型分布图，量算海岛面积和岸线长度，填写海岛基本特征调查登记表。

（4）根据海岛岸线测量点测量登记表、海岛岸线利用现状调查登记表，编辑形成无居民海岛岸线利用现状分布图。

（5）基于一体化的专题图件，对海岛数量与面积、海岛岸线及使用、无居民海岛开发利用等进行量算和统计分析。

6. 成果制作。利用外业调查及内业数据，编制文本、登记表和统计报表，制作图件，建立无居民海岛岸线勘测数据库，形成无居民海岛岸线勘测成果。

第八章

海洋时空基准网的技术发展与应用展望

海洋占地球表面积的 71%，是人类可持续发展的重要空间，已成为世界各国激烈争夺的重要战略目标。中国共产党第二十次全国代表大会报告明确作出"发展海洋经济，保护海洋生态环境，加快建设海洋强国"的战略部署。这一战略在实施中面临技术局限性和环境复杂性的严峻挑战，如海洋资源、事件、目标等信息发生的环境状态实时或快速感知的能力不足，以及相应资源、事件、目标发生的准确时间和位置的获取能力不足等，对于这些挑战我们需要从基础设施做起，从海洋时空基准网的建设做起。

时空是一切自然和人类活动的载体，时间和位置信息也是一切表征事物属性的物理空间状态和演化过程的标识；全球时空基准网将时空参考框架与地球坐标系的位置、尺度和方向基准紧密地联结在一起，是获取时空信息的基础设施，当前是由 GNSS 作为基础来实现的。全球时空基准网包括地基时空基准网、空间时空基准网和海洋时空基准网。目前，构成 GNSS 主体部分的地基时空基准网和空间时空基准网已基本成形，并已在陆地和近地空间提供定位、导航、授时服务多年，而同时能提供海面、水下和海底定位与导航授时服务的海洋时空基准网建设尚属起步阶段。本章在上述背景下详细地介绍海洋时空基准网的定义、内涵、组成及技术发展，并结合海洋时空基准网与海洋环境监测网、海洋互联网的深度融合对其应用进行展望。

第一节　海洋时空基准网的技术发展

海洋时空基准网由布设在海洋表面、水体及海洋底部的时空基准站（也称参考站）组成，以海洋表面基准站装备的 GNSS 卫星高精度动态定位结果为基准，对水下和海底基准站展开声学定位和时间传递，同时进行海洋重力测量、磁力测量和惯性导航，并将结果与 GNSS 陆地大地控制网融合，提供海洋基准站在地球坐标系中的精确坐标及其随时间变化的信息。

一、海洋时空基准网的组成部分

海洋时空基准网的主要构建方式是综合运用 GNSS 卫星定位、水下声学定位及压力传感器等技术将全球统一的时空基准传递到海洋表层、内部和底部。其组成部分包括移动式和固定式海洋基准站、定位系统、授时系统、电能供给系统、通信系统、岸上中心台站及岛礁中继站等。

海洋时空基准站由海面漂浮、海面下一定深度被动或主动移动的观测舱和相对固定于海床上的观测舱组成。在海洋表面布设按一定空间距离分布的浮标式观测舱或岛礁式工作站，舱内的 GNSS 接收机用于观测中国的北斗导航系统（BeiDou Navigation Satellite System，BDS）、美国的 GPS、俄罗斯的格洛纳斯卫星导航系统（Global Navigation Satellite System，GLONASS）以及欧盟的伽利略卫星导航系统（Galileo Satellite System，Galileo）等系统的导航卫星，并进行实时动态定位，以分米级甚至厘米级精度确定载体的四维时空位置。舱内向水下安置具有测距功能和数据通信传输功能的多种声呐设备，依照需求还有激光和超低频设备等，对水中和海底同类性质的观测舱进行声学/激光测距与有线/无线通信，感知这些观测舱在地球大地坐标系下的坐标及其移动速度。这些观测舱或悬浮于海洋水体的不同深度处，或按适当分布要求和按探测任务要求相对固定于海底，组成水下声学定位与通信网络系统，构成局域、广域或全球的海洋时空基准网络。

这一海面、水下和海底立体网络与陆基和岛基所建的 GNSS 地基增强系统同步观测、统一数据处理，实现陆海时空基准网联合组网，使陆海时空基准统一维护，构成陆海空天一体化的时空基准网络。该海洋时空位置基准同时也作为信号源为水面、水下和海底其他目标提供定位导航授时信号，反过来也可通过感知和分析其所接收的多种声音信号来探测跟踪水面、水下和海底的合作性或非合作性目标，提取海洋与海底事件的时空位置信息。

海洋时空基准网的定位系统主要围绕声学测距和压力计等技术进行工作，可实现导航定位和大地测量功能。在海洋声速场不够精确时，其授时系统尚无精确的解决方案。利用海面 GNSS 接收机、水下原子钟以及海底光电缆等设备进行授时，为水下时间同步提供了新思路。电源供给系统包括用于浮标和潜标的电源自给系统以及用于海底观测舱的电缆供给系统。通信系统包括用于浮标与潜标的无线通信系统（声学、蓝绿光和超低频电磁波）以及用于海底观测舱的光缆通信系统。岸上中心台站和岛礁中继站负责数据管理、呈现、分析以及电源配送和各站点观测状态的监控，并连接陆基 GNSS 观测站。

对于海底部分，海洋时空基准网的建设流程：先是进行基准点布设，基于海面设备的 GNSS 动态定位结果进行基准传递，获得海底基准点的位置信息；再根据海底基准点之间的测量结果进行基准网的校正和平差，得到每个站点的精确位置，最后进行组网观测。其中涉及的关键技术包括卫星与声学联合定位技术、海陆控制网数据的联合处理、多源数据处理与融合、时空基准维护及更新等。

二、海洋导航定位及授时技术发展

(一) 海洋导航定位技术

海洋时空基准网可为水面和水体中的人造设备提供时空位置信息，进行三维定位导航。目前海洋环境中的导航方式主要包括自感应传感器导航、地图匹配导航、多航行器协作导航、卫星定位导航及水声定位导航 5 种。自感应传感器导航的原理是航迹推算，不仅需要绝对初始位置，且误差累计会随时间迅速增大；地图匹配导航基于高精度地形、磁力或重力图进行，为了使结果融入统一的时空框架，也需为初始地图赋予绝对的时空信息；多航行器协作导航仅能提供相对导航结果，需辅以时空基准才能获得绝对位置；电磁波在海水中穿透能力有限，卫星定位导航仅能为海面设备提供导航定位；不同于电磁波，声信号可在海水中长距离传播，故水声定位导航得到广泛应用，成为海洋时空基准网立体定位导航的主要方式。

水声定位导航技术利用声脉冲对水面及水体中的人造设备进行定位，服务于人类的海洋活动及研究，是海洋时空基准网的重要技术组成部分。其基本原理是测量不同路径传播的声脉冲之间的时间差或相位差，反演目标位置。根据基线长短可将水声定位技术分为长基线 (long baseline，LBL)、短基线 (short baseline，SBL)、USBL 定位技术，对应的定位系统分别称为 LBL 定位系统、SBL 定位系统和 USBL 定位系统。

LBL 定位系统将时空基准布设在海底，基准间距为几千米到几十千米的量级，测量目标声源到各基准的距离，确定目标位置。SBL 定位系统将时空基准布设于海面平台的底部，基准间距一般为几米到几十米，利用目标的声信号到达海面平台各基准的时间差，解算目标的方位和距离。USBL 定位系统将一个声学换能器和数个水听器集成为船载的基阵，以基阵的中心为参考点，形成一个时空基准，水听器间距一般为几厘米到几十厘米，利用声信号到达各水听器的相位差确定目标的方位与距离。为充分发挥上述定位系统的优势，达到取长补短的效果，组合式水声定位系统应运而生，既包括海底基准，也包括船载基准，以提高定位精度，拓展应用范围。近年来，又发展出网状长基线定位系统 (Net-LBL)，利用测量船、浮标及无人船等设备搭建临时的海面长基线时空基准，以廉价的声学调制解调器代替专门的声学换能器，基于卫星动态定位结果进行水下人造设备的导航定位。

以上五种水声定位系统既可采用同步信标工作方式，也可选用应答器工作方式。同步信标工作方式要求在基准站和待测目标上均安装高精度的时钟同步系统，信标定时发射信号，获取信号单程传播时间，确定目标位置。对于应答器工作方式，LBL 定位系统要求在待测目标上安装询问收发机，在基准站上安装应答收发机，而 SBL 和 USBL 定位系统的要求正好相反。在应答工作时，它们测量询问信号与应答信号的总传播时间，反演空间距离，从而确定目标位置。

减小水下声学定位的空间相关性误差的技术手段主要有规划航迹、声学差分及压力传感器约束等。规划测量船航迹可充分发挥观测值的冗余性和几何对称性，使声速等系统误差可在解算中相互抵消，以提高海底基准站的定位精度。声学差分技术以单差或双差模式削弱信号传播时间上系统误差的影响，但该方法垂直定位结果不稳定。针对海底基准站垂直定位结果容易发散的情况，利用压力传感器反演的高精度水深值约束解算过程，可提升海底基准站定位精度。

基于水声定位技术可测得目标的三维位置，但由于水下误差改正技术的限制，其定位精度不能满足海底板块及水体动态变化等研究的需求。对此，海洋大地测量学家将水声立体定位拆分为水平定位和垂直定位两部分，并通过技术改进或设备研发的方式将定位精度从分米级提升到厘米级甚至毫米级。其中，水平定位围绕声学测距技术进行，垂直定位围绕以压力计为代表的设备展开。

（二）海洋授时技术

作为分布式系统，时间同步是海洋时空基准网的一个关键问题。由于分布式系统内的晶体振荡器并不完全相同，各节点的本地时钟之间存在差异，故对于网络中发生的同一事件和用于协同网络的消息，不同节点间必然存在时间观测偏差。为使分布式系统正常运转，必须对各节点的时钟进行时间同步，将本地时钟校正到标准时钟上，进而在系统中确定一个统一的全局时间。

与采用电磁波通信的地基时空基准网不同，海洋时空基准网采用声波信号进行通信，该通信方式具有传播速度慢、延迟大且时变、信号链路距离长、信道带宽小、信号衰减严重、发射能耗高、包含移动节点、误码率高、多路径效应严重等特点。这些特点使成熟的陆地时空基准网时间同步算法无法直接应用于水下环境。目前针对海洋时空基准网的授时问题尚无精确的解决方案。以浮标为中继，采用北斗/GNSS时作为基准定时源，利用水下原子钟和海底光电缆等对仪器设备进行授时的方法为解决水下时间同步问题提供了新思路。

三、海洋高精度水平定位技术发展

水声定位技术虽然能以很高的精度测量声波的时延，但声速误差极大地限制了定位精度。声波在海水中的传播遵循 Snell 定律，声速主要在垂直方向发生变化，属于深度相关的函数，呈现为分层模型。大地测量学家提出，通过改进测量策略和解算方法，水声定位技术可获得高精度水平定位结果，以满足海底板块监测等地球科学的需求。

海洋时空基准网高精度水平定位方法可分为直接测距法、间接测距法和 GNSS/声学定位技术。

（一）直接测距法

直接测距法为在海底布设时空基准站，连续监测它们的相对距离。由于海底声速呈现负梯度变化，声线向海面弯曲，为避免声线触底，基准站间距每增加 1km，基站的架设需提高约 3m。为保证基准的稳定，基站架设不宜过高，故基准站间距一般设置为 1km 左右。2012 年，日本东北大学的 Osada 等在 900m 基线上获得 1.5cm 精度的水平测距结果。2013 年，伍兹霍尔海洋研究所用直接测距法在 1km 的基线上获得 1mm 精度的测量结果。2016 年，法国、德国和土耳其的学者在北安纳托利亚断层伊斯坦布尔-西利夫里段布设了 10 个基准站，基于直接测距法算得此段断层年位移量为 1.5～2.5mm，处于闭锁状态。

（二）间接测距法

间接测距法的思想由美国 Scripps 海洋研究所（Scripps Institution of Oceanography，SIO）的 Spiess 于 1985 年提出。2005 年，SIO 的 Sweeney 等将该思想精细化、具体化后，提出目前的间接测距法，并在胡安德富卡板块的北部区域进行了实施。该方法是在海底布设 3 个高精度应答器作为时空基准，相互间隔约 5km，由船拖曳换能器从应答器阵上方约 300m 处经过，进行声学测量。试验结果表明，该方法能以 1～2cm 的精度测量 5km 左右的海底基线。2010 年，SIO 的 Blum 等在加利福尼亚的圣巴巴拉海盆利用间接测距的方法进行了海底坡面稳定性的评估。应答器基准阵列中的 1 个应答器悬浮于距离海底 5～10m 处，间接测量跨越倾斜粗糙海底的基线，试验以 2.5cm 的精度测量了长约 1km 的斜坡基线。

（三）GNSS/声学定位技术

直接测距法和间接测距法都只适合于小区域的海底水平定位，针对较大的区域需用到 GNSS/声学定位技术。GNSS/声学定位技术组合水面卫星定位技术和水下声学定位技术，确定海底基准站的水平位置，该思路由美国 SIO 的 Spiess 于 1985 年提出，并于 1994—1996 年在胡安德富卡板块边缘首次实施。该定位技术将数个应答器布置于海底一个半径为平均水深的圆上，在科考船底部安装声学换能器，并分别于船的主桅杆及船尾左右舷处 12m 高的金属架顶端安装 GNSS 接收机天线。利用光学设备测量 GNSS 天线与换能器间的相对位置，实现毫米级精度的位置传递。作业期间利用动力控位技术将科考船控制在海底应答器基准阵列的中心轴线附近，完成对应答器阵列中心虚拟基准站厘米级的定位，所需测量时间与海况、海水的质量、水深及应答器类型等相关，一般需 24h 以上。

2000 年，日本海上保卫厅的海洋水文部（The Hydrographic and Oceanographic Department of Japan，JHOD）在日本南海海槽的熊野盆地进行了日本的第一次 GNSS/声学定位试验。不同于 SIO 的 GNSS/声学定位技术，该试验将 GNSS 天线、姿态传感器及换能器集成到一个杆子上，然后将杆子固定于科考船尾部，即杆系统。作业期间，科考船在应答器阵列上方自由漂游，以避免螺旋桨对声学测量的影响及航行时的额外水压导致观测杆变形的情况，但该工作模式的航迹不可控，效率低下，且观测过程需人工不断调整设备。2006 年，Fujita 等引入线性反演法并估计声速剖面的时间变化，使该技术水平测量结果的可重复度达到厘米级。

2008 年，JHOD 将其 GNSS/声学定位技术的海面部分由杆系统改为类似于 SIO 的船固系统，新系统的 GNSS 天线、姿态传感器及换能器分别固定于船体中央部位，使科考船可在不干扰 GNSS/声学定位系统的条件下按预定轨迹航行，极大地提高了观测数据的几何结构。美国 SIO 的 GNSS/声学定位技术将科考船控制在应答器阵列的中心轴线附近，可获得高精度水平定位结果；而日本 JHOD 的 GNSS/声学定位技术控制科考船沿预定轨迹航行，不仅能进行水平位置测量，理论上还可进行垂直位置的测量。试验结果表明，通过 16～24h 的测量，海底基准站的水平定位精度可达 2cm。基于新技术，2015 年，Watanabe 等成功测量了菲律宾海板块外模相海槽处非火山区域的俯冲速度。

GNSS/声学基准站为海底应答器阵列，由 3 个、4 个或者 6 个应答器组成，布设尺寸随深度的增加而变大，且假定测站内应答器的位置相对固定。2011 年日本东北大地震后，日本政府加大了深海海沟附近大地测量的力度，于 2012 年沿日本海沟新布设了 86 个海底应答器，共 20 个 GNSS/声学基准站，大部分位于水深 5000m 处；沿日本南海海槽也增加了 8 个 GNSS/声学基准站，总数目达到 15 个。2012 年开始，日本东北大学的研究团队对日本海沟的 GNSS/声学基准站共进行了 5 次测量，由于时间跨度仅有 1.5 年，参数估计误差为 10cm 左右（大于大部分基准站的大地形变量），只有少部分基准站明显地探测到了与地震相关的位移。2016 年，JHOD 学者分析南海海槽 15 个 GNSS/声学基准站的数据，更新了该地区的滑动亏损速率模型。

四、海洋高精度垂直定位技术发展

海洋中水深每增加 10m，压强约增加 1 个大气压，故常将压力计测量值换算为水深值，作为待测点的高程信息。目前主流的压力计在海面和海底均可测得毫米级精度的高程形变信息，因此可用压力计在海底建立固定的垂直基准，即海底压力记录仪法（Bottom Pressure Recorders，BPRs）。

2014 年，日本的 Takahashi 等设计了基于该方法的监测系统，能以优于 5mm 的分辨率测得海啸和海底板块±8m 内的垂直变化。2016 年，意大利的 Iannaccone 等在意大利北部海域基于该方法进行了海底垂直位移的监测，试验中布置了 4 个浮标系统，它们各自连接一个海底压力计垂直基准。经过 16 个月的试验，测得海底在垂直方向抬升了（4.2±0.4）cm。

由于海底压力计容易监测明显的、迅速的变化，不易监测微小的、缓慢的变化，且高程结果存在每年约 8cm 的漂移，故海洋大地测量学家建议在海底布设水准网，于较短时间内利用压力计测得待定点至远处参考点的相对高程，克服结果漂移的问题，即移动压力记录仪法（Mobile Pressure Recorders，MPRs）。同时海底压力计的自改正方法也是该领域的一个研究热点，如试图将压力计的漂移率从每年 8cm 降到每年 1cm 内。2013年，美国的 Sasagawa 和 Zumberge 设计了一种可进行自改正的海底压力计，在水深600m 处的试验表明，104 天内结果漂移了 1.3cm。2015 年，德国的 Gennerich 和 villinger 提出一种新的漂移自改正思路，即海底差分压力计，将压力计每年漂移量控制在1cm 内。GNSS/声学基准站处用压力计捕捉厘米级的瞬时垂直位移，借助自改正式压力计使测量结果在数月内保持厘米级精度，利用 MPRs 实现长时间的高精度测量，这都对弥补目前海洋垂直方向测量的不足有着巨大意义。

目前，国内外海洋时空基准网的建设都处于起步阶段。虽然利用水声定位技术可为各种人造设备提供海洋立体导航功能，但由于以声速为主的误差影响，位置结果的精度较低；面对大地测量的高精度位置需求，分别围绕水声测距和压力计技术建立了海洋高精度水平与垂直方向的时空基准，提供厘米级的水平测量结果和毫米级的垂直定位结果，但其主要针对科学领域。为满足海洋世纪对精准时空信息的巨大需求，以中国、美国为代表的海洋大国已立项进行水下全球定位系统的研究，发展完备的海洋时空基准网。2015 年，美国国防高级计划局发布"深海导航定位系统"项目公告，研究在海底布置声学基准站，组建类似 GPS 的定位系统。2016 年，我国立项进行"海洋大地测量基准与海洋导航新技术"相关的研究，期望建成水下全球定位系统"深海北斗"。

第二节　海洋时空基准网的应用展望

海洋时空基准站可加载多种传感器设备，包括导航卫星信号接收机、声学、惯性、原子钟等时空位置传感器，重力仪、磁力仪和地震仪等大地测量和地球物理传感器，温盐压仪、流速计和压力计等水文传感器及海洋通信设备。众多类型传感器支撑的海洋时空基准网能为海域划界及权益维护等主权问题，位置服务、海洋资源开发和信息共享等工程问题，目标探测、识别及跟踪等军事问题，海洋时空基准的维护、大洋板块运动、地球重磁场建模、海洋生态环境变化等科学问题提供时空信息解决方案。故海洋时空基准网可承担位置与海洋要素等信息的收集、传播和共享的责任，形成海洋环境监测网和海洋物联网/互联网的雏形。

完备的海洋时空基准网既可为水面及水下的各类人造设备提供时空信息，进行立体定位导航，执行预定的航行任务或进行时空位置标注，也可以监测海底板块与水体等环境的动态变化，完善海洋乃至地球系统的模型，还可以承担环境监测和设备互联的部分任务，支撑信息传播和共享等服务。故海洋时空基准网是海洋定位导航、海洋环境监测网及海洋互联网/物联网的共性基础设施，既是海洋环境地理空间信息大数据智能感知网络的时空基准，又是陆海空天全球时空基准建立和维护的重要组成部分。海洋环境监测网和海洋互联网与海洋时空基准建设的深度融合，将成为当今海洋环境监测精确化和海洋信息传输的主要手段。

一、海洋时空基准网的主要功能

海洋时空基准网融通信、导航定位、遥测感知于一体，具有长期、稳定、海洋信息获取来源丰富并能及时提供信息服务等特点，主要具备如下功能：

（一）全球海洋时空基准及服务

通过国际合作可组织全球大地测量会员国，建立覆盖近海、中远海及大洋重要通道和重点监测区域的，由浮标基准站、潜标基准点和座底基准点组成的立体海洋时空基准及服务网络，为覆盖水域提供高精度的位置、时间、重力、磁力等参考基准和海洋水文、生态环境场信息，为海底板块运动监测、地球形状及全球坐标系统建立和维护、地球构造研究和海洋物理研究等科学性任务，以及海洋基础地理信息调查、水下时空位置服务、海洋工程建设、生态环境评估等实用性任务提供支撑。

（二）海洋远程通信及空—天—海信息的互联互通

建立由位于声道的潜标节点组成的主干通信网、由海洋时空基准站组成的分支通信网络以及联合二者形成的全海域水下通信网络，各通信节点具备信息的加工、分析和转发能力，实现信息在海洋中的安全、远程传送。海面浮标基准站除具备水下通信能力外，还具有与卫星通信的能力，例如，利用 BDS 全球双向短报文通信功能，通过海面浮标基准站建立与北斗卫星通信链路可将海洋环境信息传递至全球所需地点。联合海洋通信网络，还可构建水下—海面—空中立体通信网络，实现海洋信息与空—天信息的互联互通。通信分支网络不但具有远程传输信息的收发能力，也实现了各时空基准点时空基准信息、空间观测信息的互联互通和共享，为高精度时空基准点的维护和覆盖水域高精度的位置服务提供了支撑。

（三）全海域水下感知与遥测

进一步丰富海洋时空基准站现有的传感器配置，构建由海洋时空准网和远程通信网组成的全海域水下感知和遥测网络。利用网络各节点提供的声学测量信息、温度、盐度、流速、浊度、电导率、悬浮物等海洋环境信息，实现覆盖水域目标的探测、识别和跟踪、水文环境和生态环境的感知和监测，为海洋军事和海洋环境治理和利用服务。

二、海洋时空基准网与海洋环境监测网的融合

海洋环境监测网是为针对特定海洋环境监测需求建立的一种海洋观测感知网络。目前，由于该网络是局域的、分散的或实验性的等原因，海洋环境监测网对时空位置的精度需求不高，一般尚未与海洋时空基准网联合布设。随着海洋环境监测的广域化、全球化、联网化和任务的精细化，为提升资源利用效率和满足经济和社会发展的精准需求，融合海洋时空基准网与环境监测网，建设一体化的海洋时空基准与环境监测网，使水面水下各种感知设备在统一时空框架内感知环境并联网协同作业，将会成为一种趋势。

在海洋时空基准网的海面、海下和海底观测舱内加载的各类时间与位置传感器和换能器、应答器、水听器等声呐器件基础上，增加海洋环境感知器件，必要时甚至连接上通信光缆，构成海洋时空基准网与海洋环境监测网的融合网络。两者存在众多共享的物理设备，包括电能供给系统、通信系统、观测舱及水下机器人等。海洋时空基准网将全球统一的时空框架扩展到水下，可为海洋环境监测网提供实时的精准时空信息，支持局域监测网结果的融合处理，实现对物理世界的估计、检测、控制和观察。随着海洋的重要性不断提升，各国已将精准海洋环境监测确定为海洋科学发展的共同方向，投入了大量人力和财力，同样也为海洋时空基准网融入海洋环境监测网提供了发展契机。

现有海洋环境监测网多为针对特定需求建立的局域网络，通常其一种形式是有多种传感器负载的有缆观测舱与光纤通信联网布设的海底局域监测网络（有缆环境监测网）；另外一种是利用装备有多种或特定海态传感器、分散布设于水面或水下一定深度的无缆浮标来动态感知广域海洋环境的网络（无缆锚系浮标系统）。其中，基于光电缆的有缆环境监测网突破了海洋观测中能量供给和信息传输两大难题，成为海洋环境监测网的主流发展方向。该网络在海底布设观测平台，与各类海洋观测设备相连，通过电缆和光纤网向海底平台输送电能并收集信息，进行长期自动化观测。

建立海洋环境监测网的思路源自冷战时期美国的水下声学监听系统，该系统在太平洋和大西洋中布置水听器阵列，用以监听苏联潜艇的动向。20 世纪 70 年代，日本科学家利用废弃的海底通信电缆连接海底地震仪，进行地震监测和海啸预警等方面的研究，

形成了有缆海洋环境监测网的雏形，各国纷纷开始效仿。随着海洋环境监测网技术的发展，逐步实现实时、连续以及长期的海洋环境三维观测，已成为当前各国海洋科学研究的共同目标，主要建设国家和地区包括日本、加拿大、美国、欧盟和中国等。

目前，中国第一个海洋领域国家重大科技基础设施——国家海底科学观测网已正式立项，建设周期5年，总投资逾21亿元，观测网的预计寿命为25年。该项目由同济大学牵头、中国科学院声学研究所共建，在中国东海和南海海底分别建设基于光电复合缆的海洋环境监测网，实现海底向海面的全方位、综合性、实时的高分辨率立体观测。观测网缆线总长预计达1500km，侧重于生态环境和海洋灾害的观测，并规划在上海临港建立监测与数据中心，对整个海底科学观测系统进行数据存储和管理，并对其网络的运行进行监测。2017年6月，国家海底科学观测网项目组提交了该大科学工程项目的可行性报告。

从海底环境监测网的国内外发展现状可看出，其已成为全球海洋学科发展的重要方向，但目前的监测网大多利用额外仪器设备获取时空信息，导致观测结果不够精确，无法形成统一的海洋建模资料。我国的海洋环境监测网项目刚起步，已建成的各监测网分布又较为零散且规模偏小，待覆盖海域面积还很大，故须与海洋时空基准网进行融合建设，实时获取全球统一框架内的精准时空位置，将区域分布、网点分散的各监测网有机组合起来。

三、海洋时空基准网与海洋互联网的融合

海洋时空基准网与海洋环境监测网融合建设，各个网站之间通过光缆或无线（声波或者蓝绿光）进行数据传输及信息交换，形成一个海洋物联网，亦即海洋时空大数据网。该网与现有的互联网构成一个全球性的网络，可称为海洋互联网。它为水下每个对象建立全球可访问的虚拟实体，在全球统一的时空框架内记录并存储该对象当前及历史的物理属性和环境背景。人类可利用Internet获取这些信息，并通过人与人、人与物和物与物的通信方式对海洋中的各类人造设备进行远程控制，进而把整个立体海洋纳入人类的认知和控制范围。

海洋互联网的关键部分是水下节点和边界路由。水下节点可由主机远程控制，负责收集、处理和传输数据；边界路由主要安置在航船、浮标、岸基、无人水下航行器（unmanne underwater vehicle，UUV）和观测舱等平台上，负责桥接水下网络段与传统IP网络，通过电信通信网和卫星通信网接入Internet。海洋互联网综合了资源非常有限的无线传感器网和传播时延非常长的延迟容忍网，与Internet有着明显的区别。陆地通信常用的无线电波在海水中衰减严重，且频率越高，衰减越大，只能用于短距离高速通

信，无法满足远距离的传输要求。声波信号在水中衰减较弱，可长距离传播，故常被用作水下无线通信系统的传输载体。然而，它存在时延长、误码率高、多路径、效应强、带宽受距离限制、传播速率受环境（压力、洋流、温度、深度、噪声）影响大等特征。

海洋互联网可参照 Internet 分为局域网、区域网和广域网。局域网是实现某特定功能的局部网络，由静态节点和移动节点构成，网络中的数据可通过水声，条件容许时也可用光学或超低频通信等手段在中继节点中传输。水下静态节点彼此之间组成一个稀疏的水声通信网络，节点间可以水声方式构成通信链路。移动节点由携带多种传感器的下潜器组成，节点间可相互链接成一个动态的自组织子网，用于扩大水下网络的通信范围。由于水下环境的复杂性，不同深度、不同传输距离、水平及垂直方向等分别适用于不同通信方式，水下网络节点可综合传感器感知的外界环境，根据信道条件自动地选择恰当的通信模式来建立通信链接。

区域网是将若干功能不同的局域网络通过接驳盒链接到海底光电缆上实现国家级或区域级的覆盖。接驳盒相当于网络中的一个路由节点，其基本功能是中继和路由，并将海底光电缆中传来的电能进行转换和分配，实现基站和各局域网的信息通信。区域网的光电缆可与海底通信电缆对接，实现网络的扩展。若干区域网络连接在海底通信电缆上，或通过海面基准浮标观测舱和海岛基准站与通信卫星实现无线链接，便可以构成跨国家的洲际广域网，组成整个海洋互联网。届时任何连接互联网的终端（如手机）都可以通过 IPv6 协议访问到水下的网络节点。海底通信电缆是目前互联网的骨干网络，全球总长超过 80.5 万 km，但它们对外部海洋环境是无法通信的。如果在部署新的海底通信电缆系统时，增加 5%～10%的费用，将其升级为海洋互联网骨干网络，就可构建出全球统一的广域网，既可远程控制各类水下人造设备，也可对海啸、地震及海洋环境进行建模和预测，甚至挽救无数条生命和巨额的财产。

21 世纪是海洋的世纪。海洋贮藏着丰厚的自然资源，同时是影响全球环境和气候变化的主要动力因素。精准地感知海洋动态和开发利用海洋资源已成为人类文明持续发展的关键。建设融定位、导航、授时、通信于一体的高精度、动态的海洋时空基准观测网，以及基于此网络的海洋导航与位置服务是海洋军事保障、海洋安全执法及搜救、海洋资源环境调查与综合管理、海上生产及灾害防治的战略支撑，也是全球空间基准军民融合工程和"数字海洋""透明海洋""智慧海洋"等建设的技术支撑，对全面贯彻落实海洋强国战略，落实"一带一路"倡议，建设海上丝绸之路，提升海洋资源环境调查利用、海洋军事保障及战略威慑、深渊工程及极地开发的能力和水平具有重要而深远的战略意义。

参考文献

［1］刘雁春 . 海洋测深空间结构及其数据处理［M］. 北京：测绘出版社，2004.

［2］宁津生，陈俊勇，李德仁，等 . 测绘学概论［M］. 武汉：武汉大学出版社，2004.

［3］赵建虎 . 现代海洋测绘［M］. 武汉：武汉大学出版社，2008.

［4］赵建虎，刘经南 . 多波束测深及图像数据处理［M］. 武汉：武汉大学出版社，2008.

［5］周立 . 海洋测量学［M］. 北京：科学出版社，2013.

［6］阳凡林，暴景阳，胡兴树 . 水下地形测量［M］. 武汉：武汉大学出版社，2017.

［7］吴自银，等 . 高分辨率海底地形地貌——可视计算与科学应用［M］. 北京：科学出版社，2017.

［8］许军，暴景阳，于彩霞，等 . 海洋潮汐与水位控制［M］. 武汉：武汉大学出版社，2020.

［9］中国科学院 . 海洋大地测量基准与水下导航［M］. 北京：科学出版社，2022.

［10］阳凡林，翟国君，赵建虎，等 . 海洋测绘学概论［M］. 武汉：武汉大学出版社，2022.

［11］何秀凤，吴怿昊，刘焱雄，等 . 海洋动态测量理论与方法［M］. 北京：科学出版社，2023.

［12］陈烽 . 近海机载激光海洋测深技术［J］. 应用光学，1999，20（2）：19-24.

［13］黄谟涛，翟国君，谢锡君，等 . 多波束和机载激光测深位置归算及载体姿态影响研究［J］. 测绘学报，2000，29（1）：84-90.

［14］暴景阳，章传银 . 关于海洋垂直基准的讨论［J］. 测绘通报，2001（6）：10-11，26.

［15］李建成，姜卫平，章磊 . 联合多种测高数据建立高分辨率中国海平均海面高模型［J］. 武汉大学学报（信息科学版），2001，26（1）：40-45.

［16］李建成，宁津生，陈俊勇，等 . 联合 TOPEX/Poseidon，ERS2 和 Geosat 卫星测高资料确定中国近海重力异常［J］. 测绘学报，2001，30（3）：197-202.

［17］李建成，姜卫平 . 长距离跨海高程基准传递方法的研究［J］. 武汉大学学报（信息科学版），2001，26（6）：514-517，532.

［18］焦文海，魏子卿，马欣，等 .1985 国家高程基准相对于大地水准面的垂直偏差

［J］. 测绘学报，2002，31（3）：196 - 200.

[19] 刘经南，赵建虎 . 多波束测深系统的现状和发展趋势 ［J］. 海洋测绘，2002，22（5）：3 - 6.

[20] 陈俊勇，李健成，晁定波，等 . 我国海域大地水准面的计算及其与大陆大地水准面拼接的研究和实施 ［J］. 地球物理学报，2003，46（1）：31 - 35.

[21] 吴永亭，周兴华，杨龙 . 水下声学定位系统及其应用 ［J］. 海洋测绘，2003，23（4）：18 - 21.

[22] 翟国君，黄谟涛，暴景阳 . 海洋测绘基准的需求及现状 ［J］. 海洋测绘，2003，23（4）：54 - 58.

[23] 彭富清，张瑞华，石磐，等 . 基于卫星测高的海域大地水准面 ［J］. 地球物理学报，2003，46（4）：462 - 466.

[24] 李建成，宁津生，陈俊勇，等 . 我国海域大地水准面与大陆大地水准面的拼接研究 ［J］. 武汉大学学报（信息科学版），2003，28（5）：542 - 546.

[25] 陈卫标，陆雨田，褚春霖，等 . 机载激光水深测量精度分析 ［J］. 中国激光，2004，31（1）：101 - 104.

[26] 夏伟，刘雁春，边刚，等 . 基于海底地貌表示法确定主测深线间隔和测图比例尺 ［J］. 测绘通报，2004（3）：24 - 27.

[27] 贾俊涛，翟京生，孟婵媛，等 . 基于海量多波束数据的海底地形模型的构建与可视化 ［J］. 测绘科学技术学报，2008，25（4）：255 - 259.

[28] 暴景阳 . 海洋测绘垂直基准综论 ［J］. 海洋测绘，2009，29（2）：70 - 73，77.

[29] 刘文勇，盛岩峰，汤民强 . RTK 高精度定位技术在水深测量中的应用分析 ［J］. 海洋测绘，2009，29（3）：50 - 53.

[30] 陆秀平，边少锋，叶修松，等 . 机载激光测深精度外部检核方法 ［J］. 海洋测绘，2011，31（2）：1 - 3，12.

[31] 张立华，贾帅东，吴超，等 . 顾及不确定度的数字水深模型内插方法 ［J］. 测绘学报，2011，40（3）：359 - 365.

[32] 翟国君，吴太旗，欧阳永忠，等 . 机载激光测深技术研究进展 ［J］. 海洋测绘，2012，32（2）：67 - 71.

[33] 暴景阳，许军，崔杨 . 海域无缝垂直基准面表征和维持体系论证 ［J］. 海洋测绘，2013，33（2）：1 - 5.

[34] 柴进柱 . 水深测量作业中的测线布设与实施策略研究 ［J］. 海洋测绘，2013，33（3）：43 - 46.

[35] 贾帅东，张立华，彭认灿，等 . 基于多波束数据的网格水深模型内插方法精度分析 [J]. 海洋测绘，2013，33（5）：24－26，37.

[36] 王越 . 机载激光浅海测深技术的现状和发展 [J]. 测绘地理信息，2014，39（3）：38－42，67.

[37] 翟国君，黄谟涛，欧阳永忠，等 . 机载激光测深系统研制中的关键技术 [J]. 海洋测绘，2014，34（3）：73－76.

[38] 彭琳，刘焱雄，邓才龙，等 . 机载激光测深系统试点应用研究 [J]. 海洋测绘，2014，34（4）：35－37，42.

[39] 魏猛，冯传勇，徐大安 . 无验潮测深技术中影响测深精度的几种因素及控制方法 [J]. 测绘与空间地理信息，2014，37（9）：199－200，203.

[40] 曹忠祥，刘保奎，王丽 . 广西陆海统筹发展调查与思考 [J]. 海洋开发与管理，2015，32（3）：53－57.

[41] 张立华，贾帅东，王涛，等 . 深度保证率和表达度指标的定义及评估方法 [J]. 武汉大学学报（信息科学版），2015，40（5）：695－700.

[42] 凌婷婷，达利春，顾钰培 . 基于生产的高精度海岸线提取方法 [J]. 地理空间信息，2015，13（6）：113－114，120.

[43] 张鹏，武军郦，孙占义 . 国家测绘基准体系基础设施建设 [J]. 测绘通报，2015（10）：9－11，37.

[44] 暴景阳，翟国君，许军 . 海洋垂直基准及转换的技术途径分析 [J]. 武汉大学学报（信息科学版），2016，41（1）：52－57.

[45] 陆秀平，黄谟涛，翟国君，等 . 多波束测深数据处理关键技术研究进展与展望 [J]. 海洋测绘，2016，36（4）：1－6，11.

[46] 秦海明，王成，习晓环，等 . 机载激光雷达测深技术与应用研究进展 [J]. 遥感技术与应用，2016，31（4）：617－624.

[47] 曹鸿博，张立华，张梅彩，等 . 服务航海与非航海的 DDM 质量指标之间的关系研究 [J]. 测绘科学技术学报，2016，33（5）：529－533，539.

[48] 吴富梅，魏子卿 . 利用 GNSS 和 EGM2008 模型进行跨海高程传递 [J]. 武汉大学学报（信息科学版），2016，41（5）：698－703.

[49] 杨元喜，徐天河，薛树强 . 我国海洋大地测量基准与海洋导航技术研究进展与展望 [J]. 测绘学报，2017，46（1）：1－8.

[50] 樊妙，孙毅，邢喆，等 . 基于多源水深数据融合的海底高精度地形重建 [J]. 海洋学报，2017，39（1）：130－137.

[51] 曹鸿博，张立华，张梅彩，等．不同类型 DDM 相互应用的质量分析 [J]．海洋测绘，2017，37（5）：64-67．

[52] 赵建虎，陆振波，王爱学．海洋测绘技术发展现状 [J]．测绘地理信息，2017，42（6）：1-10．

[53] 刘永明，邓孺孺，秦雁，等．机载激光雷达测深数据处理与应用 [J]．遥感学报，2017，21（6）：982-995．

[54] 许厚泽．全球高程系统的统一问题 [J]．测绘学报，2017，46（8）：939-944．

[55] 刘焱雄，郭锴，何秀凤，等．机载激光测深技术及其研究进展 [J]．武汉大学学报（信息科学版），2017，42（9）：1185-1194．

[56] 翟国君，黄谟涛．海洋测量技术研究进展与展望 [J]．测绘学报，2017，46（10）：1752-1759．

[57] 周兴华，付延年，许军．海洋垂直基准研究进展与展望 [J]．测绘学报，2017，46（10）：1770-1777．

[58] 暴景阳，许军，于彩霞．海洋空间信息基准技术进展与发展方向 [J]．测绘学报，2017，46（10）：1778-1785．

[59] 赵建虎，欧阳永忠，王爱学．海底地形测量技术现状及发展趋势 [J]．测绘学报，2017，46（10）：1786-1794．

[60] 姜晓轶，潘德炉．谈谈我国智慧海洋发展的建议 [J]．海洋信息，2018（1）：1-6．

[61] 李林阳，吕志平，崔阳．海底大地测量控制网研究进展综述 [J]．测绘通报，2018（1）：8-13，87．

[62] 张玉，安如，张文祥．无验潮测深模式的误差源分析及质量控制 [J]．甘肃科学学报，2018，30（1）：11-14．

[63] 张鹏，武军郦，孙占义．国家现代测绘基准建设与服务 [J]．地理信息世界，2018，25（1）：39-41，46．

[64] 曹鸿博，张立华，黄文骞，等．非航海用 DDM 向航海应用转换的方法 [J]．测绘通报，2018（1）：83-87．

[65] 申家双，葛忠孝，陈长林．我国海洋测绘研究进展 [J]．海洋测绘，2018，38（4）：1-10，21．

[66] 刘智敏，杨安秀，阳凡林，等．机载 LiDAR 测深在海洋测绘中应用的可行性分析 [J]．海洋测绘，2018，38（4）：43-47．

[67] 高兴国，田梓文，麻德明，等．GNSS 支持下的无验潮测深模式优化 [J]．测绘通报，2018（11）：7-10．

［68］梁立，刘庆生，刘高焕，等．基于遥感影像的海岸线提取方法综述［J］．地球信息科学学报，2018，20（12）：1745－1755．

［69］刘经南，陈冠旭，赵建虎，等．海洋时空基准网的进展与趋势［J］．武汉大学学报（信息科学版），2019，44（1）：17－37．

［70］徐广袖，翟国君，吴太旗，等．机载激光测深作业的关键技术问题［J］．海洋测绘，2019，39（2）：45－49，66．

［71］姜卫平．海洋测绘和内陆水域监测的卫星大地测量关键技术及应用［J］．中国测绘，2019（3）：21－25．

［72］李风华，路艳国，王海斌，等．海底观测网的研究进展与发展趋势［J］．中国科学院院刊，2019，34（3）：321－330．

［73］孙大军，郑翠娥，张居成，等．水声定位导航技术的发展与展望［J］．中国科学院院刊，2019，34（3）：331－338．

［74］王鑫，潘华志，罗胜，等．机载激光雷达测深技术研究与进展［J］．海洋测绘，2019，39（5）：78－82．

［75］沈清华，赵薛强．基于区域似大地水准面精化模型的远距离海岛高程传递方法研究［J］．水利技术监督，2019（5）：160－162．

［76］贾帅东，刘一帆，戴泽源．航海DDM的表面内插方法比较与分析［J］．舰船电子工程，2019，39（11）：65－69．

［77］刘帅，陈戈，刘颖洁，等．海洋大数据应用技术分析与趋势研究［J］．中国海洋大学学报（自然科学版），2020，50（1）：154－164．

［78］李少朗，崔力维，马欣．北部湾海域潮汐特征研究［J］．海洋湖沼通报，2020（2）：72－77．

［79］杨元喜，刘焱雄，孙大军，等．海底大地基准网建设及其关键技术［J］．中国科学：地球科学，2020，50（7）：936－945．

［80］姚宜斌，杨元喜，孙和平，等．大地测量学科发展现状与趋势［J］．测绘学报，2020，49（10）：1243－1251．

［81］申家双，翟国君，黄辰虎，等．海洋测绘学科体系研究（一）：总论［J］．海洋测绘，2021，41（1）：1－7．

［82］申家双，翟国君，陆秀平，等．海洋测绘学科体系研究（二）：海洋测量学［J］．海洋测绘，2021，41（2）：1－11．

［83］尚嫣然，冯雨，崔音．新时期陆海统筹理论框架与实践探索［J］．规划师，2021，37（2）：5－12．

[84] 陈义兰，唐秋华，刘晓瑜，等．多源水深数据融合的近海数字水深模型构建 [J]．海洋科学进展，2021，39（3）：461-469.

[85] 李林阳，柴洪洲，李姗姗，等．海洋立体观测网建设与发展综述 [J]．测绘通报，2021（5）：30-37，95.

[86] 牛冲．基于 CORS-RTK 无验潮的海岸带水下地形测量精度分析 [J]．海洋测绘，2021，41（6）：36-39.

[87] 彭认灿，董箭，贾帅东，等．数字水深模型建模技术研究进展与展望 [J]．测绘学报，2022，51（7）：1575-1587.

[88] 刘经南，赵建虎，马金叶．通导遥一体化深远海 PNT 基准及服务网络构想 [J]．武汉大学学报（信息科学版），2022，47（10）：1523-1534.

[89] 金鼎坚，吴芳，高子弘，等．精准绘就 方寸尽显——机载测深激光雷达探测水下奥秘 [J]．自然资源科普与文化，2023（3）：28-33.

[90] 邓卫红．无验潮水下地形测量的误差来源及分析 [C]//广东省测绘学会．广东省测绘学会第九次会员代表大会暨学术交流会论文集．广东省电力设计研究院，2010：226-228.

[91] 王晓松，纪成，杨雨晴，等．海洋测绘垂直基准概论 [C]//江苏省测绘地理信息学会，江西省测绘地理信息学会，山东省测绘地理信息学会，等．第十八届华东六省一市测绘学会学术交流会江苏优秀论文集．淮海工学院，2016：72-73.

[92] 叶修松．机载激光水深探测技术基础及数据处理方法研究 [D]．郑州：解放军信息工程大学，2010.

[93] 陈轶．数字水深模型的构建及多尺度表达研究 [D]．大连：海军大连舰艇学院，2011.

[94] 孙翠羽．海洋无缝垂直基准面建立方法研究——以渤海海域为例 [D]．青岛：山东科技大学，2011.

[95] 柯灏．海洋无缝垂直基准构建理论和方法研究 [D]．武汉：武汉大学，2012.

[96] 贾帅东．航海 DDM 的构建理论与方法 [D]．大连：海军大连舰艇学院，2015.

[97] 于彩霞．基于 LiDAR 数据的海岸线提取技术研究 [D]．郑州：解放军信息工程大学，2015.

[98] 董江．GNSS 潮位测量及海洋无缝垂直基准面模型构建 [D]．武汉：武汉大学，2019.

[99] 姜怀刚．基于 LiDAR 的海岸线提取及性质识别技术 [D]．郑州：战略支援部队信息工程大学，2020.